JN087064

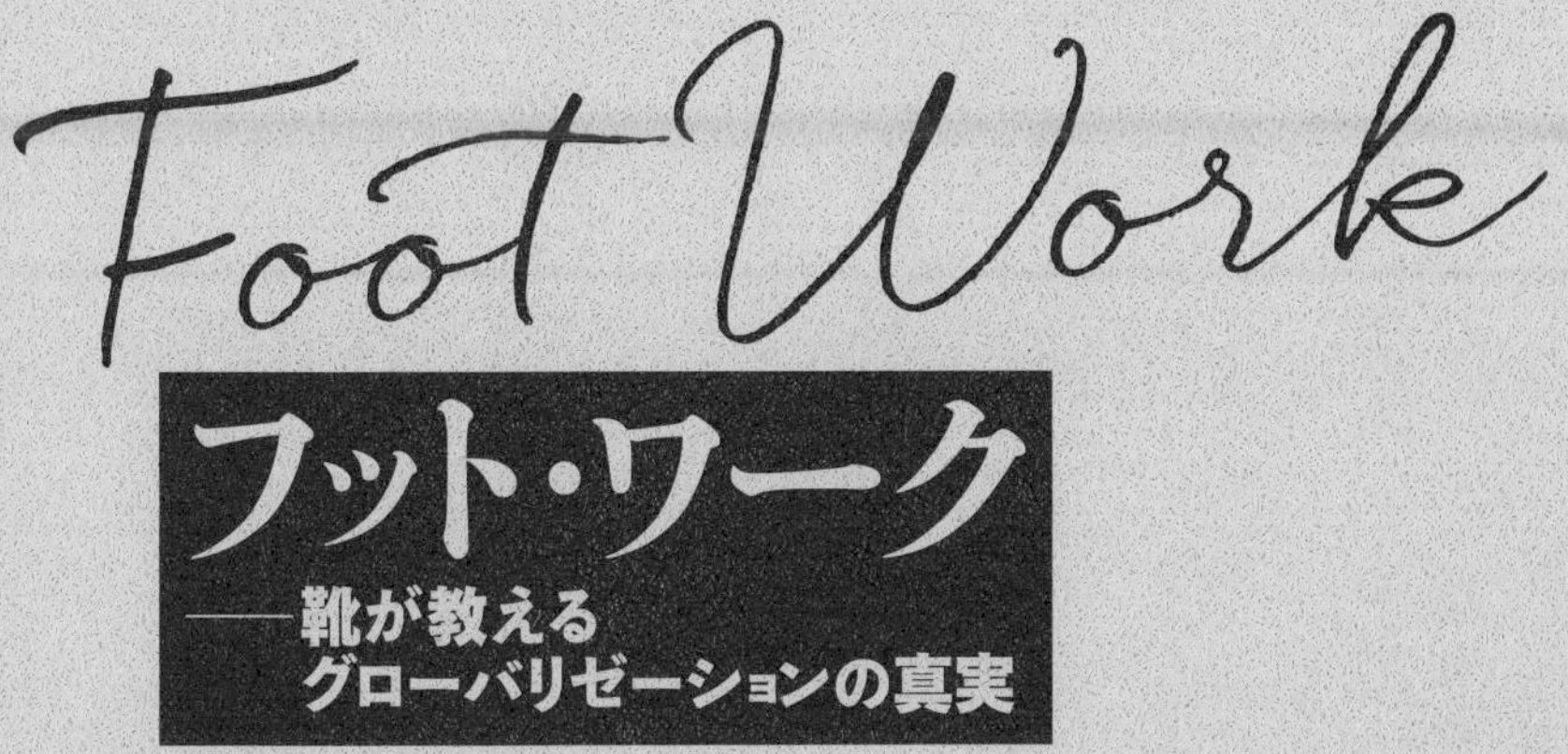
Foot Work
フット・ワーク
——靴が教える
グローバリゼーションの真実

What Your Shoes Tell You About Globalisation

by Tansy E. Hoskins

タンジー・E・ホスキンズ 著
北村京子 訳

作品社

フット・ワーク

——靴が教えるグローバリゼーションの真実

〈凡例〉

●本書は、Tansy E. Hoskins による著書 *Foot Work: What Your Shoes Are Doing to the World* (Weidenfeld & Nicolson, 2020)［およびペーパーバック版 *Foot Work : What Your Shoes Tell You about Globalisation* (Weidenfeld & Nicolson, 2022)］の全訳である。

●原著者による補足は（ ）［ ］で、訳者による補足は〔 〕で示した。

●原書のイタリックによる強調は傍点で示した。

●▼は原書の注を表し、巻末にまとめて示した。

●＊は原書のページ末注を表し、訳書では該当段落の直後に示した。

毎朝、わたしはそれがどんなふうかを忘れてしまう。
煙がのぼるのを見る
街の上にぐんぐんと。
わたしはだれのものでもない。

そしてわたしは自分の靴を思い出す、
それを履くときにはどんなふうにするのかを、
ひもを結ぶためにどんなふうに腰をかがめて
地面のなかを覗き込むのかを。

チャールズ・シミック、一九三八年生

ブリンへ、旅のために

フット・ワーク／目次

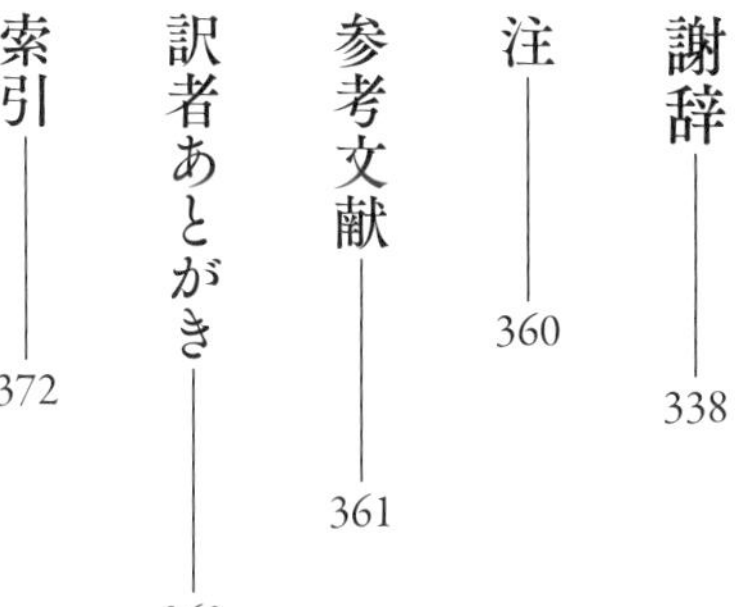

著者による注意書き

- スニーカーコン〔一章〕に登場する子供や若者の名前はプライバシー保護のために変更した。
- 安全上の理由から、第二章に登場する「シェブネム」は偽名であり、同人物の身元についてはあえて明確にしていない。
- 第五章のために話を聞いた難民たちの名前も変えてある。
- わたしは本書で言及したすべての国を訪れたわけではない。特に、第三章の在宅労働者のインタビューは、複数回におよぶスカイプ通話を介して行なわれた。通話の手配にあたり協力を頂いたラホールの「労働教育財団」のカーリッド・メフムード、ジャルバト・アリ、「ホームネット・ネパール」のオム・タパリヤに深い感謝を捧げる。

ペーパーバック版まえがき

ファッション産業――アパレルおよび靴部門の両方を含む――は二〇一九年、二・五兆ドルのグローバル収益を生み出して世界最大級の産業となった。[1] ところが、二〇二〇年に新型コロナウイルス感染症（COVID-19）のパンデミックが発生すると、この産業は事実上崩壊した。世界中で実施されたロックダウンの影響により、買い物客は外出を控え、小売業者は店舗を閉めて数十億ドル分にのぼるオーダーを取り消し、工場は政府から操業停止命令を受けて一時的あるいは永久的に閉鎖された。二〇二〇年の一年間で、靴の生産量は四〇億足近く減少した。[2]

二〇二〇年春に実施された最初のロックダウンの最中、英国では外出に際してごく限られた理由しか許容されず、そのうちの一つが「一日一種類の運動」であった。わたしは近所をぐるりと散歩して、緊張感が漂う日々のなかでなんとか心の平穏を保とうとしていた。日課の散歩のお供をしてくれたのはネイビーとオレンジのスニーカーで、よく見てみると、そこには「インドネシア製」のラベルが付いていた。

世界中がCOVID-19への対処に奮闘するなか、このスニーカーは使い捨てとは真逆の存在となった。スニーカーがあったからこそ、たとえ大幅に狭められた活動範囲のなかであっても、わたしは動き続けることができた。その恩を返そうと、泥を落とし、ほつれた靴ひもを取り替えるうちに、わたしはソールの形や、わたしでないだれかの手によってひと目ひと目縫われたステッチに親しみを感じるようになった。インドネシアにいるそのだれかが、仕事を失ったり、人がぎゅう詰めになった工場で体を壊したりしていませんようにと、わたしは願った。

条件が最高にいいときでさえ、わずかな賃金でどうにか生計を立てていた労働者たちは、COVID－19のパンデミックによって大きな打撃を受けた。衣料品産業の国際労働団体「アジア最低賃金同盟」が実施したCOVIDを取り巻く状況に関する詳しい調査は、こう結論づけている。パンデミックの最中、「労働者は、自身の精神および肉体の健康状態を損なう行為に従事することによってこれに対処し」、またこの時期には「労働者の体から資源を引き出す行為」が行なわれた――この表現が、わたしの頭から離れない。[3]

わたし自身、パンデミックの状況を取材するなかで、あるスリランカの女性から、「塩をかけたご飯」で六週間暮らしたという話を聞いた。また、生活のあまりの苦しさに子供たちを殺そうと考えたと打ち明けてくれた家庭も一つならずあった。[4] COVID－19はまたたく間に、以前からファッション産業による搾取を受けていた人々にさらなる負担を強いる危機となった――その大半は女性、またその多くは移民であり、彼らはグローバルサウスに暮らすマジョリティであった。

生産ラインのあらゆる場所で、何万人もの労働者が職を失ったうえ、過密状態の工場でのCOVID－19の蔓延により、数千人が重篤な症状に陥った。またロックダウンとそれにともなう権威主義の高まりにより、グローバルサウスの労働組合や活動家は、労働者を代表して声を上げるうえで必要な移動を、ごく狭い地域内でさえすることができなくなった。安全が確保されていなかったり、不公平だったりする条件について勇気を振り絞って訴えた人々が、解雇や暴力という仕打ちを受けることも少なくなかった――

そんななか、労働法違反は過去七年間で最多を記録した。[5] パンデミックの最中に取材したなかでもとりわけ心が痛んだ事件は、ミャンマーのカウボーイブーツ工場前で行なわれた未払い賃金をめぐる抗議運動の最中、三人の参加者が兵士によって射殺されたというものであった。この事件ではさらに六人の参加者が、軍事裁判所で三年の禁固刑を言い渡されている。[6]

スーパーウィナー

パンデミックの継続により、ファッションブランドのなかには、倒産したり、廃業を決めたりする例も出てきた。しかし、その一方で売上を伸ばすブランドも存在し、その事実は、人々が不必要な買い物をやめたわけではないことを示していた。特に好調だったのはオンラインだ。コンサルティング会社のマッキンゼーは、ファッション業界における「圧倒的勝者（スーパーウィナー）」、すなわち年間総収益に基づく上位二〇社のリストを公表しており、そのなかには、ナイキやアディダスのようなシューズブランドのほか、H＆M、ZARAの親会社インディテックス、バーバリー、グッチの親会社ケリングなどが含まれている。[7]

株式市場が急落した二〇二〇年三月にも、これらのブランドは嵐を切り抜けた。二〇二〇年一〇月には、彼らの株価は危機以前の水準よりも一一パーセント上昇していた。世界の億万長者も極めて好調で、その総資産額は一〇・二兆ドルに増加した。オンラインショッピング界の大立者で、地球上でもっとも裕福な人物でもあるジェフ・ベゾスの資産額は一八九〇億ドルであった。[8]

ファッションシステムの頂点に蓄積されたこの富は、チェーンの底辺にある苦難と分かちがたく結びついている。資本主義は平等のために作られたものではなく、わずか数パーセントの人々のために宇宙規模の富を生み出しつつ、それ以外の数十億人を貧困のなかに取り残していく。それは、危機が訪れたときには頂点にいる者たちが守られる一方、労働者がもっとも大きな打撃を受けるように作られているシステムだ。

負けるシステム

パンデミックは、本書でその詳細を論じている危機をいっそう激化させ、それによって、グローバリゼーションがすべての人の生活を向上させるという約束の背後に隠された嘘を、より鮮明に白日のもとにさらした。ある国の全輸出品の五〇～八〇パーセントをアパレルが占めているという状況において、突如として人々が服や靴を以前ほど買わなくなれば、一つの産業が危機に陥るのみならず、国自体が安定を失う。グローバルサウスが衣料品と靴の分野を成長させたのは、金融機関によってそう促されたからだ。その前提として想定されていたのは、グローバルサウスがいつまでも変わることなく、低賃金で労働組合が抑圧された低コストの生産地であり続けることだった。こうした状況をさらに悪化させているのが、ブランドが数十年間にわたり、納税による貢献を最低限に留めてきたことであり、それがグローバルサウスの国々において、医療や失業手当といったパンデミック対策への支出能力の低下を招いている。

公平なシステムのもとであれば、パンデミックがこれほどまでに大規模な死と混乱を招くことはなかっただろう。問題はしかし、われわれが資本主義という、だれかが危害を被ることを前提とした機能不全のシステムのもとに暮らしていることだ。これらはどれも偶然ではない。COVID－19をきっかけに可視化されたこの状況はむしろ、あまりにひどい搾取のせいで、ミスをする余裕も、緊急時に備えた貯蓄をする能力も持つことができない、何百万人もの人々にとっての現実だ。

二〇二一年初頭、わたしは「労働教育財団」のカーリッド・メフムード（本書にものちほど登場する）と話をした。彼が話題に上げたのは、パキスタンのラホールにある工業地区において、衣料品および靴の製造に従事する労働者たちが直面している経済的困難の悪化だった。賃金が得られなくなった労働者は、家計をやりくりするため、子供たちを学校に通わせるのをやめ、携帯電話や洗濯機などの家財道具を売り払い、以前よりも狭い家に居を移した——家賃の未払い分を補うために所持品をすべて置いていけと言われるケースも少なくなかったという。こうした危機は、ファッション業界全体で繰り返し起こっているものであり、パンデミックの最中には、衣料品労働者の七五パーセントが資金の貸付を受けている。[9]

二〇〇八年の金融危機の際と同じく、インフォーマル部門もまた、パンデミックによって極めて大きな打撃を受けた。何かがおかしいという兆候が現れ始めたのは、二〇二〇年一月のことだった。国内および国外市場のわずかな変化に常に敏感なインド、ティルプールの在宅労働者たちが、中国からの契約と原材料へのアクセスの両方が減少し始めていることに気がついたのだ。二〇二〇年三月には、仕事はまったくなくなった。かつてにぎやかだった通りは、すっかり静まり返った。

それと同時に、こうしたインフォーマル労働者の多くが、互助的な救済活動において重要な役割を担う存在となった。ダラビ地区——インド、ムンバイ市内にある広大な市街区——では、インフォーマル労働者コミュニティの女性たちが、食料の配給を行ない、行列内のソーシャルディスタンスを調整し、配給を受ける資格のない出稼ぎ労働者たちに食事を提供し、危機に陥った家庭の把握と看護を行なった。また、複数の在宅労働者ネットワークが集まって生産企業や協同組合を形成することによって、マスクや医療従事者用キャップなどの個人用防護具（ＰＰＥ）製造の契約を獲得した例もあった。

＊＊＊

風が冷たい季節になると、わたしはスニーカーをお気に入りの黒のブーツに履き替えた。中国で製造されたのち、ノースロンドンの店舗まで輸送されてきたブーツだ。中国の靴の製造量は二〇二〇年には二〇億足減少したが、同国が今もフットウェアの生産規模において世界最大であることに変わりはない。[10]今わたしを運んで近所を散歩してくれているこのブーツは、ＣＯＶＩＤ－19がもたらした危機と同じくらいグローバルに広がる靴のサプライチェーンの象徴であり、また、このシステムを、新しい基礎の上に改めて構築する必要があることをわたしに思い出させてくれる存在だ。新しいシステムにおいては、労働者の権利、無料医療への平等なアクセス、そして環境正義が約束されていなければならない。それが達成されて初めて、さまざまなブランドが慣習的に行なっている、経済的な痛みのみならず、危機によってもたらされる社会的・個人的コストまでをも、自分たちのサプライチェーンの人目につかない部門に押しつけるというやり方に、終止符を打つことができるだろう。

二〇二一年一一月

序文　靴とグローバリゼーション

古代ギリシャの哲学者で歴史家のストラボンは、美貌の高級娼婦ロドピスについての物語を書き残している。ロドピスが沐浴をしていたとき、一羽のワシが彼女のサンダルを片方、奪い去っていった。ワシがそのサンダルをエジプト王の膝の上に落とすと、王はその形にいたく感銘を受け、サンダルの持ち主と結婚するために、すぐさま使者を送ってその女性を探させたという[▼1]。

古代中国の語り部もまた、靴によって運命を変えられた美しい女性の話を伝えている。九世紀に書き記された葉限（しょうげん）の物語は、その時点ですでに昔話だったと言われている。こちらには、ストラボンの話にはいなかった邪悪な継母と継妹が登場する。葉限の望みを叶えてくれるのは、魔法使いならぬ一匹の魚であり、また、彼女が片方なくしてしまう靴には、金の糸で魚のうろこ模様が織り込まれていた。物語の最後で葉限は王と結婚し、継母と継妹は飛んできた石にあたって命を落とす。

身分は低くとも気概と主体性のある女性が、やがて自分の靴に助けられて身分の高い人物と結婚する物語は、世界中の民俗学者たち——アメリカ先住民、ジャワ人、ロシア人、ズールー人、ペルシャ人ほか多数——によって伝えられている。

一六九七年にパリで『サンドリヨン〔シンデレラ〕』の物語を出版する際、作者のシャルル・ペローは、下敷きとして利用した伝承から、血濡れの足、切断されたつま先、幽霊などを取り除くことによって、これを小ぎれいな話に仕立てている。その後の年月で、この物語はさらにおとなしいものになっていき、ついにはディズニーの手によって、作り笑いをしながらひたすら縮こまり、最初はネズミに、次は王子によって助けられる少女の物語が生まれるに至った。伝統的な民話のヒロインが持っていたはずの自分の運命を自分で決める力は、どこかへ失われてしまった[2]。

シンデレラから、ギリシャの伝令神ヘルメスが履いていた有翼のサンダル、ひとまたぎで七リーグ進める奇跡のブーツ〔アーサー王伝説の魔法使いマーリンが作ったとされる〕、さらには『オズの魔法使い』の主人公ドロシーが履いていたルビーでできた赤い靴に至るまで、靴を介した変容は、人類の共有文化における時代を超えたテーマとなっている。靴あるところに魔法ありと言っても過言ではないほどだ。

ただし、靴は魔法でできているわけではない。靴はその一つひとつが人間の手によって作られる。おとぎ話でどんな役割を果たそうとも、本質的に靴とは、単に少量の革、木、金属、ゴム、綿、プラスチックを組み立てたものに過ぎない。

『赤い靴』を書いた著名な童話作家ハンス・クリスチャン・アンデルセンが生み出した魔法でさえ、その核にあったのは、少年時代の著者が、靴職人の作業台に空間のほとんどを占拠されたひと部屋だけの家で暮らしていたころの思い出であった。幼いハンスは毎晩、あまり笑顔は見せずとも、夜遅くまで靴を縫ったり、槌で打ったりしていた父親の横で眠りについていた[3]。

起源

二〇一九年には、世界中で毎日六六六〇万足もの靴が製造されていた。一年間の合計で言えば二四三億足だ[*]。

＊ https://www.worldfootwear.com/news/footwear-production-with-new-record-of-243-billion-pairs/5356.html〔2

020年11月」

靴がこれほど安く買える時代はかつてなかったが、同時に世界が負担するコストはかつてないほど大きく膨らんでいる。過剰生産と富裕国における過剰消費によって使い捨て感覚の世界が生み出されるなか、革新と進歩は大量に積み上げて安く売る商品の生産につぎ込まれてきた。その一方で、世界の気候科学者たちは、地球温暖化を一・五度以下に抑えて大惨事が起こるのを回避するには、猶予はあと一一年しかないと訴える。[4]

人類はこの地球上で唯一、危険に満ちた地面や寒さから身を守るために、日常的に靴を使用する種だ。[5]靴の発明は、人類社会に多大な影響をおよぼした。何億年もの時間をかけて、人類の身体は、祖先である霊長類のそれから進化を遂げてきた。われわれは徐々に自分の全体重を、四本ではなく二本の足で支えるようになり、直立の姿勢で歩いたり走ったりし始めた。背骨の形状は変化し、骨盤は広がり、つま先は枝をつかむ能力を失った。この「二足歩行」への移行は、人類の進化におけるもっとも重大なステップの一つに数えられている。その変化によって、われわれの足には多くの負担がかかることになった。

やがてわれわれの遠い祖先の一人が、木の皮で足を包めば、獲物を追ったり捕食者から逃げたりするときにもっと速く走れるというすばらしいアイデアを思いついた。こうしておけば、毒を持つ動物にかまれたり刺されたりしたときも安心であるし、砂漠や氷床を渡って新たな狩場を見つけることも容易になる。

古人類学者のエリック・トリンカウスは、人類が靴を履き始めたのは四万年前だと考えている。この時代から残る考古学的証拠はごくわずかであり、モカシンの使用を示唆する足跡が一つと、人の骨格の足付近から見つかった、縫い付けられたビーズ飾りのみだ。そこでトリンカウス博士は発想を変え、靴ではなくつま先を調べるという方法を採用した。古代の人骨のつま先を調べたところ、骨の頑丈さが徐々に失われてきていることがわかった。足先が柔らかくなっているのは履物が普及したためだと、博士は考えている。[6]

植物繊維や腐敗しやすい素材で作られていたことから、先史時代の靴はほとんど現存していない。最古のものとしては、たとえば米オレゴン州で見つかったヤマヨモギの樹皮で編まれた一万年前のサンダルや、ミズーリ州中央部の洞窟で見つかった八〇〇〇年前のサンダルがある。ミズーリのサンダルは乾燥させた葉を編んだもので、つま先はわずかに尖っており、組みひもで足に結びつけるようになっている。

このほかの例としては、アルメニアの洞窟内で、羊の糞の層から見つかった銅器時代のモカシン型の靴がある。五五〇〇年前のこの靴は、一枚の牛革を足の周りに折りたたみ、それを縫うことによって成形してある。現在のサイズで言えば五号（二三・五〜二四センチ）ほどの大きさであるため、女性、あるいは小柄な男性か若者が履いていたと想像される。いずれにせよ、この靴を履いていた人々は消え去り、あとにはとてつもなく古いと同時に、不思議なほどに日常的かつ見覚えのある物体が残されることとなった。

人類史の夜明けに発明されて以来、靴は数千年もの間、小さなコミュニティの内部にいるだれかが作るものと決まっていた。人類が近代の村や小さな街に住むようになってからも、靴はまだその地域で生産され、小規模に取引される製品だった。

靴の定義とは、「足を覆うものであり、足首より上までは届かず、丈夫な素材でできている」というごくシンプルなものだ。今でも通用する昔ながらのデザインをもとに、靴職人はまず、ラストと呼ばれる木製（またはプラスチック製）の足型を作る。これは靴を組み立てる際の土台となるものだ。次に、作業台に広げた革などの素材の上に靴を作るのに必要な各パーツの型紙を配置し、これをトレースする。クリッキング（裁断）用のナイフを使って、素材をカットする。クリッカー（裁断を担当する助手）は、無駄ができるだけ出ないように裁断を行なう。

次はいよいよ、各パーツを縫い合わせる「クロージング」と呼ばれる過程に入る。伝統的な製法においては、アウルと呼ばれる先の尖った道具を用いて革に穴を開けていた。靴が縫い合わされたら、クロージングハンマーで縫い目を平らにし、しわを伸ばす。この工程により、「アッパー」と呼ばれる靴の上部ができあがる。ここまで来れば、アッパーをラストの周りにかぶせてソールを取りつけることができる。ソールが付いたら、粗い縁を削り取り、完成した靴を磨いて光沢を出す。[7]

靴の基本的なデザインは今日に至るまでほとんど変わっていない。ただし、こうした工程の大半はすでに機械化、細分化されており、自動化されているものも少なくない。たとえばクリッキング用のナイフは、今では刃の付いた多様なテンプレートを使って型抜きをする機械に取って代わられている。たとえデザインが昔と同じだとしても、製造規模は同じではないし、それどころか制御不能なほどに拡大している。

こうした事態に陥った理由を理解するためには、靴という日用品に自らの背景を語ってもらう必要がある。われわれは、こうした何十億足もの靴がどこからやってきたのか、そこから何が読み取れるのかを探らなければならない。この物語を語るなかで、グローバリゼーションという概念の実態が、その複雑さとさまざまな議論とともに明らかになっていくだろう。

世界地図

世界地図を思い浮かべてほしい。地図をズームインしてヨーロッパが見つかったら、さらにもう少し近づいてヨーロッパ大陸の西端まで行ってみよう。あなたは今、ポルトガルの首都リスボンにいる。南西の方向に広がる郊外は、ポルトガル語の「ベツレヘム」に由来する名を持つベレン地区だ。

ベレンにはサンタマリア教会が立っている。白くほっそりとした柱が何本もそびえており、まるで大きな船のマストのように見える。教会はコイル状に巻かれた縄、海の怪物、象などの彫刻に飾られている。ドア枠の周囲からは、石造りの顔がいくつも覗いており、想像上のアジアやアフリカの様子が彫刻で表現されている。

教会の奥へ進むと、突き当たりには精巧な彫刻が施された墓があるが、その中身は空である可能性が高い。なぜなら、墓の主は一五二四年にインドのコチンで死亡しているからだ。この墓は、クリストファー・コロンブスと同時代に生きたポルトガルの航海者バスコ・ダ・ガマのために作られた。ガマはインドへの航路を「発見」し、彼が地図に記した交易路は、一世紀以上にわたってポルトガルに巨万の富をもたらした。

国際的な貿易や旅行が行なわれたのは、なにもこのときが初めてというわけではなかった。たとえば大陸を横断するシルクロードは、ヨーロッパとアジアの交易を可能にし、そのおかげでイタリアの都市国家は絹、香辛料、貴金属で大いに潤った。しかし、ポルトガルが独自の海路をもって成し遂げた成果とは、彼らが真にグローバルな貿易の先駆者となったことであった。

ベレンの海岸線ほど、グローバリゼーションについての議論を始めるのにふさわしい場所はない。なぜなら、ポルトガルの「大航海時代」も、バスコ・ダ・ガマの航海も、その発端はまぎれもなく同国による富と征服の追求にあったからだ。ポルトガルの大砲と人命の軽視によって、その莫大な富は築かれた。

サンタマリア教会とタホ川の間では、かつて奴隷市場が開かれていた。英国をはじめとする国々もまた、さほど間を置かずにこの野蛮な行ないに加わったのは確かだが、大西洋横断奴隷貿易の火付け役を担ったのは、一五世紀ポルトガルの植民地主義であった。アフリカ沿岸にヨーロッパの船が押し寄せると、人類史上最大規模の強制移住が開始され、推定一一〇〇万人にのぼる人々が故郷から連れ去られて、奴隷として売却された。▼8 ベレンの街なかにある、人魚の絵があしらわれた赤と白の石造りの地図には、ポルトガルのカラベル船がたどった太平洋横断航路が描かれている。西はブラジルやカナダ、南は喜望峰、東は日本に至るまで、その航路は長く延びている。そこを行き交う船はどれも、宝石、香辛料、恐怖に怯える動物、捕らえられた人間たちをたっぷりと詰め込んだ荷を運んでいた。「グローバリゼーション」という言葉は、一九八三年、人類史上もっとも急速かつ定義や影響の不確かな社会変革を表す流行語として登場した。[9]しかし、バスコ・ダ・ガマがひと晩の祈りを捧げたのちに出航したのが一四九七年であったことを考えると、果たしてグローバリゼーションとは、新しい現象と言えるのだろうか。それともこれは、はるか昔から続いてきた貿易と移動のプロセスが継続されているに過ぎないのだろうか。

一部の理論家に言わせれば、「グローバリゼーション」という言葉は、互いにまったく関係のない金融や政治の変化を個別に取り上げて分析するのが面倒な人間が、怠惰な発想から使っているもの、ということになる。[10]わたしはしかし、グローバリゼーションはわれわれの時代の圧倒的な現実であると主張する。[11]一九八三年というのは、インターネットのモデムから石油精製所、ジェット機に至るまでのテクノロジーが、経済的、政治的、文化的にどのように世界を変えてきたのかを説明するための新たな言葉が必要とされた年であった。[12]こうした変化により、生産、消費、生物圏、さらには長期的な人類生存の可能性までが、劇的に作り変えられることになった。この事実に鑑みて、本書は「グローバリゼーション」という言葉を、産業による急速な征服の過程を指し示すうえで有用な言いまわしであるとみなしている。

下水溝の黄金

グローバリゼーションとかかわりの深いものといえば、何よりもまず人と原材料の供給だろう。産業革命によって、英国の製造業の拠点は、農村地帯に点在する工房から、ロンドンやマンチェスターといった人口の集中した都市部へと移動した。こうした新たな巨大都市は、膨大な数の人々を引き寄せては、個人が所有する工場へと送り込んだ。土地が切り開かれ、石炭、銅、鉄鉱石が採掘された。おなかをすかせた都市の住民たちを養うための食料も、建築資材となる木材やレンガも、機械のための金属も、何もかもがその大混乱のなかに巻き込まれていった。

アレクシ・ド・トクヴィル〔一八〇五～五九年。仏歴史家、政治学者〕は、一八三五年にマンチェスターを訪れた。彼は街を覆う黒い煙、本物の太陽のない薄ぼんやりとした光、やむことのない産業活動の「千の騒音」に言及し、立ち並ぶ家々は地下が「みすぼらしい住居」になっており、一二～一五人の人間が「ジメジメとした不快な穴」のなかにぎゅう詰めになっていると述べている。[13] ド・トクヴィルの目から見たマンチェスターは「不潔な排水溝」ではあったが、同時に彼は、そこに住む人々が莫大な富を生み出していることも理解していた。彼は書いている。「この汚らしい下水溝から純金が流れ出るのだ」

ここに見られる貪欲な工場都市形成のパターンは、北米、西ヨーロッパ、日本でも繰り返された。都市において、必要なものが身近で調達できないことが判明した場合には、船、商人、軍隊、奴隷商人などが、もっとたくさんの原材料、もっと大勢の捕獲・殺害すべき人間、もっと多くの富を略奪できる土地の探索に乗り出すことになった。植民地主義は国内の工場都市を肥大化させる一方で、世界のそのほかの土地に「低開発地域」という名称を押し付けた。

二〇世紀の到来とともに反乱がやってきた。解放のための闘争が行なわれ、共産主義の旗、そして神の旗が掲げられた。若く聡明な大佐や大学出の青年たちが、銃弾と書物を用いて、自分たちの国を鉄の長靴の下から引きずり出そうと戦った。植民地主義の抑圧を逃れた世界の国々もしかし、資本主義体制から逃れることはできなかった。新たに解放されたアジア、ラテンアメリカ、東欧、アフリカの国々では、都市部への移住が進み、教育や技能が漸次向上していった。やがて新たな集団が登場した。規律正しく、仕事に飢え、低賃金に慣れている人々の集団だ。

冷戦が終結して国々が国境を開くにつれ、急速に、かつ激しく統合が進行する新局面が幕を開けた。高速移動と遠距離通信というテクノロジーの発達により、前述のような集団に属する人々は資源となった。その資源の活用を目論んだのは、最初期に工場ができた諸都市で大きく成長した後、今度は欧州や北米の税金、賃金、規制から逃れる方法を模索していた企業だった。企業の幹部たちはアジア、アフリカ、ラテンアメリカ諸国の首都へ飛び、手っ取り早く富を築きたい政治家や実業界のリーダーたちと会合を持った。

こうして、何億人もの労働者たちは新たな雇用を手に入れたが、その一方で企業の関心を引くための競争を強いられることになった。工業国はまた、ゴム、石油、水、家畜、新鮮な空気などの豊かな供給源も手に入れた。開発が厳しく規制されていない国には、開削できる土地もあった。[14]

ハリケーンのようなもの？

次なる疑問は、この過程は必然的なものであったのか、それとも政治的なものであったのかというものだ。低コストの労働力と資源の飽くなき追求は、果たして制御不能に陥った結果なのか、それとも意図的に行なわれたものなのだろうか。多くの経済学者が、グローバリゼーションは必然であって、地域経済から国家経済、そして世界経済への自然な移行であると主張している。こうした意見は、「ほかに選択肢はない」をスローガンとするサッチャー支持者から、資本主義の必然的な矛盾を指摘するマルクス主義者に至るまで、政治的スペクトルのどちらの側にも見られる。[15]

必然性を強調するこの主張は、一九九〇年代にトニー・ブレアとビル・クリントンによって強力に推し進められ、彼らの理屈においては、市場のパワーはハリケーンのように止めることのできない自然の力であるとされた。[16] 本書においてわたしは、グローバリゼーションを必然的かつ匿名的なものとしてとらえることには深刻な問題があると論じている。そうしたアプローチは、グローバリゼーションはわれわれが受け入れなければならない既成事実であって、人はただシンデレラのようにおとなしく事態が好転するのを待つべきであるという考えに加担するものだ。グローバリゼーションを非政治的で匿名的なものとみなすことによって、われわれは自らの主体性のみならず、他者、すなわち国家元首や企業のＣＥＯ、あるいは国際通貨基金（ＩＭＦ）や世界銀行のようなグローバルな管理組織には主体性があるという事実を認識する能力まで失ってしまうだろう[17]。

この先に続く各章で皆さんが目にするのは、これとは異なる主張だ。本書は、グローバリゼーションとは、政治的権力を行使する政治的アクターによる意図的な行動、あるいは行動の欠如の結果であると論じている[18]。われわれが崖っぷちに追い詰められたのは、グローバリゼーションが必然的なものであるからではなく、イデオロギー的なものであるからだ。われわれが住んでいる世界は、人のためではなくお金のためになる物事を優先させる政治的決定によって形作られている[19]。

グローバリゼーションを政治的選択の結果であるとみなすことこそが、靴産業においてのみならず、この世界において、権力がどこにあるのかを探ることを可能にする。銀行の救済、資本規制の撤廃、貿易協定の締結や破棄、資源の民営化、工場生産の再構築、環境規制の緩和などを決定する力は、いったいだれが持っているのだろうか[20]。このプロセスはまた、現状のシステムがだれのために機能しているのかを明らかにする。「持てる者」、「持たざる者」はだれなのか、そして「有り余るほど持てる者」はだれなのだろうか。グローバリゼーションとは、曖昧で専門用語ばかりが並ぶトピックではまるでない。それは、明確な勝者と敗者が存在する力関係のことだ――そこでは力を持つ者たちが決定を下し、力のない者たちは多くを失う。

さらには、グローバリゼーションとは答えなのか、それとも問題なのかという疑問もある[21]。グローバリゼーションの支持者たちはかつて、これは経済的繁栄、民主主義、調和を旨とするグローバルなシステムの到来を告げるものであると太鼓判を押した[22]。上げ潮はすべての船を持ち上げる、トリクルダウン経済学こそ答えである、消費者はすぐれた低コストの製品を好きなだけ手に入れ、貧困層は仕事を得て貧しさと決別できると、彼らは約束した。しかし今、新聞やニュースサイトを眺めただれかが、こんなふうに思ったとしても無理はない。「いったいぜんたい、何が起こったというのだ」

まだ「グローバリゼーション」という言葉が誕生していなかった一九七〇年代、グローバル化が進行する世界は、慌ただしい新たな局面をもたらした。それはひとつの厳格な政治的イデオロギー、われわれの住むこの世界を形成するイデオロギーの上に構築された時代であった。このイデオロギーの中心にあるのは、支配・規制・経済がどちらの方向へ進むかは市場に委ねなければならないという信念だ。国家・政府・法の役割が最小限に抑えられたことにより、ほぼ何の制約も受けない市場による支配が可能となった。

資本主義がグローバル化するにつれ、それは神話に近い地位にまで高められた。チリのアウグスト・ピノチェト、英国のマーガレット・サッチャー、米国のロナルド・レーガンによって真の救世主として持ち上げられた新自由主義的資本主義は、いくつもの犠牲を要求した。たとえばそれは、国境を越えた資本移動の規制を緩和して銀行や企業に融通を図ること、人々の日々の生活への支援における国家の役割を縮小すること、十分に裕福な人々や企業への課税を減らすこと、そして世界の隅々まで「自由市場」を推し広めることだった。富の創造は世界の優先事項として前面に位置づけられ、その周辺を金融機関、不公平な貿易協定、企業法律家という堅固な部隊ががっちりと取り囲んだ。多くの人々が直面した現実は、民主主義と公共の利益が軽視される世の中であった。

グローバリゼーションは、重役が集う会議室や大学の講義室のなかでは、その成功が大いに称賛されてきた。しかし本書が存在する理由は、われわれが足に履いている靴が、それとは異なる物語を語っているからだ。中国の工場労働者、バングラデシュの皮なめし工場で働く人々、ブラジルの環境学者、さらにはこのシステムに取り込まれて、商品に激しい執着を抱くようになったティーンエイジャーたちにとってそれが何を意味するのかを理解せずに、どうしてグローバリゼーションを賛美できるだろうか。グローバリゼーションは変革の物語だが、それは平等なプロセスでもなければ、人々に善を成すような形で行なわれたものでもなかった。多くの人にとって、それは企業の影響力が拡大し、生産レベルが上昇するにつれて、生活の質や水準がいかに低下したかについての物語だ。

グローバリゼーションは存在するのか、それは必然的なものなのか政治的なものなのかにまつわるあらゆる議論において、重要なのは、今何が起こっているのかを見失わないことだ。われわれは物事の因果関係についての物語を失ってはならない。

なぜ今なのか

グローバリゼーションの物語は、アジア、ラテンアメリカ、東欧、アフリカの労働市場の開放だけでは終わらなかった。また、古くからある工場都市に住む人々にとっても、ハッピーエンドとはならなかった。企業が巨万の富を築くために工場都市を見捨てて逃げ出したあとには、大量の失業者と税収の損失が残された。利益は急増した一方で、富裕層と取り残された人々の格差はさらに広がった。二〇一九年の時点で、億万長者のなかでももっとも裕福な二六人が所有する資産は、世界人口を半分に分けたときの貧しい方にあたる三八億人のそれと同程度にまで達していた。[23]

不平等は、古い工業地帯にも、新しく工場ができた場所にも根を下ろした。政治家やビジネスリーダーの所得が急増する一方で、彼らが雇用する人々は貧困賃金にあえいだ。「所得の急増と富の不平等の拡大はこうして、資本主義の新たな中心地においても、かつての中心地と同様に、その特徴となった」。一九七〇年代以降の時代について、リチャード・ウォルフ教授〔米経済学者〕はそう書いている。「グローバリゼーションは、深刻化する資本主義の不平等を世界中にばらまいた」。不平等の数々の象徴——個人債務、投機、不動産バブル、汚職、富裕層による常軌を逸した過剰消費——もまた、広く拡大した。[24]

グローバリゼーションの結果——資本主義のグローバリゼーションの結果——として、われわれは今のような世界に住んでいる。それは、企業による自然の収奪、度を越えた労働者の権利侵害、気候崩壊、小型バス一台に収まる程度の数の人間が、世界人口の五〇パーセントにあたる人々よりも多くの富を所有しているほどの所得格差を特徴とする世界だ。グローバリゼーションによって約束された経済的利益がもたらされることはなかったし、また安定が確保されたわけでもなかった。グローバリゼーションというプロセスを推進しているのは実のところ、国際企業のニーズなのだ。[25]

では、社会の頂点にいる人たちにとっては物事がうまく運んでいるのかといえば、それもまた事実ではない。たとえ自分専用の消防隊、自分専用の島、自分専用の地下壕を手に入れたとしても、それは単に差し迫った気候崩壊からある程度の距離をとれるというだけに過ぎない。また、政治的な混乱とも無関係ではいられない。

二〇一六年、欧州連合（EU）は、英国が投票でブレグジット〔欧州連合離脱〕を選んだことによって大きな衝撃を受けた。その数ヵ月後、今度は世界が、ドナルド・トランプが米大統領に選ばれたことによって大きな衝撃を受けた。これら二つの大衆投票は、いずれもグローバリゼーションの影をまとっている。この投票結果によって、世界が注目する大きな舞台の中心に不満という課題が据えられた。それにより明らかになったのは、緊縮政策と金融破綻によってもたらされた絶望、そして取り残されることへの恐怖によってもたらされた派閥化と人種差別であった。

トランプは、グローバリゼーションへの非難を明確に口にしてきた。「われわれはグローバリズムのイデオロギーを拒絶し、愛国主義の理念を信望する」。二〇一八年九月、トランプは国連でそう述べている。世界の指導者たちはこのスピーチに対するあざけりを隠そうとしなかったが、トランプはまるで世界がひっくり返る瞬間に向けて準備でもするかのように、米国を保護貿易主義、世界的な舞台からの撤退、国境の壁の建設へと向かわせた。一方、「一帯一路」投資構想や国営産業、資本規制に熱心に取り組む中国の姿は、まるで多国間相互自由貿易とグローバリゼーションを擁護しているかのようであった。[26]

なぜ靴なのか

わたしたちが足に履いている靴は、グローバリゼーションを前進させる推進力であり、またその結果でもある。最初期にグローバル生産が行なわれた数々の品物のなかでも、とりわけ靴は、この世界を形成する相互依存と不公正を象徴する存在だ。通信および輸送の技術が大きく発展し、世界のどこからでも低賃金労働者を雇えるようになったおかげで、グローバル生産プロセスをまっさきに取り入れた靴の生産は、世界各地で行なわれるようになった。わたしたちが所有する靴はどれも、いわば世界のなかにある世界であり、その大半が低賃金の危険な生産ラインにおいて複雑な構成部品から作られている。

二〇一三年のラナプラザ工場の崩壊事故をきっかけとして、ファッション産業には世間の耳目が集まるようになった。このバングラデシュの事故においては、九〇秒間で一一三八人が死亡したとされている。縫製業界における過去最大の産業殺人ではあったものの、こうした事例は決してめずらしいものではない。アリエンタープライズの火災〔二〇一二年、パキスタン、カラチの衣料品工場、死者二八九人〕、タズリーンの工場火災〔二〇一二年、バングラデシュの衣料品工場、死者一一二人〕、スペクトラムの工場崩壊〔二〇〇五年、バングラデシュ、ダッカ、死者六四人〕、その他数え切れないほどの悲惨な事故はすべて、この業界が危機に瀕していることを示す血なまぐさい証拠だ。

死者をともなう火災や工場崩壊など、いくつもの事故を起こしているにもかかわらず、靴産業はこれまでのところ、ほとんど非難を受けることなくやり過ごしてきた。その結果として、本書のためにわたしが取材を行なった有識者のほとんどが、口を揃えてこんな指摘をする事態となっている。すなわち、靴産業は賃金、労働条件、企業基準などの面で、ファッション産業のそのほかの分野に大きく後れを取っている、というのだ。靴作りにまつわるあらゆる集団が今、窮地に立たされている。現代の靴製造労働者の仕事には、有害なガス、毒性のある化学物質、貧困賃金が蔓延している。靴は今この瞬間も、生物圏、動物・生物界に、とうてい受け入れがたいほどの悪影響をおよぼしている。

本書は、グローバリゼーションのなかで忘れ去られ、取り残された辺縁の地を自分の足で歩いてみようという誘いである。その旅の途中では、屠殺場、搾取工場、ゴミ捨て場、仮設の難民センターなどを訪ねる。二八ヵ国にものぼる国々を代表する人たちから聞いた話も含まれている。

第一章では、目まぐるしい消費の世界を検証し、この世界が過剰に持つ者と持たざる者との間でどのように分断されているのかを見ていく。われわれは靴に異常なまでの執着を持つ人々と直接会い、靴の魅力を探求する。第二章では、中国からバルカン半島まで世界各地の靴工場を訪ね、工場労働者や工場長の話を聞きながら、われわれがどのように年間二四二億足の靴を作るに至ったのかを解説する。

第三章は、ティア1（一次請け）工場のさらに下層にあるサプライチェーンをたどり、グローバリゼーションを縁の下で支える在宅労働者たちのもとを訪ねる。姿の見えない彼らはどんな人たちなのか、市場資本主義によって何百万世帯もの家庭が工場に変えられた結果、どんなことが起こっているのか、そして、われわれの靴はいったいどれほど有害な存在なのだろうか。

企業がどのように靴製造の実態を覆い隠しているのかについては、第四章で取り上げる。ブランド戦略はどのように始まったのか、企業はなぜ靴を感情と結びつけようとするのか、靴に付いているラベルは信用できるのか、偽造スニーカーはこの世界について何を教えてくれるのだろうか。

第五章は、仮設の難民キャンプからスタートし、雨に濡れ、ボロボロになった靴を履いた人々の物語を見ていく。なぜお金や商品は国境を自由に越えられるのに、人間はそうできないのだろうか。トルコの地下室で靴を作っているのはどんな人たちなのか、そして中国では、なぜ何千万人もの子供たちが親から引き離されてしまったのだろうか。第六章では、皮革生産、何十億頭にものぼる動物の産業屠殺、熱帯雨林の破壊、平均寿命が五〇歳となったバングラデシュのなめし革工場の実態を暴く。政治的暴力から奴隷制、気候大災害に至るまで、皮革産業はそこに触れたものすべてに災いをもたらす。

第七章では靴が完成したあとについての問題を取り上げる。購入された靴――多くのリソースを集約し、人の手によって仕上げられた複雑な製品――が廃棄されるときには、いったい何が起こるのだろうか。二四二億足の靴は、捨てられたあとどこへ行くのだろうか。靴の修理業者、中古品倉庫、リサイクル研究所をめぐりながら、この使い捨ての世界で人間が生きるためのコストを探る。

第八章は、荒廃した現在地を離れて未来の工場へと向かう。ロボットは靴産業をどのように変えているのか、そして自動化の台頭は何をもたらすのか。もし何百万人もの女性たちがロボットに職を奪われたとしたら、どんな結果が待ち受けているのだろうか。

第九章では、靴のような物体がなぜこれほどの大混乱を引き起こすのかを問う。企業はなぜここまで大きな問題を抱えながら長い間逃げおおせてきたのか、人と地球を守るための法律はどこにあるのだろうか。また、企業プログラムとグリーンウォッシュがいかに社会の進歩を妨げてきたかにも言及する。最後の第一〇章では、どうすればこれまでとは違ったやり方で物事を進められるのかを見ていく。われわれはすでに、資本主義のグローバリゼーションを試してきた。このあたりでそろそろ、下層からのグローバリゼーションという新しいシステムを登場させる時期が来ているのだろうか。より平等な路線に沿って世界が再編成されたなら、そこはどんな場所になるだろうか。またそこまでたどり着くには、いったい何が必要になるのだろうか。

何かすばらしいもの

靴はそれ以外の衣服とは異なり、身体と一体化して、本人がそれを脱いだあとも長い間その人の形を保つ。これと同じ理由から、身に着けるもののなかで、足に合わない靴ほど体にダメージを与えるものはない。靴を履いていないということは、無力な状態にされるということ、どうしようもないと憐れまれること、頭がおかしいと恐れられることだ。靴はわれわれを守り、日々どこかへ連れて行ってくれ、そしても運がよければ、われわれはそれを自らのアイデンティティの一端を表すために利用することができる。しかし、そうした補助的な力はあれど、靴にそれ自体の主体性はない。おとぎ話のなかでもない限り、靴に魔法の力は備わっていない。

靴という物体のことを、魔法使いの妖精が指をパチンと鳴らせばピンク色の煙から生まれ出てくるものであると人々に信じ込ませるために、何十億ドルものお金が費やされている。企業が好むのは現実よりもむしろ、サプライチェーンなど存在しないし、何百億という数の靴が作られ、売られ、買われ、捨てられても、その周りには何の影響も生じないという幻想の方だ。これは危険なほどに真実からかけ離れた認識であり、本書の取り組みは必然的に、靴にまつわる神秘を取り除いていく作業となる。

一つひとつの章を読み進めながら、どうか身のまわりにある靴に目を向けて、それらが作られた過程を思い浮かべてほしい。そこにあるサプライチェーンから決して目を離してはならない。その理由の一つは、もし世界中のすべての靴が人間の手によって作られた製品であるという事実をしっかりと認識することができたなら、われわれは靴生産の実態が覆い隠されている現状に対抗できるようになるからだ。そして二つ目の理由は、もしこの現実を見失えば、そのとき人は、何かすばらしいものも見失ってしまうからだ。われわれは国王、ＣＥＯ、セレブリティがこの世界を作ったと教えられているが、それは事実ではない。

すべての富と魔法の源は、究極的にはこの地球と人間の働きにあるのだということをもし忘れてしまえば、われわれは同時に、物事を正すうえで、また公平で持続可能ですべての人を養うことができる社会を作るうえで必要なものを、自分たちはもうすべて手にしているのだということも忘れてしまうだろう。▼27

第一章　スニーカーマニアの熱狂

スニーカーコンは、飛行機の格納庫ほどの広さの会場で行なわれるコンベンションで、会場に漂う悪臭は日程が進むにつれてキツさを増していく。現在ロンドンに来ているこの巨大イベントは、つい先日はラスベガスで開かれ、そしてこのあとはベルリン、さらにはニューヨークでの開催が決まっている。何千人もの「スニーカーヘッズ〔熱狂的なスニーカーの愛好家〕」たちが、入場に二五ポンドを支払い、スニーカーフーディ、Tシャツ、リュック、そしてさらに数多くのスニーカーがうず高く積まれた商品ブースを見て回っている。心臓に自信がない人は、これらの靴に付けられた値札は見ないでおいた方がいい。五五〇ポンド、六〇〇ポンド、七〇〇ポンドといった目が飛び出るような数字が並んでいるからだ。ゲームコーナーでは、賞品として限定版のスニーカーが提供されている。人々が列を作り、有名ユーチューバーと一緒にセルフィを撮っている。クリーニング用品の会社がピカピカに飾り付けた展示ブースを設置して、スニーカーを汚れや雨から守りますよとPRしている。

サミは一二歳だ。ハリー・ポッターのようなメガネをかけ、Supremeのロゴが入ったヘッドバンドを髪の上からつけている。サミのすぐ前の床には、まだ一度も履かれたことのない巨大なナイキのAir Uptempoが一足置いてある。その大きさたるや、サミの小さな足が左右とも片方に収まってしまいそうだ。サミが握りしめている紙幣の束は、その手にあまるほど分厚い。サミは現金を何度も数え直しては、ニヤニヤと笑っている。自分よりも年上で、ずっと体の大きな二人の少年に、二三〇ポンドでスニーカーを売ったからだ。

サミの様子に目を光らせ、現金を仕舞うよう何度も言ってきかせている若い女性はジェイドだ。カーキ色のオーバーサイズのジャケットを着て、長い三つ編みを頭の上でまとめている。サミは人に聞かれると、ジェイドは自分の乳母だと言っている。ジェイドは違うでしょと彼をたしなめ、自分はサミの家庭教師だと説明する。

サミとジェイドがいるエリアは「トレーディングピット」だ。五〇人ほどが床に大量の商品を積み上げて、即席のブースを開設している。まるで十代の少年たちが開くフリーマーケットといった様相だが、商品はどれも新品同様で非常に高価なものばかりだ。Tシャツ、フーディ、帽子はセロファンに包まれ、限定版の靴はまっさらな靴箱の上に飾られ、リュックサックにはまだタグが付いている。トレーディングピットは、スニーカーヘッズたちがやってきて靴を買い、売り、交換する場であり、コンベンション会場の正面に並ぶ公式のブースとは明確に区別されている。一方の壁にはバスケットのゴールが設置され、ヒップホップが大音量で流れている。

サミがスニーカーヘッズになったのは、サウジアラビアにいるいとこの影響だ。ジッダ〔サウジアラビア西部の都市〕の狭すぎるスニーカーシーンにもの足りなさを感じていたサミは、今まさにロンドンでしかできない体験を楽しんでいるところだ。スニーカーコンでの目的は、「ほかのスニーカーを買うために服やスニーカーを売ること。要するにお金を儲けること」だと彼は言う。

サミには聞こえないところで――サミはどうやら、ジェイドがしゃべりすぎるのが気に入らないらしい――、サミの家族は彼をロンドンの寄宿学校に入れたほどの「超リッチ」なのだと、ジェイドは話す。スニーカーを買い足すだけでなく、今持っているものをいくつか売ってみたらと提案したのはジェイドだった。

サミの隣にいるアミールは、レスターからやってきた一八歳だ。あぐらをかいて床に座り、そばに一足の靴を置いている。「Yeezy 350 V2、セミフローズンイエロー、サイズ9.5」。通称「Yebra」と呼ばれるこのスニーカーは最近発売されたばかりで、限定数が少ないため、アミールも抽選に当たってようやく一七〇ポンドで購入することができた。人気の高いアディダスYeezyは、二〇一五年に初めて登場した。ドイツのスポーツウェアブランドであるアディダスと、ラッパーのカニエ・ウェストとのコラボレーションによる商品だ。

Yeezyの転売で四五〇～五〇〇ポンドは儲けたいと、アミールは考えている。足を止める人がいれば、ネットでは一五〇〇ポンドで売っているのを見たと説明する。靴を五〇〇ポンドで売るというのは異常ではないかと聞いてみると、アミールは首を横に振る。儲けの使いみちはすでに考えてある――ナイキのスニーカー、Virgil Abloh x Nikeを手に入れるのだ。

スニーカーコンに集まる人々のうち約九五パーセントは男性が占める。女性がいる場合、たいていは小さい男の子の母親だ。例外の一人である一六歳のカイラは、サウスロンドンのルイシャムからやってきた。「わたしは兄弟と一緒に、Yeezyの限定品とか、靴の限定品を目当てに購入と転売をしているの。今日ここに来たのは、新しい人たちと知り合ったり、あと、うちの商品を売ろうと思って」。カイラとその兄弟たちが靴の売買を始めたのは、母親にスタート用の資金を出してもらって、最初のYeezyをドロップ――新しいデザインが一般に発売される瞬間――のタイミングで買ってからのことだ。

「今日はHuman Raceが売れたんです」とカイラは言う。「一九五ポンドで買って三〇〇ポンドで売ったから、かなり儲けが出たかな」。アディダスとファレル・ウィリアムスがコラボしたHuman Raceのスニーカーを手に入れるために、カイラは午前三時にカーナビーストリート〔ロンドンのショッピングストリート」まで行き、雨のなかで九時間待った。

そういう自分の行動について、どうかしてると思うことはないのだろうか。「楽しんでやってます。面白いですよ」

「あの袋に入ってるのはYeezy Oreoで、あっちのはYeezy Beluga。今日はこのSPRAY GROUNDのバッグを買ったの」。カイラは誇らしげに、サメの口のイラストが描かれた黒いリュックサックを掲げてみせる。足に履いているのは白と黒のYeezy Zebraだ。スニーカーのドロップの列に並ぶ際、女の子は自分しかいないという状況はしょっちゅうだという。「だれでも受け入れるような雰囲気ではあるけれど、たまにドロップのときに、調子に乗った男の子たちに、列のうしろの方に追いやられたりすることはあるかな。だけどもう友達ができたから、男の子も助けてくれるし、そう悪くはないですよ」

あるブースには、「I Miss the Old Kanye〔カニエ・ウェストの曲名〕」と書かれた野球帽が積まれている。大好きなブランドYeezyを生み出したセレブリティ、カニエ・ウェストについてカイラは、その突飛で予測不可能な行動こそが魅力だと考えている。

サミもアミールもカイラも、そしてスニーカーコンに集まった人たちも、皆ハイプを追い求めている――ハイプというのは、スニーカーの価値と、それがどれだけ人から求められているかを決定づける、明確に定義しがたいクオリティのことを意味する。「だれがそれを作るのか、だれがそれを身に着けるのかによって、それがハイプになるかどうかが決まるんだ」。マンチェスターから来た二一歳のクリスが言う。クリスはほっそりとした背の高い青年で、おしゃれの一環として顔の下半分を布製のマスクで覆っている。売買を目的にやってきたというクリスは、今ハイプな三つのブランドとしてYeezy、Bape、Supremeを挙げてみせる。

スニーカーコンでは一般的なコンセンサスとして、ハイプを支える柱は、一、著名人、二、限定品とされている。カニエ・ウェストはこの技に長けている。その名声を武器に、彼は自身のスニーカーデザインを世界に宣伝し、一方で限定品という策略をとることで、ファンが貪欲さを失わないようにしているのだ。

日曜日の一足

今から四〇〇年前、一七世紀の英国で、グレゴリー・キングという名の統計学者が、英国では年に何足の靴が消費されているのかを推定しようと試みた。キングがはじき出した数字は一二〇〇万足、そのコストは一〇〇万ポンドであった。これに加えて、留め金や靴ひもにも五万ポンドが費やされていた。キングによると、英国には靴を一足も持っていない、貧困層のなかでもとりわけ貧しい人たちが一〇万人存在した。つまり、それ以外の人たちが一年間に平均二足の靴を購入・着用していたという計算になるが、今日においてもそうであるように、富裕層の人々は、たくさんの靴を履いて楽しむという、大多数の人々には叶わない贅沢を満喫していた。[1]

時代は進み、一九五三年のフットウェア製造の指南書には、有給の仕事を持つ若い女性は一般に、靴を六足所有していると書かれており、その内訳は以下の通りであった。「仕事に行くときの一足、日曜日や『改まった』機会のための一足、ダンスのための一足、休暇や浜辺用のサンダル、冬用ブーツ、寝室用の室内履き。テニスなどのスポーツをする女性であれば、さらにもう一足必要になる」[2]。六〜七足あれば、足元の安全を確保し、基本的な社会的期待にも対応できるというわけだ。

二一世紀に入ってから二〇年がたった現在、「英国の平均的な女性」はフットウェアを二四足所有しており、そのうち何足かは一度も履かれたことがないと言われている。[3] こうした統計は（また「平均的な女性」という概念自体も）かなり不確かなものではあるが、比較的富裕な社会に属する人の大半が、どの時代にもそうであったように、実際に使うよりもはるかに多くの靴を所有しているのは事実だろう。人間はたしかに毎年二四二億足の靴を作り出しているのかもしれないが、それらは世界の七七億人に均等に分配されているわけではない。富裕層や有名人の世界においては、靴のコレクションは数千足という規模になり、かつてイメルダ・マルコス〔フィリピン第一〇代大統領フェルディナンド・マルコスの妻〕が収集し、現在はフィリピンのマリキナ靴博物館に収蔵されている三〇〇〇足の靴でさえ、たいした量ではなかったように思えるほどだ。

二〇一六年、大陸としてもっとも多くの靴を消費したのはアジアであった。割合としては、世界人口の六〇パーセントが、世界の靴の五三パーセントを消費したことになる。アジア圏内と世界全体のどちらにおいても、中国はほかのどの国よりも多くの靴を購入しており、製造される靴五足のうち一足近くが同国によって買われていた。中国に次いで二番目に大きな市場を形成していたのは、EU各国を一つとみなした集団だ。ヨーロッパのうしろに僅差で続いたのは米国であり、どちらの地域もその人口に見合うよりもはるかに多くの靴を購入している。[4]

消費者は全員が平等な条件を享受しているわけではない。過剰生産には、極めて不公正な流通がともなっており、貧困に陥った人々には必要なものが供給されず、彼らは制度そのものに阻まれて、靴を購入するための経済的能力を得ることができない。年に一度発行される『世界フットウェア年鑑』には、フットウェア部門の製品および取引データの分析が掲載されている。靴の消費規模を示した世界地図を見ると、アフリカ、ラテンアメリカ、中東の全域が灰色に塗られている――これが示しているのは、当該地域の消費レベルは、世界規模と比べると表示に値しない程度であったということだ。[5]

カメルーン、ルワンダ、ブルンジといった熱帯アフリカ高地の農村地域に住む人々は、鉤虫などの寄生虫による感染症や、ポドコニオシスなどの土壌伝染病にかかる危険にさらされている。どちらの病原体も、足を介して人体に入り込み、体を蝕む病気や痛みを発生させる。こうした病気の予防においては、比較的単純な方法が存在する。靴を履くのだ。しかし、農家の人々、村の住民、歩いて通学する子供たちは、貧しさから靴を買うことができないまま、自らの健康を危険にさらしている。[6]一方、史上もっとも高価な一足といえば、革、絹、二三八個のダイヤモンドから生み出された黄金の靴で、これには一七〇〇万ドルの値札が付けられている。[7]

過剰生産は驚異的かつ前例のないレベルに達している。かつての社会は、人々に生産者あるいは兵士になることを要求したが、今や社会にとっての一次的欲求は人間に消費をさせることだ。[8]グローバリゼーションは、消費主義を以前には想像もできなかったほどの高みにまで推し進め、十分な富を持つ人はだれであれ、多様な選択肢と豊かさを手にできるようになった。その見返りとして、消費主義はグローバリゼーションを存続可能なシステムとして機能させる——何十億トンもの物が買われ、利益は果てしなく積み上がる。商品の生産と販売があって初めて資本主義は機能することができ、また低い賃金とそれよりもさらに低い基準を追い求めるグローバル化した資本主義があって初めて、これほど多くの人間が過剰消費の生活を送ることが可能になる。

競争の時間

スニーカーコンでは、一四歳のダニエルが、緑と紫のナイキ Air Jordan を売ろうとがんばっている。この靴の特に気に入っている点は、自分を目立たせてくれることだと彼は言う。「人は自分が個性的で、ほかの奴らよりも上だっていうところを……いや、上っていうわけじゃなくても、とにかく自分は違うんだっていうところを見せつけたいものだからね」。この巨大なホールでは、何千人もの十代の少年たちが揃ってほぼ見分けのつかない格好をしているが、その点については気にならないらしい。

ダニエルの友人レイモンドは、背丈こそダニエルより三〇センチほど低いが、靴に対する情熱は負けていない。レイモンドにとって、靴は社会的ステータスと結びついている。「道を歩いていて、ひどいスニーカーを履いた奴を見かけたら、あえて付き合う必要がない相手だって判断できる。逆にかっこいいスニーカーを履いている奴を見たら、その人はお金の使い方をわかってるって判断できるんだ」。レイモンドはロンドンでも特に貧しい地域の一つであるダゲナムの出身だが、父親から月に一〇〇ポンドの小遣いをもらっている。彼はこの日、ナイキの「Space Jam」を一足交換し、またプラダのスニーカーを売ったが、こちらは二五〇ポンドの損失だった。まるで買い手がつかなかったのだ。レイモンドは、お金を持っていないからといってその人が悪い人間ということにはならないという意見にはうなずきつつも、もし自分が「ひどい」靴を履いていたなら、結局は否定的な評価を受けることになると語る。「ああ、あいつは自分の身なりもきちんとできない奴なんだなって思われるよ。人がぼくを見たときには、その印象は、なんていうか、ぼくが履いている靴に大きく影響されるんだ」。そうした価値観こそが、だれと友達になり、だれを避けるかの基準なのだと、レイモンドは言う。

トレーディングピットでは、一七歳のベンジーからも同じような話を聞く。「もしかっこよく見せたいなら、いい服を着て、いい靴を履くべきだよ。そうすれば目立つからね」。ベンジーは朝からずっと、どうにかしてファレル・ウィリアムスのスニーカーを売ろうと粘っている。このスニーカーは派手な宣伝文句で登場したというのに、結局は「煉瓦(ブリック)」、すなわち人気がなくて売れない靴になってしまったからだ。どうしても売ってしまいたいのだと、ベンジーは言う。「見た目がよければもっと立派に見えるし、それはある意味、もっといい人間っていうことでもあるんだ」

現代社会を生きていくということはすなわち、「人間は着ているもの、食べているもの、運転している車によってジャッジされるのだ」というメッセージを大量に浴びせかけられることを意味する。無数の広告が消費と社会的ステータスとを結びつけ、自分が何を所有しているかについて不安を抱くよう訴えかけてくる。それによってわれわれは、果てしなく続く競争のサイクルに巻き込まれる。そのプロセスは、人がまだごく幼いうちから始まる。

スニーカーコンでだれよりも興奮していたのは、一二歳のヒューと一三歳のオリバーで、二人は大好きなユーチューバーに会えたことで文字通り跳び上がって喜んでいた。「Blazendary（ブレイゼンダリー）と Urban Necessities（アーバンネセシティーズ）が来てるんだ！」。オリバーが恍惚とした表情で言う。二人のうしろには少年たちの列ができており、一万四〇〇〇ポンド相当のスニーカーを履いたアメリカ人ユーチューバーと一緒に写真を撮る順番を待っている。

「めちゃくちゃおもしろいんだよ！　ほんとうにすごくて、あの人たちの動画はいっつも観てる。あーもう靴って最高だよ！　クレイジー！　まじクレイジー！」とヒューが言う。

いったいスニーカーのどんなところが、彼らをそこまで夢中にさせているのだろうか。「わかんないよ」とオリバーは言う。「クールだし、それにほら、履けるじゃん。そこがいいよね」。ヒューの方も、あまりの興奮にまともな答えが思い浮かばないようだ。「それは自分がここにいること、それでクレイジーな靴がこれだけ並んでるのを見てるっていう事実だよ。どれもまともじゃないしクレイジーだ。ほんとクレイジーだよ」

米ボストンカレッジを拠点に研究するジュリエット・ショア博士は、消費に関する世界的権威の一人だ。博士は、人が消費財を買う理由の一つは、自分がお金を持っていることを証明できる非常に目に見えやすい方法であるからだと述べている。

「わたしは銀行にこれだけお金を預けていますと口で言うことはできますが、それを証明するにはどうすればよいでしょうか。この世界のシステムにおいては、銀行にお金があることの証明の一つが、それを使ったり、浪費したりすることができる能力ということになっています」とショア博士は説明する。「本人のステータスを周りに知らせる消費財というもののもっとも重要な性質とは、その社会的な認知度です」。人々が公共の場で身に着けるという点で、スニーカーはまさにその好例だ。

ショア博士は、現代の過剰消費と関連のある考え方として、ソースティン・ヴェブレン（一八五七〜一九二九年。米経済学者・社会学者）の古典的な消費理論を挙げている。裕福な有閑階級は、消費を富と権力の証しとして利用すると、ヴェブレンは主張した。そのやり方はごく単純なもので、高価なアイテムを自分の体、あるいは自分の妻や子供たちの体に取りつけて、人目につく場所を歩き回るのだ。

状況は今もたいして変わっていない。ただし異なるのは、ソーシャルメディアが常に、どこにでも存在するせいで、人々がかつてないほど記録に残され、人目にさらされているということだろう。ネット上のスニーカーカルチャーのなかでもとりわけ憂鬱な気分にさせられるのが、「How Much Is Your Outfit?（あなたの服いくら？）」という企画が人気を博していることだ。このユーチューブ動画では、一般の人たちに、そのとき身に着けているアイテム一つひとつの値段を尋ねてカメラの前で発表させる。そしてその合計金額を表示し、もっともお金をかけていた人が称賛の対象となるのだ。[9]

ステータスの誇示というのは、他人をジャッジするための指標とするにはおぞましい方法というだけでなく、単なる見せかけであることも少なくない。たとえ自分の財務・経済状況が全体的によくないときであっても、人はスニーカーなどのアイテムを使ってステータスを獲得しようとすることがあると、ショア博士は指摘する。靴は体に取り付けて、体と一緒に動くものであるため、たとえ家庭での暮らしがさほど潤っていなくとも、それを身に着けて人前に出ることでステータスを得ることが可能になる。

映画監督で写真家のローレン・グリーンフィールドは、これまで二五年間にわたって富というテーマを追い続け、裕福な人々や裕福になりたい人々の生活について探ってきた。二五年の間に不平等の拡大と社会的流動性〔社会階層間の移動〕の低下が進んだことにより、富を提示する行為、すなわち、お金を持っているか持っていないかを人に知らしめることは、かつてないほど重要になっていると、ローレンは言う。「いわば虚偽の社会的流動性、つまり派手な格好やジュエリーが、真の社会的流動性に取って代わられているのです……なぜなら、手に入れられるものはそれしかないからです」。グリーンフィールドは、NPR〔米の非営利公共ラジオネットワーク〕の取材に対してそう語っている。[10]

世界地図の上でも街なかでも、靴には社会的不平等が反映される。まず基本的に、靴はだれが高価なフットウェアを購入することができ、だれができないのかを示している。人目を引くほどの派手な消費とは、富の不平等の表れであり、すなわちお金が均等に分配されることなく、貧しい人々の犠牲のもとに、裕福な者たちによって大量に貯め込まれていることを示すサインだ。靴は同時に、社会的不平等が再生産される手段にもなっている。ピエール・ブルデュー〔一九三〇〜二〇〇二年。仏社会学者〕に言わせれば、消費とは裕福な人々に「文化資本」を与えることによって社会的不平等を再生産するもの、ということになる。「正しい」審美眼を身につけることを可能にするその力を活用すれば、仕事、資産、コネクション、昇進などを手に入れやすくなる。[11] 古典的なステータスシンボルとして、靴は恵まれた集団のなかにだれかを入れるため、あるいはそこから排除するため、また階級の境界を維持するために使われる。

スニーカーコンに参加しているティーンエイジャーたちにとって、派手なスニーカーを消費することの理由のなかでも、もっともポジティブなものとしてあるのは、目立ちたい、若者に押し付けられがちな否定的な決めつけ以外の面で注目されたいという願望だ。特に少数民族出身者にはその傾向が強い。人をステレオタイプにはめ込んだり、集団から除外したりする社会のなかにあって、それはリスペクトを求める叫びのように聞こえる。

とはいえ、ほぼ無名のカートゥーンのグラフィックが描かれたリュックや、緑と紫のスニーカーを身に着けることから、実際に得られるリスペクトとはどのようなものだろうか。界隈の外にいる者から見れば、それらは特に人目を引くことのないシンボルであり、スニーカーコンの参加者たちが身に着けている服や靴は、どれもたいした違いのないありふれたものに映る。そうした物が高く評価されているサブカルチャーの内部にさえ、そのアイテムを生み出したシステムの価値観をそのまま模倣したものが存在する――それはすなわち、人よりすぐれていることや、自分より「下」の者を排除することに満足感を覚える、競争意識に満ちたスタンスだ。

崩壊する壁

「スニーカーヘッズ」という言葉では、スコット・フレデリックを正確に言い表すことはとうてい叶わない。スコットは一九九〇年代からスニーカーへの執着を持ち続けている人物だが、Yeezyのスニーカーや SupremeのTシャツを買う人たちの列を見回しても、彼の姿を見つけることはできないだろう。

スコットはむしろ、二五年前のJ・C・ペニー〔米百貨店〕のカタログを読み込んで、古き良きスニーカーの写真を探しているか、靴を扱うブログのなかでも最初期に作られたものを、丹念にアーカイブする作業に勤しんでいるに違いない。そうしたブログとしてはたとえば、チャールズ・L・ペリンという男性が、昼間は国際宇宙ステーションで働きながら一九九五年に開設した「Charlie's Sneaker Pages」などがある。

スコットはスニーカーカルチャーの歴史家であり鑑定家だ。彼が所有しているスニーカーのなかでもとりわけ希少なものは、ネット上に写真が一枚しか存在しないという。その写真がアップされているのは、自身が運営するサイト「DeFY. New York」で、彼はそこに音楽、ファッション、スニーカーについての記事を掲載している。博物館からのオファーでもない限り、そのスニーカーは売らないことに決めているのだとスコットは言う。最近のスコットが没頭しているのは、極めて曖昧模糊としたブランディングやマーケティングの歴史を掘り下げることだが、以前からそういう志向だったわけではない。一時期、スコットは取り憑かれたようにスニーカーを買いまくり、コレクションは約四〇〇〇足にまで増えた。途中で数えるのをやめてしまったため、正確な数字はわからない。

「あれは愉快でしたよ。というか、当時は全然愉快ではなかったですけど、今となっては笑い話です」とスコットは言う。「スニーカーは全部自分のクローゼットと、一階のガレージに仕舞っていました。ある日、クローゼットのなかに新しい棚をいくつか取り付けて、そのうちの一つは梁の上に載せるように設置していたので、なぜあんなことになったのか不思議なんですが、棚がすべて、一気にガラガラと崩れ落ちたんです。クローゼットのなかで壁全体が倒れたので、わたしはその落ちてきた大量のものと一緒に寝るはめになりました」

崩れ落ちてきた靴箱や棚に囲まれながら、スコットは悟った。「その場で頭に浮かんだのは、何だこれは、おれは何をやってるんだ、という思いでした。おれはいったいどうしちゃったんだってね。あれはまさに何百という箱に囲まれたベッドそのもので、これはもう手に負えないところまで来てしまったと感じたんです。それから一年半か、たぶん二年くらいあとに、すべて処分しました。全部です。わたしが持っていた靴を一つ残らず」

コレクションを手放したスコットは今、自分のことを「ミニマリストのようなもの」と表現する。所有しているスニーカーの数は五〇～六〇足ほどだ。「わたしはミニマリストのコレクターです。矛盾した言い方かもしれませんが」とスコットは笑う。「わたしは自分が買うものや、自分がそれを買う理由の根底にあるものを、深く理解するよう強く心がけています。そうしなければ手に余るようになりますし、以前は実際に、自分で自分が手に負えなくなっていたのだと感じています。夢中になりすぎてしまうのです。

結局のところこれは、人々が自分はこれを所有しなければならないと感じているただの製品です。それでも、企業としてはそうした靴を作らなければ商売にならないし——だからこそ靴は存在するわけです。もしその靴がだれにも履かれないのなら、それは無駄なものということになります」

スコットは裕福な家の出身ではない。彼にとって最初のスニーカーとなったアンドレ・アガシ（米の元プロテニス選手）のシグネチャーシューズは、一九九〇年に祖母から特別にもらった贅沢なプレゼントだった。成長して自分でお金を稼ぐようになると、ニューヨークのフリーマーケットへ行き、大好きなオールドスタイルのスニーカーを見て回った。一九九六年にインターネットが使えるようになったときには、急速に拡大しつつあるオンラインのスニーカーコミュニティを発見し、これに夢中になった。そして英国、フランス、日本の人たちとつながるようになり、その大半とは一度も顔を合わせないまま、ずっと連絡は取り続けていたという。まるで家族のような関係になったのだと、スコットは言う。

靴を通じて形成されたグローバルな友情には、人がスニーカーのような物を消費する理由の一端が垣間見える。「商品は社会生活の中心に位置する存在です」とショア博士は言う。博士によると、人々は消費できる物を通してアイデンティティを形成し、それらはまた、それぞれが営む社会生活のなかに意味を生み出すうえで、とりわけ重要な要素となっているのだという。

多くの消費理論は、買い物は孤独に由来する行為であり、不幸の結果として行なわれるものであると位置づけている。手垢のついた考察の一例としてショア博士が挙げるのは、郊外に住む孤独な主婦が、自分の暮らしの虚しさを埋めるために無意味な買い物をする、という理論だ。消費主義に対するこうした見方には同意できないと、博士は考えている。消費主義は孤独が生み出す行動というよりも、極めて生得的な社会的行動であるというのが博士の主張だ。郊外に住む主婦でさえ、集団として消費し、仲間の集団とその内部での自らの地位を極めて敏感に察知している。博士は言う。「消費を促す主たる力とは、社会的勢力、社会的力学、不平等や社会的競争の力学、地位を与えることにおける商品の役割なのです」

だからといって、消費社会が幸福へ続く道だというわけではない。満足感を得るために、店頭やウェブサイトで商品を繰り返し探し回るというのは虚しい作業だ。トレンドや新製品ラインの目まぐるしい変化は、どんな喜びもまたたく間に消え去る運命にあることを示している。

満たされぬ欲望

一九五三年に出版された『Textbook of Footwear Manufacture（フットウェア製造のためのテキスト）』のなかで、この本を書いた人物は、どの靴を購入すべきかの決定におけるファッションの影響を憂えている。デザイナーが最高の素材と技術を用いて非の打ち所のない靴を作ったとしても、ファッショナブルであるとみなされない限り、それを買おうとする者はいないと、著者は主張する[12]。

消費を促すさまざまな社会的要因のなかでも、とりわけ広く浸透し、支配的な力を有しているのがファッションだ。ファッションはその定義からして、変化と切り離せない関係にある。それは必然的に、何か新しい物が登場し、それによって自分が気に入っている物に対してさえ飽きを感じさせるという意味を内包する。企業はこの力を利用して、靴は必要だから所有するものであるという考えを捨てさせ、まだ十分に使える品物を古臭いと感じさせるように仕向けてきた。

そのせいでわれわれは、壊れたからとか、擦り切れたからという理由ではなく、もっとファッショナブルなものが欲しいからという理由で物を取り替えるようになった。ほんの少し前までの数十年間においては、ファッションはシーズンごとのコレクションを基本として展開され、デザイナーが新しいデザインを発表するのは年に数回というのが常識だった。これを変えたのがファストファッションの出現だ。ファストファッションというシステムは、従来のコレクションのサイクルを圧倒する速さで展開され、トレンドに基づく使い捨て衣服の超高速生産を生み出した。「高く積み上げ安く売れ」をセットーとするこの新たな世界においては、目抜き通りのショップに毎週欠かさず新しいラインが並び、そのスピードに追いつくのは果てしなく困難になっていく。

このゲームの目的はしかし、そもそも人々に追いついてもらうことではなかった。世界はすでに人間がとうてい使い切れないほどの消費財であふれており、だからこそ、「もっと欲しい」という人々の気持ちを掻き立てる必要がある。一九二〇年代、自動車メーカーは飽和市場という壁に突き当たった——車を買う余裕のある人は全員、すでに一台所有していたからだ。車は頑丈で長持ちするものであることから、メーカーが考え出したのが、車を所有する富裕層の虚栄心に働きかけて、毎年デザインが変わるのだから、毎年新しい車を買うべきだと思い込ませるという作戦だった。ゼネラルモーターズの社長はこう言っている。「新型車における変化は十分な新奇性と魅力を有し、需要を……また新しいものと比較することで過去のモデルに対するある程度の不満を生み出すものであるべきだ[13]」

これは、新しい車の寿命を短くすることに意図的に焦点を当てた戦略であった。一九五〇年代のある工業デザイナーも、このプロセスについて言及している。「われわれはよい製品を作り、それを買うよう人々を誘導したうえで、次の年にはそうした製品を古臭く、時代遅れで、陳腐に見えるような製品をあえて導入する。これをやる理由は至極まっとうなもの、すなわち金儲けだ[14]」。現代と一九五〇年代との違いは、買い物のサイクルがもはや年単位ではないことだ。ファッションがこれほどのスピードで変遷する時代はかつてなかった。こうして買い物をする人々への依存を続けたことにより、富裕層家庭の多くは今や、資源を大量に消費して作られた品々であふれかえっている。

マーク・ヘアはラコステのフットウェア部門のプロダクトディレクターであり、かつては自身のデザイナーシューズブランド、Mr Hare（ミスターヘア）を運営していた人物だ。すでに戸棚に物があふれている人たちが新しい靴を買い続ける理由について、マークはどう考えているのだろうか。マークによると、その理由の一つは、フットウェアはすり減ることが避けられないものであるからだが、人が必要な数よりもはるかに多くの靴を買う理由は同時に、新しいものが次々に発売されるからだという。

新しい靴の発売情報が日々掲載されるHypebeast（ハイプビースト）のようなサイトが、人々を消費に駆り立てるのだと、マークは指摘する。ブランドがどのように人々に物を買わせ続けるのかという話は、結局のところ、ファッションとは単にそういうものであること、そして、絶え間なく生み出される変化、というところに戻ってくる。「ファッションへの関心を完全に断ち切って、『自分は絶対にかかわらない』という態度を取らない限り、人は簡単に巻き込まれてしまいます。情報はそこら中にあるのですから」

物を買えという絶え間ないプレッシャーから逃れるのは容易なことではない。これを完全に振り払うには、思い切った行動が必要となる。ツァワ・ガング・ドルマ・ラカン僧院は、東チベットの標高四六〇〇メートルの山頂に位置する。人間が暮らすには地球上でもとりわけ厳しい環境にあるこの場所は、一年のうち八ヵ月は地面がカチカチに凍りつき、木も作物も育たず、息をすることさえままならない。何かを売っている店に行こうとすれば、歩くだけでも危険な土地を三日間かけて二〇〇〇キロ移動することになる。建築資材から薬まで、必要なものはすべて山の上まで運ばなければならない。[15]

もし買い物のための移動に毎回これほどの努力がいるとなれば、人は間違いなく、自分にとってほんとうに必要なものについて、いったん立ち止まって考えることを意識するようになるだろう。しかし、それほどの高地に暮らしていない人たちは、常に葛藤にさらされる。消費財はすでに必要性から切り離され、自尊心、社会的地位、操作された欲望が渦巻く感情のジェットコースターと化している。

靴は公的なアイテムであり、自分が会う人たちに見られるのはもちろん、瞬時にソーシャルメディアにアップされる画像を通して、何千人もの人たちの目に触れる。靴は、われわれが自分をどう認識するかだけでなく、他人からの評価にもかかわっていることから、そこに緊張を生じさせる。ファッション理論家のジョアン・アイカーは、数十年にわたって学生たちにこう伝え続けている。「もしあなたが服が重要だと思わないのであれば、服なしで職場に行ってみればいい」。自分は服に関心がないと証明するには、自分の服の選択を通してそれを行なう以外にない[16]。同じことは靴にも言える。社会規範に逆らうとしても、その際には何らかの靴を履かねばならず、さもなければ、人目を引くのを覚悟で裸足になるしかない。

靴を買うことを楽しむ人を批判することと、常に人々に消費を強いる資本主義を批判することは必ずしも同じではない[17]。もしわれわれが、そうした強制力が働いていることを認識しないのであれば、それは人々の不安を操作することを存在意義とする多国籍企業による傍若無人な振る舞いを許すことにつながる。

過剰消費が持続的な幸福を生み出すことはない。それどころか、過剰消費のせいで消費者は決して休まることなく、常に興奮と不満の両方を感じる状態に置かれることになる[18]。社会学者のジグムント・バウマンによると、消費が必要とするのは、自分が購入するあらゆる物に対して、人が長期の愛着や強いつながりを感じないことであるという。消費主義とは、長期的な愛というよりもむしろ、短い出会いを何度も繰り返すことに近く、一つの物を見ながら片目でその向こうをチラチラと覗いて、はかにはどんな新しいものがあるだろう、どれであれば買えるだろうかと確かめるようなものだ[19]。このように、あらゆる消費者取引には一過性が組み込まれており、そこに一生モノは存在しない。

人間は昔から、必要性を感じ、それを満足させることを目指してきた。今日の消費社会においては、必要性と満足との関係が逆転している。必要性が生じていないうちから、満足は店で見つかるという約束が存在する[20]。たとえショッピングモールが休みの日であっても、インターネットは営業している。あらゆる時間は買い物の時間であり、人々は真夜中にブルックリンの店から、午前二時に深センの倉庫から、午前四時にパリのeBay（イーベイ）アカウントから靴を買うことができる。グローバリゼーションによって買い物は二四時間二六五日、年中無休の活動へとスピードアップされ、店舗がどこにあり、買い物客がどこにいるかに依存することのないもの、かつ消費される物に対して自然に生じる必要性をはるかに超えたものとなっている。

ショア博士は、お金と時間の両方を消費するプロセスに追いつこうとすることによる疲労について指摘している。買い物をするためのリソースを有している人たちでさえ、ファストファッションによって、自分がすでに所有している物への不満や、後れを取ることへの焦りを煽られる。[21] そうした精神状態は、絶え間ない消費主義を押し戻してバランスを取ろうとする行為とは真逆の方向へ働く。消費主義に対抗する行為とは、具体的には、果てしのない無意味な競争について意識的に疑いを持つこと、そして自分が所有しているものへの満足や感謝の心を育むことだ。

歩くのみにあらず

靴の役割は、足を地面から守ったり、体を移動させるのを助けたりすることに留まらない。古代エジプトの王族たちは、神官や裕福な役人たちと変わらない、さほど華美ではないシンプルなスタイルのサンダルを使っていた。ツタンカーメンの墓から出土したサンダルは、インソールにエジプトと敵対する者たちの絵があしらわれており、ファラオが歩を進めるたびに、象徴的に敵を踏み潰すことができるようになっていた。[22] 靴はまた、ときとして不浄なものの象徴として扱われ、神聖な場所に近づく前に脱ぐことを要求されることもある。[23]

今日、だれがどの靴を履くべきかを定めた法律は存在しないにもかかわらず、人々は依然としてルールに縛られている。たとえばそれは、職場ではどんな靴を履かなければならないか、社交的な場ではどのような靴が許容されるかといったことだ。そういったルールの大半は時代遅れであり、たとえばジュリア・

ロバーツは、カンヌ映画祭の会場に裸足で登場することで、レッドカーペットでは女性はヒールを履かなければならないという古臭いルールに抗議を示している。

ブランドは、自分たちの製品から象徴的な連想を生じさせるために懸命な努力を重ねており、物質的な物が、愛、友情、社会的地位、権力といったものと結びついた存在であると認識するよう人々を促している。アイテムが伝える非物質的なものは、すべて「象徴的価値」と定義することができる。物に適切な象徴的価値が付与されたとき、それは抗いがたい力を持つ。クリスチャン・ルブタンのレッドソールが性的魅力を、光沢のあるジョンロブのブローグ〔穴飾り（ブローグ）がついた靴〕が権力を、アディダスのスニーカーが米国産ヒップホップの創造性を、ナイキAirが英国発グライムミュージックのストリート的クールさを象徴していることに、どれほどのパワーがあるかを想像してみてほしい。

「象徴的価値」は、垢抜けずともその堅実な親戚であるはずの「使用価値」を、ゲームフィールドの外へ叩き落としてしまった。使用価値とは、物に備わっている人間の必要性を満たす能力のことであり、靴のような実用的なアイテムにおいては優先されてしかるべきものだ。にもかかわらず、靴においては依然として象徴性が重んじられている。マーク・ヘアは、靴が持つ変革の力には、その物理的効果に由来する部分があると考えている。靴は体の形や動きを変化させて、人がこの世界をどのように動き回るかに強制的な調整を加える。「靴は物理的に、人が歩く地面とのインターフェースを変化させるのですから、それが本人に影響を与えないはずがありません」

また、特定のスタイルが精神に与える影響というものも存在する。「スマートな靴を履くと億万長者のような気分になり、重要な場所に行くのだという確信が生まれて、歩き方も態度も変わります」とマークは言う。「新しいスニーカーを履いたときには、人は昨日までとは打って変わって飛び跳ねるように歩くものです。自分は靴で変わるようなことはないと断言する人には、実際に履いて確かめてみろと言いたいですね」

靴が体と物理的空間との重要なつながりを提供するものであることは間違いない。靴はわれわれを自由にし、われわれにできることを増幅してくれるツールとなる。[24] マークはまた、スニーカーやジーンズは、さまざまに分類されるアパレルのステータスシンボルのなかでも、デザイナーやファッションショー、雑誌のおかげではなく、労働者階級的かつ反体制的な非主流の文化空間のおかげで発展し、クールさを獲得してきたものと位置づけている。

エリザベス・スメルハックは、カナダにあるバータ靴博物館の上級学芸員であり、同館での勤続年数は一七年におよぶ。エリザベスによると、靴への注目度が極端に上昇したのと時期を同じくして、そのほかの小物への人気は衰えていったという。たとえば帽子は、かつては階級とジェンダーを示すサインとして日常的に着用されるものであった。[25] エリザベスはまた、靴が文化のなかで特別な地位を占めるようになった背景には、工業化によって、かつてないほどたくさんのスタイルや価格の靴が市場に押し寄せたという要因があると考えている。そのおかげで、人は好きな靴を好きなように選び、靴を通して社会的アイデンティティを構築することができるようになった。[26]

シャーロック・ホームズでなくとも、靴を通して伝えられるメッセージを読み解くことは可能だ。フットウェアはそれを履く人のジェンダー、セクシャリティ、音楽の好み、文化的背景、社会的関心を示すために利用される。特に靴は高い身分を提示することに長けており、その人が昔ながらの労働に従事する必要のない生活を送っていることを世に示すことができる。底の分厚いチョピン〔背の高いサンダルのような靴〕の上にふらつきながら乗っていた一六世紀ベネチアの貴婦人しかり、ハリケーン・ハービーの被災地の慰問にスティレットヒールを履いていった元米大統領夫人メラニア・トランプしかりだ。非実用的な靴は意図的なメッセージを発している。それを履いている人間は労働に従事しておらず、公共交通機関に乗る必要もないというメッセージだ。

ハイヒールの役割

サラ・ジェシカ・パーカーといえば、ドラマ『セックス・アンド・ザ・シティ』で自身が演じた主人公キャリーが執着を見せる高価な靴の数々を連想させる女優だが、彼女は靴について、「世界中の女性のスタイル、身長、ステータスを高める装置」であると書いている。[▼27] この言葉はしかし、正しいだろうか。靴はほんとうに女性のステータスを高めてくれるのだろうか。

女性たちが性差別によって、また多くの場合、それにともなう階級差別や人種差別によって、自らの潜在能力を発揮するのを妨げられる社会においては、女性は靴をフェティッシュの対象とすることを期待される。カール・マルクスが「商品フェティシズム」という概念を発展させる際、その足がかりとしたのは、宗教的アイコンや彫像、特別な力を持つトーテムポールを信じる人々についてポルトガル語で論じた人類学の文献であった。そういった物は、どれほど美しい彫刻が施されていようとも、それ自体が単なる石や木片であることに変わりはない。それでも人々は、そこに富、病気の治癒、戦いの勝利をもたらす力が宿っていると信じていた。

同じことは靴にも言える。靴はほんの少しの革と、プラスチックのソールと接着剤からできている。その靴に投影されるパワーは、われわれの頭のなかから生じるものであり、遠い昔の司祭や呪術師に代わって、今では広告代理店の幹部やマーケティング担当者が、これを意図的に煽り立てている。

ハイヒールの靴が筋肉や骨格の不調、呼吸の制限、さまざまな足の病気、さらには不妊症の原因にまでなることは、医学的に疑いの余地がない。ハイヒールは動きを大幅に制限し、女性を無防備にする。九月一一日記念博物館〔米同時多発テロ事件の記念施設〕には、命がけで走らなければならなかったあるオフィスワーカーが履いていた血染めのハイヒールが展示されている。[28] クリスチャン・ルブタンはよく、自分は快適さという概念そのものを憎んでいると発言している。にもかかわらず、ハイヒールの靴はいまだにエンパワメントの象徴として売り出されている。[29]

ハイヒールはエンパワーに寄与するだろうかと質問されたなら、エリザベス・スメルハックはこう答えるはずだ。「もしハイヒールがほんとうにパワーを象徴するものであったなら、男性も女性と同じくらい積極的にこれを履くでしょう」[30]。問題は、ハイヒールが性的なパワーと関連付けられていることであり、これについてエリザベスは、それ自体がパワーであるとは言えない、なぜならそれは、あなたを魅力的だと判断する他人に依存しているからだと述べている。「エロティックな通貨は常に交渉を必要とします」とエリザベスは説明する。「セクシーであろうとする人は、その交換において、『たしかにあなたはセクシーだ』と発言する側にいる人よりも弱い力しか持ちません」。性的なパワーは非常に主観的なものであり、あなたがセクシーであることにだれも同意しなかった場合、あなたは何の資本も持っていないことになる。そして年齢差別のある社会においては、性的なパワーにも性差別的な年齢制限がある。これは女性が受け入れるべき取引とはとうてい言いがたい。

その昔、権力を持つ男性が積極的にハイヒールを履いた時代があった。エリザベスの研究によると、ハイヒールはもともと男性用の靴であり、ペルシャやオスマン帝国では、軍人あるいは乗馬をする人たちが、足をあぶみに固定するうえで欠かせない装備としてこれを利用していた。[31] 一六世紀には近東からヨーロッパへと伝わり、貴族の男性たちの間で熱狂的な人気を博した。

アンソニー・ヴァン・ダイクのような宮廷画家の作品には、英国王チャールズ一世をはじめ幾人もの男性たちが、現代であれば極めて女性的とされたであろうハイヒールやポンポンの付いた靴を履いている姿が見られる。フランスの宮廷では、ルイ一四世が鮮やかな赤いハイヒールを履いていることはよく知られていた。自分が贔屓にしている者だけが赤いヒールの靴を履くことができると定めたことにより、ルイ一四世は、靴を真の意味での権力の付属物に変えた。

しかしその後、突然の方向転換が訪れる。一八世紀の啓蒙思想によって、性別が厳格に二つの陣営、すなわち強くて合理的な男性と、もろくて非合理的な女性に分けられたのだ。ファッション、とりわけハイヒールは、感情に支配された非実用性を表すものへと変化した。ファッション理論家のJ・C・フリューゲルはこれを、「男性の大いなる〔美の〕放棄」と名付けた。ハイヒールや奇抜なファッションを普及させた男性たちはこうして、宝石、鮮やかな色彩、ハイヒールを捨てて、暗く厳格な装いを好むようになった。[32]

女性たちがハイヒールを履くようになったきっかけが、単に男性の服装の要素を取り入れるというトレンドの一環であったという事実にもかかわらず、今や女性たちはそのハイヒールに縛られている。これはおそらく、ファッションとフットウェアにおける最大のイデオロギー上のバックラッシュの事例と言えるだろう。その権威主義的な攻撃によって女性たちは、ヒールを履くのだから女性は非合理的で愚かであるとする認識と、自らの性的魅力と社会的立ち位置を維持するためにヒールを履き続けよとの社会的圧力の間に閉じ込められている。フランス革命は平等の概念を普及させ、ハイヒールを履くことをはじめとする貴族的な習慣の否定をもたらした。顕著な例外――女性に扮するドラアグクイーンや長身になりたい背の低い男性など――を除けば、ハイヒールはそれ以降、完全に女性向けのものとされ、そこにはまた、女性・ヒール・非合理的な考えの間には関連があるとの認識が付け加えられた。靴は映画やポップソングのなかで大きく取り上げられ、ギフトショップには靴の形をした小物がずらりと並び、女性のTシャツには「Will Work for Shoes!（靴のために働く！）」のようなスローガンがプリントされ、女性向けのグリーティングカードには必ずと言っていいほど靴のイラストが描かれる。靴は神話となり、女性たちは、女性というものは靴をどうしようもなく欲しがるものなのだと教えられてきた。このあたりでいったん立ち止まって、これが真実かどうかについて考えるときなのではないだろうか。

多くの人たちはただ単純に、深く考えることなく、あるいは嫌々ながら、靴と共存しているに過ぎない。ファッションライターのコリン・マクダウェルは書いている。靴の熱狂的な愛好家が一人いれば、「そこには何百万人もの、靴の永続性や重要性などというものは、せいぜい二〜三年は持つ程度の作りでそのあとは忘れ去られる衣料品と同程度であるとみなしている人たちがいる」[33]。しかし女性たちにとって、こうした考え方は社会的に許容されるものではない。

メディアからは執拗に、女性たちは靴が大好きであるだけでなく、靴に取り憑かれ、靴の虜になり、奴隷のように靴にその身を捧げているとのメッセージが浴びせられる。「遺伝的に定められた靴フェティシストとしての女性は、広告、雑誌、自己啓発本、さらには新たなジェンダー特化型の文化ジャンルであるチックリットやチックフィルム〔女性を主人公とし、その恋愛、友情、仕事などを描く大衆小説や映画〕などにおいて、定番のキャラクターとなった」。フェミニストで研究者のデビー・ギン博士はそう書いている。一九六〇〜七〇年代の、フェミニストが急速に力を得た時代であれば、このように女性をステレオタイプに押し込めることは侮辱とみなされただろうと、博士は主張する。今では、これは受け入れられているのみならず、靴は女性解放の一部とみなされている[34]。

ハイヒールは果たして、実際に力の幻想以上の何かをもたらすのだろうか。マーケティングの話法においては、ハイヒールは平等を求める女性のための武器であると言われるが、ギン博士はこれとは逆に、靴は女性に対する武器として使われており、女性は非合理的で欲深く、ナルシシストで卑小であるという神話を永続させるものだと述べている。靴を武器として使いたいのであれば、女性たちが見習うべきはヴィクトリア・ベッカムではなく、ムンタゼル・アル＝ザイディであると、彼女は結論づけている[35]。

ムンタゼル・アル＝ザイディは、米軍によるイラク戦争とその占領について長年にわたって報道を続けた放送記者であり、二〇〇八年、記者会見の最中にジョージ・W・ブッシュに向かって靴を投げつけた人物だ。刑務所での服役を終えたあと、アル＝ザイディはこう書いている。「わたしの投げたあの靴が、どれだけ多くの崩れた家のなかに入ったかを知っているか。罪のない犠牲者たちの血を、あの靴で何度踏みしめたかを知っているか。……靴をあの犯罪者、ジョージ・ブッシュの顔に投げつけたとき、わたしが望んだのは、彼の嘘、彼によるわが国の占領、彼がわが国の人々を殺すことへの拒絶を示すことだった」[36]

アル＝ザイディによる抗議行動をきっかけとして、世界中でこれを真似た行為が数多く見られるようになり、ロンドンのアメリカ大使館前には古い靴が大量に捨てられ、またイラクのティクリートでは巨大な靴のブロンズ像が作られた。

靴とフェティシズム

一部の人たちにとって、靴は非常に奥深い魅力を持っている。古くからフェティッシュの対象となってきた靴、そして足は、強烈にエロティックな快感を生み出すことがある。「絵画を愛する者が、フェティシストが靴を愛するのと同じだけ絵を愛することができるとは思わない」。フランスのシュルレアリスト、ジョルジュ・バタイユはそう書いている。[37]

一九八〇年代から九〇年代にかけて、ダイアン・ハンソンは、フェティッシュ専門誌『Leg Show（レッグショー）〈ダンサーが脚を見せることを売りにするショーの意〉』を発行し、フェティッシュの愛好家から何千通もの手紙を受け取っている。彼女が特に気に入っていた読者の一人は、編集部に数多くの手紙を寄せ、そのなかで、自分の皮膚を提供するからそれで靴を作ってほしいと訴えていた。「わたしは平凡な男です。平凡な背丈。平凡な容姿。女性はわたしのことを見向きもしません。わたしは目に見えない存在です。けれど女性たちは靴が大好きです。もしわたしが靴だったなら、女性たちはわたしを求めるでしょう。わたしは靴になることを夢見ているのです」[38]

これは靴フェティッシュの極限とも言える態度であり、この男性の場合、自分の体について、彼がみなすところの性的な快感を与える物体にそれを変化させることによって初めて、魅力のある、性的なものとして認識することができると感じていたのだ。なぜフェティッシュが生まれるのかを一般化することはできないが、靴がフェティシズムにおいて特に有力な地位を占めているのは明らかだろう。

社会は一般にフェティッシュを喜劇的またはグロテスクなものとして扱うが、合意のうえで合法的に行なわれ、孤立につながらないフェティッシュは、人間の性衝動において大きな満足感を得られる要素にもなり得る。今日の心理療法士のなかには、純粋にジークムント・フロイトを賛美する者はそう多くないが、性的ノエティッシュについての考え方の基礎を考案したのは彼であった。一九二七年、フロイトは、靴はフェティッシュの対象物であり、その根底には「好奇心の強い少年が〔母親の〕性器を下から覗き込む状況」があると書いている。[39] フロイトにとって靴は、少年が母親にはペニスがないと気づく瞬間の象徴であった。これが去勢への恐怖を生み、大半の男性はそれを克服するものの、一部には靴をペニスの代替品として定める者もいると、フロイトは言う。

靴への性的誘引は、その靴のなかに足が入っていたという思考によって引き起こされる場合もある。その足は、自分の支配下に置くことができる性化された女性（あるいは男性）の体に属しているものとして認識される。都市伝説では、マリリン・モンローはわざわざ左右の高さが違うヒールを履いてあの誘惑的な歩き方をしていたとされるが、実際のところ、彼女はそんなことをする必要さえなかった。モンローの死後六〇年がたった現在でさえ、ヒールによって臀部や胸が突き出し、足の筋肉が引き締まる様子は、セックスを模倣し、示唆しているという考えに魅力を感じる風潮は明らかに残っている。陳腐な口説き文句の定番として「きみのストッキングにできているそれは、はしご〔日本語で言う伝線〕かな、それとも天国への階段かな?」というセリフがあるが、そこには靴から、話者が欲望を感じている件器へ直結する線という空想が垣間見える。

このほか、自分のフェティッシュはほかのだれにも知られていない秘密であるという事実に魅了される靴のフェティシストもいる。さらには、物は人間とは異なり、誘惑や努力を必要としないという事実に魅力が見いだされる場合もある――靴であれば、単にシューズボックスから取り出すだけでことが済むからだ。

ハイヒールに特別な魅力を感じる気持ちは「アルトカルシフィリア」と呼ばれる。こうした性質の人々もまた、一般化することはできない。ヒールに惹きつけられる思いは、たとえばしールに服従したいという願い、細いヒールによって跡を付けられることへの興奮、痛みを引き起こしてくれた靴に感謝やキスをしたい気持ちなどから生じる。または、ヒールは性的な利用可能性を喧伝しているという空想から生じる場合もある。さらには、ヒールを履いた姿の女性を支配したい、そういう女性に惑かれたいという思いがもとになっていることもあるだろう。なぜなら相手は「格好の獲物」だからだ。そこにあるのは、女性が今痛みを感じていて、走って逃げることはできない状態にあるという、より邪悪な発想だ。

サルの罠

消費主義を解説するにあたり、政治理論家のベンジャミン・バーバーは、一匹のサルと、なかにナッツが入っている金属製の小箱のたとえ話を使った。手の平を開いた状態であれば、サルは箱の奥にまで手を伸ばすことができるが、いったんナッツをつかんでしまうと、握った拳が大きすぎて箱から手を出すことができない。この状態から逃れるには、ナッツを離して手を抜くしかない。賢い猟師たちは、これを利用すれば自分たちが狙う獲物であるサルを何時間も、場合によっては何日もその場に釘付けにできるだろうと考えた。なぜなら、欲に駆られたサルは、たとえ死ぬことになってもナッツを離そうとしないからだ。そうバーバーは書き、こんな疑問を提示している。このサルは自由だろうか、それとも不自由だろうか。[40]

片手を罠に取られている社会は、個々の構成員にとっても、地球にとっても恐ろしい脅威となる。これまでの社会においては、よき消費者となるには、人はまず選択という概念を、さらには消費そのものを愛さなければならないと主張されてきた。[41] 選択に対するこうした心酔により、消費者は、選択肢を減少させると感じさせるあらゆるものに対して、声高に反対するようになっていく。

たとえば、厳格な規制というものは、化学物質で汚染された靴を消費することからわれわれを守ってくれる機能を持つが、選択肢を狭めるという理由から、反対すべきものであるとのレッテルを貼られる。消費者はかくして企業と自由市場を礼賛するチアリーダーとなり、この飽くなき新しさの追求のなかで、いったん立ち止まって自分たちが何を失っていくのかを考えてみようともしなくなる。たとえば、英国におけるEU規制への反対運動や、米国の無料医療提供をめぐる騒動を見てみるといい。

自著『浪費するアメリカ人』のなかで、ショア博士は、中流階級の「過剰消費」の増加は、その同じ人たちが、教育、社会サービス、治安、娯楽、文化といったものに対する公的支出を支持しなくなったことと時期を同じくして起こったと指摘している。消費社会がもたらす結果の一つは、貧困層や貧困に近いところにいる人たちが、公共サービスや社会的なセーフティネットが存在しない状態に置かれてしまうことだ。かくして貧困は大幅に拡大し、貧困地域の環境は悪化し、犯罪や薬物使用が増加したと、博士は書いている。経済的な余裕がある人たちは、お金を使うことでそうした問題を回避しようとするだろうが、それは社会悪の解決には何ら寄与しない。[42]

消費主義や民営化の結果として、人々は公的領域から去り、閉じられたゲーテッドコミュニティに引きこもっていく。そのコミュニティ内では、私的なリソースによって、ゴミ収集、治安維持、学校教育といった公共財が私的な商品に変えられる。そうなってしまえば、公共サービスの意味そのものが破壊される。公共サービスとは、社会全体を清潔で、安全で、教育が行き届いた場所として維持することを目指すものであり、それは周囲と切り離された個々の領域としては機能し得ない[▼43]。その違いは「わたしが欲しいもの」を求めるのか、「わたしたちが必要とするもの」を求めるのかにあると、バーバーは考えている。前者の求めに応えるのは市場であり、後者の求めに応えるのはコミュニティだ。

靴の代償[▼44]

ヘレンはロンドン郊外のベッドルームが三つある借家で暮らしている。その家を彼女とシェアしているのは夫のルーク、そして彼のスニーカーコレクションだ。スニーカーはロフトとスペアルームを占拠している。それが自分の寝室にまで侵入し始めたところで、ヘレンはルークに、わたしには自分の空間が必要だと告げた。

夫婦はスニーカーコンに出店スペースを確保した。彼らのブースには、スニーカーが山と積まれている。ルークの姿はどこにも見えない。「今日はうちにあるナイキAir Jordanのコレクションを売りに来ました」とヘレンが説明する。「だけどちっとも売れなくて。ここにいるのは若い男の子ばかりなので、8や9のサイズはないですかって言われるのに、うちのは10や11なんです」

客が一人近づいてきて、Air Jordanを手にとり、手の上で裏返してソールを調べている。彼が値段を尋ねる。「二五〇ポンドです」とヘレンが言う。「三五〇ポンドで売ってる人もいるから、かなりいい値段だねって言われるんですよ」。男性はうなずき、靴を置くと次のブースへと歩いていった。

テーブルの上と、箱に入れて床に置かれているスニーカーの値段は、全部合わせると何万ポンドにもなる。それだけの現金が減っていくことで、二人の間には張り詰めた空気が漂うようになった。「それでルークは仕方なくやめたわけです」とヘレンは言う。「ときには限定発売になるものもあって、そんなときは夜に二人で外出している最中でも、車を幹線道路脇に停めてツイッターのリンクを開いて、発売されたスニーカーを買わなくちゃならないんです」

ヘレンによると、ルークがこれまで多くの時間を費やし、お金をつぎ込んできた「一回限りの限定発売」のスニーカーは、今では再販されて特別なものではなくなっているという。「夫は、『スニーカーは住宅ローンのための貯蓄代わりに買ってるんだ』って言うんです。でも、まず売らないことには使えませんよね」

ルークがブースに歩いてきて肩をすくめ、渋い顔をする。「Jordanは商売にならないな。だれもJordanを買ってない」

だれも買わないそのスニーカーは、紛うことなきグローバルプロダクトだ。アメリカでデザインされ、東南アジアで製造され、そしてヨーロッパで購入された。ヘレンとルークはそれを手に入れるために、自分たちが住む家という代償を支払った。二人の経験の規模を二四二億足にまで拡大すれば、それはさらに大きなもの——すなわち、家一軒のみならず、全世界を脅かす脅威の象徴となる。本書で見ていく通り、これはどの規模の生産にかかる真のコストは、実におぞましいものだ。

第二章　工場の門

週に六日、シェブネムは一人で目を覚ます。髪をポニーテールに結い、レギンスを履き、セーターを着る。六時半にやってくる工場のバスに遅れないように、六時二五分には家を出る。バスを逃したら、三キロ歩くか、タクシー代を支払う羽目になる。バスは何台も連なって静かな通りを抜け、寝ぼけまなこの労働者たち数百人を街外れの工場まで連れていく。

シェブネムは階段を上がり、自分の作業台に向かう。シフトは七時からだが、何時に終わるかは見当がつかない。目の前にずらりと並んだ新しいブーツを洗剤で洗う。化学薬品が飛び散り、肌にやけどを作る。目がヒリヒリと痛み、口に嫌な味が広がる。

数年前の冬、工場主が自らヒーターのスイッチを三〇分だけオンにしたあと、窓を覆って熱を逃さないようにしろと指示を出した。工場の二つしかないドアから、かろうじてかすかな風が入ってくる。午前の間はずっと、薄暗い部屋は、接着剤と染料から立ち上る嫌なにおいに満ちている。ときおり工場に監督官がやってくると、シェブネムにはマスクが支給される。しかし空調がない部屋のなかでは、マスクをつけると息が詰まりそうになる。

「ほんとうのことを見抜けないなんてバカ過ぎる」。監督官が工場を歩き回り、写真を撮っている間、シェブネムはそう考える。彼らはこと細かにチェックし、メモを取るが、どうせ何も変わりはしない。

昼の休憩は二〇分だ。従業員用の食堂や談話室はないため、シェブネムは自分の作業台で家から持参したものを食べる。一五年たっても、傷だらけになった自分の手を見ると気持ちが沈む。手を洗いたいが、トイレまでたどり着くのに一〇分近くかかり、そこからさらに列に並んで待たなければ、洗面所を使うことも水筒に水を汲むこともできない。そうこうするうちに、休憩はほとんど終わってしまうだろう。

昼食後、シェブネムはブーツを磨かなくてはならない。手をブーツの奥に入れ、一足ずつ腕に履かせるようにしてから、ブーツがピカピカになるまで磨く。磨いているうちに、彼女の腕は真っ黒になる。ポケットのなかには家から持参した石鹸が入っており、一日の仕事の終わりにはそれを使ってつや出し剤を洗い流す。終業時刻は二時半だ。そういう条件で、シェブネムはサインをしたはずだった。しかし、彼女の契約書に勤務時間は書かれていない。工場に飛び交う噂では、ここで働いている者は全員が非常勤なのではないかと言われている。労働者のなかには、自分が合法的に雇用されているのかどうかさえ知らない者もいる。

帰宅が何時になるかわからないことは、もはや日常の一部となった。時期として最悪なのは、工場で冬用のブーツや靴を作る夏場だ。オーダーに間に合わせろとの締め付けがいっそう厳しさを増し、工場内はうだるように暑くなり、シェブネムは午後五時まで無賃の残業を強要される。支配人たちがもっと働けと怒鳴りつけてくるので、シェブネムはあえて頭のスイッチをオフにする。反応するな、と自分に言い聞かせる。自分は今、どこか別の場所にいると想像するんだ。

工場で働き始めたとき、シェブネムは、自分はじきに新しい街、いやもしかすると新しい国に、新しい夫と一緒に移り住むのだと考えていた。当時はもっと大勢の人が工場で働いていて、労働組合を作ろうという話もあった。シェブネムが今望むのは、一日の時間がもっと早く感じられるよう、ラジオを手に入れることだ。

シェブネムのもう一つの夢は、土曜日に散歩に行ったり、家族と一緒に過ごしたりすることだが、彼女の友人の一人は以前、土曜日に働くのを拒否したために解雇された。やさしくて、仕事を抱え過ぎている仲間をいつも助けてくれた人だった。シェブネムはまた、何日か続けて休みが取りたいとも思っているが、年に二一日あるはずの休日のうち、ある年に実際に取れたのは五日のみで、しかもそれは工場の仕事が少ない日に、支配人の判断で勝手に入れられたものだった。

何時間働こうとも、シェブネムの給与小切手の額は変わらない。支給される額は働いた時間の分だと言われることもあれば、工場が製造した靴の数で決まると言われることもあれば、さらには何らかのノルマが目標に届かなかったせいでその分が引かれていると言われることもある。どれだけ長く残業をしても、シェブネムは毎月決まって一九七ユーロ〔三万円弱〕を受け取る。

ときには、商品の値札付けを命じられることもある。シェブネムが磨いたブーツは、西欧諸国で二〇〇ユーロで販売される。彼女が一ヵ月間、週に六日働いて稼ぐよりも多い額だ。

工場にはイタリア人がいて、自分たちがオーダーしたものに目を光らせている。シェブネムは、地元の支配人よりもイタリア人の方がましだと思っている。彼らは従業員を怒鳴りつけたりしないからだ。イタリア人は高級なスマートフォンとラップトップを持っており、シェブネムに向かって、イタリアだったら月に最低一六〇〇～二〇〇〇ユーロ〔二四～三〇万円〕はもらわないと、君の仕事をやろうという人はいないだろうねと言う。

複雑な革靴のオーダーがストップをかけられ、やり直しを命じられる。イタリア人が、染料の色が違うと言ったからだ。「いったいどうしてあなたたちはここに来るの？」。シェブネムはそう聞いてみたい衝動に駆られる。ここの品質がいいから？　それとも安いから？　イタリア人は決してわたしたちに、これだけの仕事を全部こなすことはできますかと尋ねようとはしない。

バスから降りると、シェブネムはそれからの数時間を一一歳の息子と過ごす。にっこりと大きく笑う顔が可愛らしい子だ。宿題はやったのと尋ねる。息子は決まって、今日はないよと答える。子供の父親である元夫は、新しい生活を始めるために国を出ていった。いくらか貯金ができたら、夏の間は息子を夫のところへ行かせられるだろう。

息子が寝る時間になると、シェブネムは彼を父方の祖父母の家へ連れて行く。息子がそこで寝るのは、朝自分が働きに出ている間、だれかに息子を見ていてもらいたいから、また息子が起きたときに一人でいるのを怖がるからだ。シェブネムは自分の両親の家に住んでいる。家族は全員がまだ現役で働いている。光熱費や水道代は両親が負担しており、シェブネムは家賃も払っていない。シェブネムの給料は、家族の食費と息子の服や靴、遠足、教育のために使われる。息子はAppleのロゴがついたラップトップを欲しがっている。シェブネムは息子を外国語の教師のところへ行かせたいと思っているが、授業料も通学費も高すぎて手が出ない。

まだ結婚していないころに一度、給料を上げてほしいと工場に要求したことがある。シェブネムの今の心配の種は、夜通し咳が止まらない母親のことだ。長年工場で働いていた母親はゼイゼイと苦しそうな息をしている。そしてシェブネムは、何も変わらないのだと考える。

「イタリア人は金持ちだ」。シェブネムは友人たちにそう話す。「工場のオーナーも金持ち。だけど、会社はわたしたちに何をしてくれる？　何かしてくれたことなんか一度もない。靴の一足もくれやしない。傷がついたものは潰してしまうし、余りが出れば捨ててしまう。傷があったとしてもわたしなら履くのに、みんな捨ててしまうんだ」

苦しみから生まれるもの

消費主義の蔓延は、われわれが購入する物はすべて人間によって作られているという意識を薄れさせる。地球上にある一足一足の靴は、何もないところから魔法のように現れるのではなく、人の手によって丹念に作られているものだ。その作業を担う人間の大半は女性であり、彼女たちに支払われている賃金は、ほとんどの場合、生きていくために必要な額をはるかに下回る。

グローバリゼーションによって広まったのは、低い賃金水準と、工場へ出したオーダーは数週間もあれば納品されるという認識だった——そしてその分のプレッシャーを背負わされたのは、工場で働く労働者たちであった。結果として、人種と性別の偏った労働システムのいちばんの犠牲となるシェブネムのような女性たちが、世界各地にある靴作りの盛んな街に出現することになった。

シェブネムという女性は、無給の残業、わずかな賃金、危険な労働条件に苦しめられている実在の人物だが、同時に彼女は、世界中の靴工場の労働者を代表する存在でもある。家族の生活を必死で支える労働者階級の女性であり、教育をほとんど受けていないために、労働市場における選択肢も少ない彼女は、われわれが暮らすこの経済システムを支える人々の代表であり、グローバルサウスの代表なのだ。

世界をグローバルサウスとグローバルノースに分けることには、地理的な区分けよりもはるかに大きな意味がある。比較的最近生まれた言葉である「グローバルサウス」とは、かつて「第三世界」あるいは「発展途上国」と呼ばれていたものと大まかに一致する。しかし、この言葉は同時に、グローバリゼーションとその問題とも深いつながりを持っている。人類学者のトーマス・ハイランド・エリクセンは、グローバルサウスという言葉は、新自由主義をよその国にも強要する国々の対比として、「世界的な新自由主義の力の影響下にある」国々のことを表すようになったと述べている。▼1

簡単に言うなら、もしある国がグローバル化された新自由主義的資本主義経済から利益を得ているならば、そこはグローバルノースであり、逆にこのシステムのもとで苦痛を強いられていれば、そこはグローバルサウスだ。しかし、この言葉にはこれ以外にもう一つ、考慮すべき要素が含まれている。なぜなら、グローバル資本主義による犠牲者と受益者との区別は、国境による制限を受けないからだ。[2] インドに億万長者や有力なエリートがいる一方で、英国には困窮者に食糧援助を行なうフードバンクがあり、貧困のホームレスがいる。「グローバルサウス」とはつまり、地図上に引かれた線というよりも、概念を表す言葉と言える。

靴が主にグローバルサウスで作られていることは偶然ではなく、意図的なビジネス戦略だ。賃金や労働コストが安く、環境基準が低く、健康および安全基準を実施する能力に乏しい国では、企業の利益を存分に見込むことができる。そういった国は、安価な工場を求める靴ブランドから大いに重宝される。アジア圏は、世界の靴生産の八三・三パーセントを担っている。[3] タイは最近、ヨーロッパの国としては最後まで靴生産国トップ一〇圏内に残っていたイタリアを追い抜いた。これにより、上位一〇ヵ国のなかに残るアジア以外の国はブラジルとメキシコだけとなった。[4]

一九九〇年代以降、アジアでは、靴産業における最悪の人権侵害が見られるようになった。インドネシアの靴メーカー、ＰＴパナルブ工業は、一九八〇年代末にアディダスとパートナーシップを結んで以降、さまざまなモデルの生産を担っており、そのうちの一つであるサッカーシューズのPredator Xは、世界中のワールドカップ大会において大々的なプロモーションの対象となってきた。[5]

二〇一二年、大半が女性からなる二〇〇〇人の労働者が、ＰＴパナルブ工業の下請けにあたるＰＴパナルブ・ドウィカルヤ・ベノア社でストライキに入り、労働組合権と賃金および条件の改善を要求した。[6] 同社は従前より労働者の待遇が悪く、残業を強制し、賃金は低く、さらには生理中の女性が法で認められた二日間の有給休暇を取ろうとすれば、屈辱的な身体検査を求められた。[7] この二〇一二年のストライキに対し、PTパナルブ・ドウィカルヤ・ベノア社は、一三〇〇人の解雇をもって応えた。それから六年がたっても、解雇された労働者のうち三二七人に解雇手当が支払われていなかったことから、衣類産業の労働環境改善に取り組む活動組織「クリーン・クローズ・キャンペーン（CCC）」は、経済協力開発機構（OECD）のドイツ連絡窓口を通してアディダスに対する訴状を提出した。「OECD多国籍企業行動指針」および国連の「ビジネスと人権に関する指導原則」にアディダスは違反しているとするこの訴訟は、OECDによって受理された。[8]

「過去五年間、アディダスは、靴の主要サプライヤーの一つであるパナルブ社に対し、労働者に解雇手当を支払わせるうえでの影響力を十分に行使してこなかった」。CCCのミリヤム・ファン・フートンはそう述べている。「労働者はその間、家から追い出されたり、学費を払えないせいで子供を学校に通わせることができなくなったりしている」[9]

CCCによると、アディダスはストライキのきっかけとなった問題も含めて、PTパナルブ・ドウィカルヤ・ベノア社における労働者の権利侵害についてかなり以前から知っていたという。CCCはまた、アディダスがパナルブ社に対して有している影響力を行使すれば、解雇された女性三二七人分の解雇手当を確保することができるはずだとも主張した。こうした批判に対しアディダスは、わが社は「本件の解決に助力するうえでバイヤーに期待される一般的な範囲を超えて行動してきた」と述べたうえで、PTパナルブ・ドウィカルヤ・ベノア社との契約を停止したが、その一方でPTパナルブ工業との取引は継続している。[10] 本書を執筆している時点では、この訴訟の決着がいつになるかはまだわかっていない（本件は二〇二〇年四月、合意に至らず終了している。アディダスに対しては苦情処理ルートの見直しなどの勧告が行なわれた）。

訴訟に先立つ二〇一六年一〇月には、「国際労働機関（ILO）結社の自由委員会」が、中間報告書において、ＰＴパナルブ・ドゥィカルヤ・ベノアで働いていた人々を解雇する正当な理由は存在せず、結社の自由に対する彼らの基本的権利が侵害されていたと書いている。長年にわたる運動の末、二〇一九年二月、現地の労働組合は組合員を代表して和解を受け入れ、一ヵ月後、ＩＬＯはこの問題を終了としている。

ベトナムでは、過剰な残業、不完全な雇用契約、独立した労働者の代表を立てることが認められないといった慣習によって、衣料品および靴産業の毀損が続いている。[11] またカンボジアでは、工場労働者の集団失神があとを絶たない。二〇一七年には、ナイキ、プーマ、アシックス、ＶＦコーポレーションに衣料品や靴を供給している複数の工場において、数百人にのぼる労働者が、三七度という暑さのなかで一日一〇時間、週六日の労働を耐え忍んだ末に入院している。室内の温度を三二度以下にすることが定められているベトナムとは異なり、カンボジアには室温の上限が存在しないが、室温が「非常に高い」状態になった場合には、雇用主には対応措置を講じる義務が課せられており、またブランドのなかには独自の行動規範を定めているところもある。[12]

集団失神は二〇一八年になっても頻発が続き、発生原因については複数の論文が出ているが、その結論はまちまちだ。[13] たとえば、女性工場労働者の栄養状態に問題があるという意見もあった。その理由は、彼女たちが貧しさ故に十分な食料を買うことができないからだ。工場環境の物理的な負荷にも焦点が当てられ、極度に高い室温、水分の不足、過度の残業などが問題視された。

また別の研究では、工場労働の心理的な負担が集団失神の原因とされた。仕事仲間が倒れるのを見たことによる極度の恐怖から、ストレスと不安が生まれたというのだ。さらには、工場がクメール・ルージュ政権の犠牲者や亡くなった労働者の「霊に取り憑かれている」という、文化に根ざした信仰も原因の一つとして挙げられた。このほかにも、集団失神は劣悪な労働条件に対する社会的抗議の一形態であり、カンボジアの労働組合や市民社会における権利の著しい欠如を逆手に取った手段であるという考察もあった。[14]

「労働条件やブランドのポリシーは、衣料品産業に大きく後れを取っています」と語るのは、英国のNGO「レイバー・ビハインド・ザ・レーベル」の政策責任者ドミニク・ミュラーだ。衣料品産業と比較して、靴産業は、監視という面でも、またメディアからの注目という面でも、ほとんど世間からの興味の対象となってこなかった。その理由の一つには、靴産業ではこれまでに、一一三八人の死者を出したラナプラザ衣料品工場の崩壊に匹敵するほどの災害が起こっていないことが挙げられる。また、靴産業のサプライチェーンは衣料品のそれよりも長いため、監視もその分困難になる。オーダーが入った瞬間から開始される、靴を構成する部品の製造、組み立てというプロセスは、いくつもの国にまたがって進められる。結果として、靴のブランドは衣料品産業に一〇年後れを取ることになり、多くの企業が、自社のサプライチェーンに関しての情報を明らかにすることに対して積極的に抵抗しているのだと、ドミニクは言う。

強者

この分野においては、あるアジアの一国がまごうことなきリーダーに君臨している。六年間の継続的な減少のあと、中国の工場は、二〇一八年には世界の靴生産量の六四・七パーセントを占めるようになった。[15]ほかのどの国も、中国の工場の生産量には遠くおよばない。

中国の靴工場の状況に関してはさまざまな懸念の声が上がっており、度を越えた激務、低賃金、危険な環境、労働組合や労働者組織の結成を認める「結社の自由」の欠如などが報告されている。二〇一七年、イヴァンカ・トランプは、靴メーカーの贛州華堅（かんしゅうファジャン）国際靴城有限公司〔単に華堅とも呼ばれる〕の工場をサプライヤーとして利用していたことで非難を浴びた。NGO「中国労工観察」は同年、華堅の工場において過度な残業、低賃金、従業員への暴力的な脅迫があるとの訴えについての調査を行なっている。労働者からの報告によると、一人の男性従業員が怒りに駆られた支配人から暴行を受け、ハイヒールの靴で殴られて頭部から出血したという。[16] 華堅グループはすべての疑惑を否定したうえで、自分たちは法律にのっとった運営を行なっていると述べている。イヴァンカ・トランプのブランドは一連の報告についての懸念を示し、自社には身体的虐待と児童労働を禁じる行動規範があると主張した。

『ワシントン・ポスト』紙の報道によると、出荷データの内容は、イヴァンカ・トランプの製品が二〇一〇年から二〇一七年にかけて、中国各地の二〇ヵ所以上の工場で製造されていたことを示しているという。[17] イヴァンカ・トランプのファッションブランドは、二〇一八年に事業を終了している。

二〇一五年春および二〇一六年、香港のNGO「SACOM（企業の不正行為に対抗する学生と学者たち）」が、大手ファッションブランドに製品を納入している中国各地の工場に潜入調査チームを送り込んだ。このとき潜入対象となった工場の一つに、広東省の南海南宝靴工場があった。SACOMは現場の劣悪な環境を報告し、その状況はときとして、衣料品工場で見られるそれよりも著しく劣っていたと述べている。

衣料品工場と靴工場はどちらも、ブランド側が設定する厳しい納期を押しつけられるが、靴工場の場合、その労働時間は輪をかけて過酷になる。南宝の梱包部門で働くある労働者はSACOMに対し、時間外シフトが終わるのが午前三時になることもあると語っている。「梱包部門では常に残業が求められますし、工場がオーダーに追われていれば要求はさらにきつくなります。給料はせいぜい四〇〇〇人民元（約七万八七〇〇円）程度です。働く時間は長く、賃金は低く、労働は過酷なのです」[18]

調査によって判明したのは、ただでさえ過酷な労働時間は、一つひとつの手順に何秒かけるべきかという、支配人が定めた秒数を元に設定される生産性目標のせいで、いっそう厳しさを増しているということであった。そのうえ、労働者にはチームとしての評価で給料が支払われるため、作業の遅い人たちは、支配人だけでなく同僚たちからも非難の目を向けられることになる。

「南宝の労働者は、尿意をもよおしたときにはトイレに走っていかなければならないそうです。ほかの人に迷惑をかけたくないからです」。SACOMのプロジェクトオフィサーであるチェン・ピンユーはそう語る。「生産ラインはいったん動き出せば止まりません。トイレに行けば自分の前に靴が山のようにたまり、そうなれば次の手順を担当する同僚たちを待たせてしまうことになります」。SACOMはまた、仕事を休めば、たとえその理由が病気であったとしても解雇される可能性があると報告している。

靴工場の環境が衣料品工場のそれよりも劣悪になるもう一つの理由は、常に有毒な化学物質にさらされているためだ。工場によっては、接着剤や洗浄剤を扱う際に使われる手袋とマスクが適切なものでないどころか、そもそも手袋もマスクもなく、直接有害な化学物質に曝露される場合もある。南宝において比較的賃金が高い作業の一つに、靴を貼りつけるのに使われるゴム製接着剤のシート加工というものがある。この工程では有毒な粉塵が発生し、適切なマスクを着けていない労働者は、これを吸い込んでしまう可能性がある。南宝で働く多くの労働者が、SACOMの調査に対し、鼻血が出やすくなり、薬を買うお金が余分にかかると報告している。[19] 南宝がSACOMの調査結果にどう対応したのかはわかっておらず、また調査以降、何らかの変更があったとしても、その具体的な内容は明らかになっていない。

中国の靴産業ではまた、死者をともなう火災や建物の崩壊も少なくない。二〇一五年には、温嶺市の捷宇靴工場で、業務に従事していた五六人の上に建物が崩れ落ち、少なくとも一二人が死亡した。[20] その前年には、同じ中国東部浙江省にある台州大東靴工場で火災が発生し、一六人の労働者が命を落としている。[21]

クマノヴォの物語

『二〇一七年世界フットウェア年鑑』によると、ヨーロッパは世界の靴輸出の一三・八パーセントを占めている。[22] そしてヨーロッパにおいても、靴工場の極めて劣悪な状況は変わらない。東欧の靴製造労働者は、推定される最低生活賃金の二五〜三五パーセント程度しか収入を得ておらず、中国よりもさらに厳しい状況に追い込まれることが少なくない。その理由は、賃金の低さが東欧の生活コストに見合っていないからだ。[23] 調査によると、アルバニアやルーマニアでは、平均的な給与を受け取っている靴製造労働者は、牛乳一パイント〔約〇・四七リットル〕を買うのに丸々一時間働く必要がある。一方、英国の最低賃金で働いている人が同じ量の牛乳を買う場合、わずか四分間働けばこと足りる。[24] 世界には何十万軒もの靴工場が存在し、そこでは何百万人もの労働者が働き、毎年二四二億足の靴を作っている。そうした工場のうちの数百軒を擁するのが、かつてはユーゴスラビア共和国の構成国だった北マケドニアだ。地元の労働組合によると、繊維および衣料品工場で働く人は三万四八一九人だが、皮革および皮革関連製品の製造にかかわっている人数は、推定で三三三一人だという。[25]

北マケドニアは肥沃で緑豊かな国であり、人口二一〇万人のうち八〇パーセンーをキリスト教正教徒が、二〇パーセントをイスラム教徒が占めている。東南ヨーロッパの内陸部にあるこの小さな国には、アルバニア人やロマ人も数多く住んでいる。ユーゴスラビア共和国崩壊後、いくつもの戦争によってバルカン半島の広範囲が荒廃したが、同国はこれに巻き込まれることなく独立を果たした。

ユーゴスラビアという国は、これを構成する六ヵ国が国名と形態の変更を繰り返したあと、一九六四年にユーゴスラビア社会主義連邦共和国となり、チトー将軍が指導者の座に着いた。新たに形成されたこの連邦国家は、世界の舞台において重要な役割を担うようになっていき、ソ連とも米国とも同盟を組むことを拒みつつ、経済を大きく成長させ、一九八〇年にチトー将軍が亡くなるまでこれを維持した。

ユーゴスラビアは国内全域で製造業の発展に取り組んだ国であった。繊維製造の歴史を持つマケドニアは、衣料品および靴工場の中心地として繁栄し、ラングラー〔米のジーンズブランド〕をはじめ数多くの一流ブランドの品々がここで製造された。社会主義時代には、こうした工場の大半は「社会所有企業」として運営されていた。[26]

マケドニア北東部に位置する街クマノヴォにはかつて、チクという名の社会所有工場があり、最盛期には三六〇〇人の労働者が雇われていた[▼27]。今日クマノヴォを訪れると、チクの敷地はまだ残っているものの、その様子はがらりと変わっている。工場の敷地へ入るエントランスは、木々や美しい芝生で飾られている。噴水に水こそ流れていないものの、建物はカラフルに彩られ、正面に位置する棟にはイタリアの企業フォルメンティーニの大きな看板が掲げられている。ところが、さらに奥へと歩を進め、階段を降りてメインの建物群に足を踏み入れると、それまでとはまるで違った雰囲気が漂ってくる。そこは巨大な工場地帯だ。通りに沿って並ぶ二階建ての建物は、ペンキが剝げ落ち、あちこちからワイヤーが垂れ下がっている。かろうじて板で塞がれずに残っている薄暗い窓の向こうには、労働者がずらりと並んで機械に向かっているのが見える。一つひとつの工房には、異なる企業の名称が記されている。国際的なスポーツブランドの名前とロゴが印刷された靴箱が、窓のそばに積み上げられている。廃棄物置き場にはダンボールがぎっしりと詰められた運搬用のワゴンが並び、空になった金属製の接着剤容器が山と積まれている。

工場

二〇一八年四月一九日の朝、チクの建物の一つに足を踏み入れると、すぐさま強烈な接着剤の臭いが鼻をついた。コンクリートの螺旋階段が、途中に踊り場を挟んで上階まで続いている。階段の脇には産業用リフトが設置されており、むき出しのチェーンと滑車が目を引く。階段を上がったところには、落下を防ぐための金属製の安全バリアがあったが、これは上部の蝶番が外れているせいで開いたまま固定されており、二階下のコンクリートまで続く吹き抜けの空間がよく見えた。*

＊　デ・マルコ工場を訪問したのは二〇一八年四月であり、その後、わたしはリディヤ・ミラノフスカにメールを送って、あれから何か改善されたことはあるかと尋ねた。彼女が二〇一九年一二月二日にくれたメールによると、金属

製のバリアは別の工場からやってきた労働者たちが、何かの機械を下に下ろすために外してしまったという。

二重ドアを抜けた先には靴工場があり、揃いの赤いTシャツを着た従業員たちが働いている。数人を除き全員が女性だ。皆、緑色のベルトコンベアの脇に設置された作業台の上にかがみ込んでいる。ベルトコンベアに取り付けられた緑色のカゴから、靴の部品を取り出す。自分が担当する作業を終えてその部品をカゴに戻すと、カゴは動き出し、次の停止位置へと向かう。ベルトコンベアの動きは緩慢だが、決して止まることはない。全員が連携して作業を進める必要がある。

フロアの隅にある事務室にいるのは、デ・マルコ・ドーエル工場およびレーベルの創業者兼社長であるリディヤ・ミラノフスカだ。スリムカットの黒いパンツに黒いハイヒールを履き、黒いシャツの開いた首元からはシルバーのネックレスが覗いている。長い爪は黒く塗られ、髪は栗色のショートカットだ。棚の上には、靴の形をした棒付きキャンディの入った小さなバケツが見える。彼女のパソコンの画面は、工場に設置された監視カメラの映像を映し出している。

「マケドニア雇用主団体」の会長アンゲル・ディミトロフからの直々の命を受けたリディアは、皮革のサプライチェーンに関する批判的なドキュメンタリーを制作しているドイツのテレビ局クルーが工場に足を踏み入れることを快く受け入れた。今回わたしは、そのテレビ局クルーの許可を得て取材に同行させてもらったのだ。

靴産業で二三年間のキャリアを持つリディヤは、工場労働者から工場オーナーになり、さらにはクマノヴォの「靴製造業者協会」の会長にまでのぼりつめたという人物だ。自身の息子の名前を冠したこの工場については、過剰な妄想を抱くことなく冷静な評価を下している。リディヤは自分の工場のことを、マケドニアの標準からすれば「中程度」と表現する。ここよりもいい工場もあれば悪い工場もあり、現在は雇用している五六人の労働者のために、条件や給与の改善に取り組んでいるところだと語る。* この工場では、一日に靴のアッパー三〇〇足分が製造される。複雑なデザインの場合はその数は二〇〇まで落ちるが、サンダルのようなシンプルなものであれば一日に四〇〇足分を量産することもできる。

＊　リディヤ・ミラノフスカからの二〇一九年一二月二日付のメール。「……現在、従業員の数は三〇人で、その数は日々減少しています」

ずらりと並んだ労働者たちは、縫い、切り取り、接着し、はんだ付けをし、その作業を一日に何百回も繰り返す。ミシンがウィーンと音を立てては止まり、また音を立てては止まる。一人の女性が一枚の革の真上に機械を移動させ、それを下ろして型紙の形に切り抜く。食器棚ほどの大きさの部屋が一つあり、そのなかではマスクを着けた女性が、小さな楕円形をしたアップリケ用の銀色の革に、スクリーンプリントでロゴをあしらっている。煙のせいで目と鼻にヒリヒリとした痛みが走る。窓は開いているが、それ以外に換気用の設備は見当たらない。

金属製の大きな接着剤容器が、糸を仕舞ってある棚の脇に積み重ねられている。容器の一つひとつには、可燃性の高さについて警告する真っ赤なマークが印刷されている。数メートル離れたところでは、火のついたロウソクを手にした女性が一人、蓋を開けた接着剤の缶のそばに立っている。ロウソクの炎を使って、靴のテンプレートの端を焼いているのだ。また別の作業台には、コーヒーポットが小さなガスレンジの上に危ういバランスで置かれている。あとでリディヤから聞いたところによると、労働者は安全性訓練を受けており、ロウソクや火を扱うときには机の上に絶対に接着剤を置いてはいけないことを知っているという。たとえそうだとしても、工場には入り口が一つしかないのだから、もし火事が起こった場合、細長い長方形の部屋の奥にいる労働者たちが逃げるには、二階の窓から飛び降りるしかないのではないかと、わたしには思われた。＊

＊　リディヤ・ミラノフスカからの二〇一九年一二月二日付のメール。「追加の非常口を建設中です。金属製の階段で、

建物の設計に応じて設置されます」

工場ではこの日、グレー、ネイビー、くすんだゴールドのアッパーが何箱分も組み立てられていた。幼児向けの靴に使われるものだ。当日生産されていた靴のなかには、イタリアのナチュリーノが販売するアウトドア用キッズシューズ「レインステップ」も含まれていた。ナチュリーノは「子供靴市場をリードするイタリア企業」を自称するファルクSpA社が所有するブランドだ。[28] 同社は、ベビーシューズブランドの「ファルコット」も所有しており、こちらも製造はデ・マルコが担っている。

レインステップシリーズの靴は、ネット通販で一足八〇〜九〇ユーロで販売されている。リディヤがデ・マルコの従業員に支払う給与は、工場での役割に応じて月に二〇〇〜三五〇ユーロ程度だ。* この給与で、二人世帯ならまずまずの生活を送れるとリディヤは言うが、稼ぎ手が一人しかいなければ、相当に厳しい状況になるのではと問われれば、それを否定もしなかった。ここでは女性たちにも役職が与えられるし、ほかの工場のように男性ばかりを昇進させるようなことはしないと、リディヤは言う。

＊ リディヤ・ミラノフスカからの二〇一九年一二月二日付のメール。「月給は二五〇ユーロから四〇〇ユーロに引き上げられました」

ここの靴工場は今、同地域全体を悩ませているある問題に直面している。その問題とは、実のところ、この仕事をやりたい人間はもうあまりいないという事実だ。クマノヴォでは、高い年齢層の労働者のなかにはチクで訓練を受けた者が大勢いるが、彼らはすでに引退したか、引退を間近に控えている。ほかに選択肢がある人間であれば、あえて靴や衣料品の業界に来ようとはしない。

職業指導を行なっているクマノヴォ市内の中等学校では、学生たちが工場で働くための訓練を受ける。リディヤによると、工場のオーナーたちは、この学校に若者を入学させるために協力して知恵を出し合っており、授業の三割を占める現場訓練の単位分の授業料を負担することにしたのだという。苦笑いを浮かべつつ、この戦略のおかげで入学希望者が一〇〇パーセント増加したとリディヤは語る――三人だった生徒が六人になったというのだ。とはいえ、人員確保の望みがまったくないというわけでもない。職業に直接結びつかない別の資格を得て卒業した学生たちも、ほかに仕事の選択肢がほとんどないことに気づけば、いずれは工場の門を叩くことになると、リディヤは言う。

人々が靴工場で働きたがらない背景には、これが季節労働であるという事情もある。労働者が雇用されるのは、九月から二月にかけて、そして三月から八月にかけての期間に限られる。二月と八月には、次のシーズン向けの靴はすでに仕上がっているうえ、新しいオーダーはまだブランドから到着していない。リディヤによると、この空白期間――有給が一〇日間で残りは無給――は二〇日から一ヵ月続くという。入ってくるお金がなければ、労働者は解雇される。

どうすれば業界が改善され、労働者により多くの賃金を支払えるようになるのか、その方法についてリディヤは熱を込めて語る。税金を下げるか、社会医療費を減らして、労働者の賃金に直接お金が行くようにしたらいいのではないかというのが、彼女の意見だ。一方で、顧客に今よりも多くのお金を出させるのは望み薄だという。「価格を上げてくれと頼むことはしません。いくら支払うつもりがあるのかはわかっていますから」。クマノヴォは、今あるわずかなシェアを失うことを強く恐れている。工場は二つの脅威にさらされている。「一つ目の脅威はここマケドニア国内で、［顧客が］すぐ近くにある別の工場へ移ってしまうこと。そして二つ目の脅威は、顧客がチュニジアやインド、アルバニアなどの工場に移ってしまうことです」

それでも、労働者に賃金がいくら支払われるかにおいて、顧客が大きな力を持っているのは事実だ。リディヤの説明によると、ブランドは工場に対し、各アイテムの推定製作時間に応じて算出される出来高ベースで代金を支払っている。しかし、場合によっては人手不足や労働者の技術不足によってその生産性を維持することができず、収益が下がることもあるという。自分たちにできることといえば、せいぜいそのわずかな収益からこちらの取り分を削り取ろうとしてくる、イタリアやマケドニアの中間業者を介入させないようにすることくらいだと、多くの工場が感じている。

また、クマノヴォの全工場が団結してよりよい取引を求めるというのも現実的ではない。「［靴製造業者の］協会のなかにも、同一ブランドの仕事を何年も続けている大きな工場がありますが、彼らは自分たちがいくらもらっているかを公表しないのです」とリディヤは言う。わずか二、三社の顧客に頼っている小さな工場であれば、なおさらそんなことはできない。「われわれはことを荒立てようとは思いません」

家主

では、デ・マルコ・ドーエル工場の基本的な健康・安全対策についてはどうだろうか。効果的な換気設備は存在しない。昼食をとるスペースもないため、従業員は接着剤の容器が積まれた作業台で食事をしている。五六人が使用するトイレの数は二つで、便座はなく、窓は割れている。*火災が起こった場合のことは、考えるだけでも恐ろしい。

＊　リディヤ・ミラノフスカからの二〇一九年一二月二日付のメール。「今もトイレは二つで、改装はされましたが、労働者の数は現在三〇人であり、その数は日々減っています」

リディヤ・ミラノフスカは諸処の問題があることを認めつつ、この工場は賃貸なのだと語る。家主からは、今後、食堂として使える部屋と非常口が追加されると聞かされているそうだが、わたしたちが訪問した時点では、そうしたものはまだ見当たらなかった。*リディヤによると、彼女は現在、自分の手でより基準の高い施設を作るために資金をためている最中なのだという。労働者がもっと幸せになれる場所を作りたいというのが彼女の望みであり、その理由は何より、生産性が上がればお金も増えるからだ。

＊　リディヤ・ミラノフスカからの二〇一九年一二月二日付のメールによると、われわれの訪問以降、従業員は隣にある建物の食堂を使えるようになったという。

工場の駐車場に停まっている白いワゴン車に、現在のチクの所有者がだれであるのかを示すヒントが記されていた。その車の側面にあしらわれているのは、首都スコピエにあるレストランの広告だ。駐車場にはがっしりとした体にタトゥーを入れた男性がおり、工場の内部で写真や動画を撮られるのはごめんだ、「ジーノ」に電話をするからなと言っている。さきほどのワゴン車の側面に記されているレストランの名前もジーノだ。

ジーノ・グアッツィーニ氏はイタリアのトスカーナ出身だ。レストランのウェブサイトに掲載された小さな写真には、頭が薄くなりつつある、銀髪でヒゲのない、赤と白のシャツを着た男性が写っている。▼29 彼はツイッターにも写真を投稿しており、どこかの工場に新しい機械が導入されるのを記念して、イタリアの在マケドニア大使と一緒にポーズをとっている。▼30 グアッツィーニ氏に連絡を取ってみたところ、彼が所有しているのは、現在のチク工場のオーナーであるレギアという会社の五〇パーセントであるとの返答があった。

また氏によると、デ・マルコ・ドーエルが入っている建物は、二〇〇六年に改築されてマケドニアの法的基準を満たしているものの、なかで働ける人数は二五人に制限されているはずだという。工場の視察は国の査察官の仕事であって、家主のそれではないというのが氏の言い分だ。

最後に、グアッツィーニ氏はこう述べている。「力を持つ人間のエゴイズムや、市場がどう働くかはあなたもご存知でしょう。たとえば、われわれが英国の会社に靴を売るとして、もしこちらが一〇ペンスでも多く要求すれば、相手はそれならあなた方に仕事を頼むのはやめて、こちらの言い値を受け入れてくれるほかの会社から買うことにすると答えるのです。つまり理不尽なのですよ。あなたがたジャーナリストは、一方ではこうしたいわゆる第三世界の国々の労働条件はよくない、投資が不十分だ、賃金が低いと言って調査をする、しかしもう一方では、同じ英国の人間が、われわれに飢餓価格を押し付けているのですから」

「マケドニア労働安全衛生協会」のミラン・ペトコフスキ会長にメールで問い合わせたところ、同国の法律では、工場の従業員の労働にまつわる健康および安全についての責任は雇用者にあり、彼らが被雇用者の健康を損なう可能性のあるあらゆるリスクを特定・軽減しなければならないことになっているとの返答を得た。

北マケドニアの社会所有工場に起こったことこそが、この産業で働いている、また過去に働いていた多くの人々にとっての、論争と苦痛を生み出す源となっている。かつてはユーゴスラビアの製造業の誇りとして世界に製品を輸出し、有名ブランドとの契約を獲得していた数々の工場は、ある日突然採算性が悪いと言われ、あるいは破産を宣告され、マケドニアの富裕層や外国人投資家に安く売り払われたのだった。

職人と工場

一八七八年、「靴職人の国」と呼ばれたロンドン北部のノーサンプトンシャー州では、革のエプロンをつけ、顔に黒い汚れをつけた男たちが通りを行き交っていた。▼31 何世紀にもわたり、英国の靴職人たちは、妻や子供、徒弟たちの協力のもと、自宅の小さな工房で働き、地域に住む人々の靴を作り続けていた。富豪になれる見込みはなくとも、その技術をもって必要不可欠なサービスを提供する彼らは、地元で尊敬を集める立場にあった。靴職人は識字率も高く、また仕事をする時間やペースを自分で決めることができたことから、ほかの職業と比べて自由な働き方が可能だった。*

＊　靴職人（shoemaker）は、靴の製造ではなく修理を行なう靴直し職人（cobbler）とは異なる。靴直し職人は、伝統

的に社会における地位が低く、その理由ははっきりしないものの、以下のような芳しくない呼称を与えられていた。cobbler の集団を表す古い集合名詞は「a drunkship of cobblers（靴直し職人の酔っ払い集団）」だ。なぜ靴直し職人がとりわけ大酒飲みであるとされるのかは不明だが、彼らは週の終わりに中世のエールを何杯も飲むというのが、一般に受け入れられていた印象のようだ（C・ローズ著『An Unkindness of Ravens: A Book of Collective Nouns（ワタリガラスの不親切——集合名詞の本）』Michael O'Mara 社、二〇一四年）。

靴作りはまた、初期費用がほとんどかからない職業であり、一説には、必要なのは「道具と半クラウン」だけだったとも言われている。[32] 産業革命によって加速した経済と技術発展が、これを永遠に変えてしまった。

一八四〇年代には、ノーサンプトンシャーの靴職人のなかにはまだ自宅で仕事をしている者も存在したものの、このころにはすでに多くの人が、既製品の靴を大量に倉庫に積み上げる大手の製造業者のために働いていた。そうした靴は、ロンドンのような大都市に送られるか、あるいは英国によって侵略・植民地化された海の向こうの国へ運ばれた。それはまた、大多数の人間が自分のために個別に作られた靴を履いていた時代の終わりでもあった。ごく少数の例外を除き、今や人々は大量生産の靴を履くようになっていた。

ノーサンプトンシャーへの機械の到来に先立ち、人々の間ではあれこれと噂が飛び交い、恐怖が膨れ上がっていた。輸送の飛躍的な向上と蒸気の力により、靴の生産は資本集約的なビジネスへと変貌を遂げようとしていた。大量の失業者が出るのではないか、煙にまみれた生産ラインで重労働を強いられるのではないかといった不安から、人々はさまざまな団体を作り、たとえば一八五四年四月には「ノーサンプトン長靴および靴製造者相互保護協会」が誕生している。

その一年後には、ノーサンプトン各地にポスターが貼り出された。ミシンの導入をこれ以上先延ばしにすることはできない、すでにイングランド全域で使用されているといった内容が そこには書かれていた。ノーサンプトンに最初にやってきた機械は、靴のアッパーを縫うためのものだった。この機械が受け入れられた理由は、昔から女性が担ってきた縫い物という作業を助けるものとして、家庭に導入されたためだと言われている。一八六四年にはすでに、ノーサンプトンだけで一五〇〇台のミシンが存在した[33]。

変化はこれに留まらなかった。より大きく、より重たい機械がやってきたのだ。大量の資金と空間を必要とするそれは、家庭での使用には不向きだった。その機械は靴作りという職業を、低資本の独立したものから、巨額の投資資金を有する資本家によってコントロールされる産業へと変貌させた。

最初期の工場オーナーは、自分たちは工場を経営するのではないと、ことさらに強調していた。「われわれが提案するシステムは『工場システム』ではない」と、アイザック・キャンベル商会は主張した。「これは慎重に考え抜かれた、恒常的で、秩序ある、統制的な仕事のシステムであり、そこには皆さんが工場システムを嫌悪する原因となってきた悪しき特徴は一切存在しない[34]」。こうした断固たる宣言にもかかわらず、これを境に、工房で仕事をこなす職人たちの生活は、二度と帰らぬ過去となった。たとえば一八六一年、ターナーブラザーズがノーサンプトンに所有していた工場では、蒸気駆動の機械を使って靴が週に一〇万足生産されていた。家族単位の工房が、これほどの規模の生産に対抗するというのはとうてい無理な話だ。それが可能なのは、工場以外には救貧院〔英国に存在した、貧困層を収容し仕事を与えていた施設〕くらいのものであった。

ノーサンプトンのブーツ

人類が一年間に二四二億足もの靴を作るに至った経緯を正しく理解するには、超高速生産が生まれたきっかけを理解する必要がある。美へのこだわりや消費者の要求以上に、技術の変化を促すのは、人間の本性のもっとも暗く破壊的な側面であることが少なくない。靴生産の歴史は、戦争の歴史と切り離せない関係にある。

ノーサンプトンという土地の繁栄はそもそも、内戦によってもたらされたものであった。チャールズ一世という国王は、増税、戦争、宗教的偏見、議会軽視などが原因で市民からの評判が悪く、それが火種となってイングランド内戦が巻き起こった。王党派に対する戦いを指揮したのは、議会派のオリバー・クロムウェルだった。記録からは、クロムウェルはノーサンプトンをただ占領するに留まらず、数多くの契約を結び、王党派との戦いに必要な靴や長靴を軍が買い入れることを約束していたことがわかる。一六四二年には、ノーサンプトンの靴職人一二人が、アイルランドでの反乱の粉砕に向かう部隊のために、長靴六〇〇足と靴四〇〇〇足の契約を請け負っている[35]。

ナポレオン戦争が始まった一九世紀初頭には、軍に供給するための大量の長靴と靴が必要となり、海軍省はノーサンプトンに何千足もの靴と長靴を繰り返し注文している[36]。

しかし、英国の靴産業を真の意味での大量生産へと追い立てたのは、第一次世界大戦時の大規模な産業紛争であった。二〇世紀初頭、英国の産業は苦境に立たされていた。太平洋の向こうでは、入植者たちが「アメリカの西部地方（ワイルドウエスト）」の領土を略奪し、その膨大な富と空間を生かして工場を立ち上げていた[37]。「アメリカによる侵略」の圧力が、英国に忍び寄っていた。貧困層向けの安い靴から富裕層向けの最新流行の品まで、大量の靴が輸入されつつあった。靴の輸入は、一八九〇〜一九〇五年にかけての大規模ストライキと相まって、英国の製靴業の先行きに暗雲をもたらした。

第一次大戦による装備品需要の急増が、英国産業の運命を変えた。戦争が継続している間に、英国企業はおよそ七〇〇〇万足の靴と長靴を製造し、それは英軍のみならず、ロシアやフランスといった同盟国の兵士にも行き渡った。長距離行軍、重装備、暑さや寒さのみならず、「腐敗、錆、細菌、ヒル、伝令のためのバイク走行、さらにはジブラルタルの石灰岩にトンネルを通す作業」にも対応できる長靴のデザインに、多くの資金がつぎ込まれた[38]。

アーネスト・シャクルトンの南極遠征のために、一九一四年に特別製の靴を作ったばかりだったノーサンプトンのクロケット&ジョーンズ工場は、軍靴の製造によって生産量を倍増させた。記録には、英軍の兵士が履いた長靴五〇〇〇万足の七〇パーセント以上は、ノーサンプトンシャーで製造されたとある。健常な男性は基本的に軍隊に入ることになるという予想のもと、靴工場の仕事は女性にも開放された[39]。

靴は軍にとってごく基本的な必需品であるため[40]、第二次世界大戦が勃発したときには、英国の靴製造業者は再び何千万足もの靴と長靴を製造し、そのうち五〇万足はドイツからの侵略を受けていたソビエト連邦にも送られた。

ところがその後、従来使われてきた革製の長靴が、沼地や密林にはまるで適していないことがわかってくると、水場の多い土地で戦う兵士たちにはアメリカ製のジャングルブーツが重宝されるようになった[41]。一九五二〜五四年にかけて、マレーシアの密林で特殊空挺部隊（ＳＡＳ）の一員として従軍した映画プロデューサーのリチャード・グッドウィンは、赤痢に感染して空輸された先の病院でこんな話を聞いたという。「うちの軍曹がわたしに最後に言ったのは、『決して相手に長靴を取られるな』ということだった。つまり、長靴を確保しておけば、体調が回復したときには起き上がって出ていけるし、病院が爆撃されても走って逃げられる。それ以来、わたしは自分の靴をいつでも手元に置いておくようにしている[42]」

靴は効率的な戦争の道具であると同時に、戦いの卑劣さと恐怖を象徴するものでもある。一九四五年一月にロシア赤軍がアウシュビッツ強制収容所を解放した際、そこからは四万三五二五足の靴が発見された。アウシュビッツに送られた一三〇万人のうち、二三万人は子供と一八歳以下の若者だったとされる。北マケドニアの首都スコピエの中心部にあるホロコースト記念館の前には、ブロンズの彫刻が置かれている。

座る者のいない椅子の脇に二人の子供の像が配置され、その前には履く者のいない靴がいくつも並んでいる。小さな少年は、胸に一足の靴をギュッと抱きしめている。

ハンガリーには「ドナウ河畔の靴」と呼ばれるモニュメントがある。鉄で象られた一九四〇年代の靴が六〇足、コンクリートの遊歩道にはめ込まれているこの作品は、ファシストの民兵によって射殺されたユダヤ人に捧げられた力強い記念碑だ。犠牲者の多くは、殺されて川に落とされる前に靴を脱がされた。戦時中、靴は貴重品だったからだ。こうした彫刻作品が持つパワーの根源にあるのは、公共の場で、だれも履いていない一足の靴を見たときの不安感だ――この靴はだれのものだったのか、人体の印象がこれほど強く残っているのに空っぽであるというのは、いったい何が起こったためなのだろうか。[43]

ナイキと搾取

何百億足もの靴を一年で製造する能力と欲求を、人間がどのように獲得したのかを理解するための次なるステップとして、二〇世紀後半の工場に起こった大々的な転換について見ていこう。一九七〇年から一九九〇年までの二〇年間で、靴が作られる場所、靴を作る人たちに支払われる賃金、靴が作られる条件は驚くほどの変貌を遂げた。

一九九六年、国際労働機関（ＩＬＯ）は、衣料品および靴産業に起こった重要な変化について指摘している。まずは、過去二〇年間で靴と衣服が作られる場所が劇的に変化したこと。また、ヨーロッパと北米では大幅な雇用の喪失が見られた一方で、アジアおよびグローバルサウス各地では大幅な雇用の獲得があったこと。そして、こうしたグローバルなシフトによって雇用の数は増えた一方で、靴および衣料品産業はフォーマルセクターからインフォーマルセクターへとシフトし、賃金や条件にマイナスの影響をもたらしたことだ。[44]

ＩＬＯの報告書によると、一九七〇年から一九九〇年の間に、繊維・衣料・履物（テキスタイル・クロージング・フットウェア）（ＴＣＦ）産業で働く労働者の数は、マレーシアで五九七パーセント、バングラデシュで四一六パーセント、スリランカで三八五パーセント、インドネシアで三三四パーセント増加している。同じ二〇年の間に、グローバルノースの国々は雇用を大きく失い、その割合はドイツでＴＣＦ労働者の五八パーセント、英国で五五パーセント、フランスで四九パーセント、米国で三一パーセントであった。生産がサウスへと移っていくなか、工場の時計は次々に時を刻むのをやめていった。

高所得国と低所得国の賃金格差が拡大すると、ブランドは好機とばかりにこれを利用した。彼らは今や、ドイツ人労働者に時給一八・四〇ドル、フランス人労働者に時給一三・四〇ドルを支払う代わりに、メキシコで時給一・七〇ドル、台湾で時給三・八〇ドル支払えばよくなったのだ[45]。こうした賃金の低下から、靴を大量に生産して安く売るというやり方が生まれた。ただしその靴は、それを作っている本人たちにとっては、とうてい手の届く値段ではなかった。週五〇時間労働に勤しむ中国人労働者は、一足のナイキを買おうとすれば、月給の半分を費やすことになっただろう[46]。

グローバリゼーションはまた、企業の圧倒的多数が、靴の生産業者であることをやめるという結果を招いた。企業は工場経営という仕事を下請けに出し、代わりに夢を売ることに専念した。生産は階層（ティア）で定義されるようになった。ティア１の工場とは、ブランドや小売業者と直接契約を結ぶ製造会社のことであり、そのなかにはアディダスやクラークスといったブランドと長年の付き合いがあったり、ブランドと強力な関係を持っていたりするメーカーもある。さらには、別の国の個人あるいは企業がオーナーである例も多い。たとえばカンボジアの衣料品工場の八五パーセントは、中国、台湾、シンガポール、マレーシアの投資家によって支配されている[47]。

ティア１の工場は、ティア２の工場に日常的に仕事を下請けに出している。ティア２工場とは、本来ティア1工場がやるはずの組立作業を請け負ったり、刺繍や染色といった、生産における専門的な工程を引き受ける小規模生産ユニットのことを指す。ティア3は、ティア1とティア2からの下請け仕事を担う、さらに規模の小さい工房や工場のことだ。ただし、TCF産業の内部においては、各ブランドがそれぞれこの階層システムに異なる定義を当てはめている場合もある。[48]

突然手に入るようになった大量の安価な製品を売りさばくために、靴は単に足を覆うもの以上の何かになる必要があった。そしてブランドは、そうした技術に見合う執着を生み出し、新たなファッションへの人工的な需要を作り出すことに専念しつつ、一方で労働者の権利侵害についての報道内容との関連を否定するようになった。

広告、セレブリティによる称賛、大衆文化は、その物質的価値とは切り離された靴の象徴的な価値を生み出す後押しをした。工場が次々と閉鎖されていくなか、貪欲なグローバルノースの消費国に住む人々は、生産とのつながりを失った。彼らにはもはや、靴作りに携わる友人や家族はいなかった。ショップのウィンドウに並ぶ品々は、神秘的な存在になり始めた。

靴の価値をさらに高めたのは、法外な額のスポンサー契約だった。マイケル・ジョーダンが一九九二年にスポンサー契約で得た二〇〇〇万ドルという金額は、ナイキ Air Jordan の縫製を行なう東南アジアの女性全員の賃金を合わせたよりも多かった。[49] これはまた、ベトナムにあるナイキの下請け業者で働く全従業員の年間賃金を合わせた額のほぼ二倍にあたるとの報道もあった。[50]

ナイキは一九六四年、フィル・ナイトとビル・バウワーマンによって創設され、二人はそれぞれ五〇〇ドルを投じて日本製のランニングシューズを輸入するビジネスを立ち上げた。一九七〇年代初頭に売上げが二〇〇万ドル近くに達すると、彼らはデザインと独自ラインの外注生産に着手した。[51] 二〇〇二年の時点で、ナイキは五一ヵ国にある七〇〇ヵ所の工場で五〇万人の従業員を使って生産を行なっており、九五億ドルの収益のうち五九パーセントをフットウェアが占めていた。[52]

しかし、こうした利益は甚大な人的コストのうえに成り立っていたものだ。コンサルティング会社アーンスト・アンド・ヤングが作成したナイキの一九九七年内部調査報告書によると、ベトナム、ホーチミン市近郊のとある工場の労働者は、現地の法定基準値の六倍から一七七倍の発がん性物質にさらされていた。被雇用者の七六パーセントが呼吸器系の問題を抱えており、また、彼らは一〇ドルで週六五時間の労働を強制されていた。[53]

搾取工場での児童労働や劣悪な労働条件が明らかになるにつれ、ナイキは反グローバリゼーション運動における象徴的存在となっていった。フィル・ナイトは、一九九八年になってようやく、「ナイキ製品は奴隷賃金、強制残業、恣意的な虐待の同義語となっている」[54]ことを認めたうえで、同社がすでに導入した改革について説明し、今後もこれを継続すると述べた。二〇一六年に職を退いた彼は、三四九億ドルの資産を有している。[55]ナイキの企業としての主張は、自分たちは「責任ある雇用慣行の実施に取り組んでおり、弊社のサプライヤーにも同じことを期待する」というものであり、サプライヤーに対しては「被雇用者に少なくとも現地の最低賃金または一般賃金（そのいずれか高い方）を支払い」、「残業や手当については追加の支払いを行なう」よう求めているという。[56]ナイキは、労働および環境にかかわる虐待を排除することを約束し、自らを持続可能なサプライチェーン管理のリーダーに位置づけようと努めているものの、外部からのアセスメントや調査においては、引き続き問題を指摘されている。[57]

女性たち

国際労働機関（ＩＬＯ）の算出によると、世界の衣料品産業で正式に雇用されている人の数は、少なくとも六〇〇〇万人にのぼる。この六〇〇〇万人のうち、およそ八〇パーセントを女性が占める。女性たちの年齢は一八歳から三五歳が中心であり、地方から仕事を求めて移住してきたケースが多い[58]。アジア圏内で見ると、ＴＣＦ産業で正式に雇用されている人数は四三〇〇万人であるとＩＬＯは推定しており、ここでもやはりその圧倒的多数は女性だ。カンボジア、ラオス、ミャンマー、タイ、ベトナムでは、ＴＣＦ労働者の少なくとも七五パーセントを女性が占めている[59]。

フットウェアに限った場合、世界の推定労働者数は、国連工業開発機関（ＵＮＩＤＯ）が公表している四二〇〇万人から、業界関係者による七一〇〇万人まで、その数字にはかなりの開きがある。ＵＮＩＤＯは靴製造労働者の四六パーセントが女性であると推定しているが、同時にこの数字の見方については注意を促してもいる[*60]。靴製造労働者の何割が女性であるかを正確に把握することは難しく、その理由は、産業レベルで女性の雇用に関するデータを記録している国の数が限られるためだ。それでも確実に言えるのは、靴産業はそもそも、女性の制度的搾取なしには成り立たないものであるということだ。

＊　たとえばこの数字には、バングラデシュ、パキスタン、ベトナム、カンボジアのデータが含まれていない。また、ＩＬＯによると、世界の皮革産業で雇用されている労働者の数は一一〇〇万～六〇〇〇万人であるという。

ＴＣＦ産業は何百万件もの雇用を生み出し、それが女性たちに家庭の外で働く可能性を提供してきた。しかし、これが諸刃の剣であることは否めない。靴産業のシステムにおける工場労働とは、実際には不安定で、低賃金で、搾取的なものだ。賃金は依然として低く、女性の状況はさらに悪い。この産業では仕事の大半を今も女性が担っているにもかかわらず、調査によれば、男女間の賃金格差はパキスタンで六六・五パーセント、インドで三六・三パーセント、スリランカで三〇・三パーセントにもなるという[61]。

女性に対する性差別と社会的差別があるからこそ、ＴＣＦ部門のような、低い賃金と劣悪な条件を必然的にともなう産業において、女性が大きな比率を占めるという結果が生まれている。またそうした性差別があるからこそ、賃金や労働条件を改善させようという動きはなかなか起こらない。それをさらに悪化させているのが、市民社会やＴＣＦの労働組合が弾圧されているという事実だ。そうした存在は本来、ジェンダーや階級に基づく社会規範を乗り越えるための道筋を付ける役割を担っている。ＴＣＦ部門の労働者が口を塞がれているということは、女性たちが口を塞がれているということだ。

靴産業を牛耳っている主体はだれなのかについて、ドミニク・ミュラーは、力を持っているのはブランドであると指摘する。「彼らの態度は植民地の支配者そのものです。大企業は世界的な影響力を持ち、どこでも好きな場所へ拠点を移し、独自の条件を課してその国に進出することができるのです」。ドミニクはそう語り、税制優遇措置、労働組合活動の抑制、最低賃金の免除など、靴ブランドにこれまで献上されてきたものを列挙してみせる。「アフリカへの進出も同じことであり、彼らは次の開拓地へ向かっているというわけです[62]」

エチオピアの夢

ファッション産業において、「次なる大物」をハントするという言葉に込められた意味とは、単に次に流行するカラーのトレンドや、ストリートファッションのカリスマ、新進デザイナーを発見するというだけでなく、次に搾取できる労働者集団を執拗に追い求めるということでもある。そうしたハンティングの結果として、靴の大量生産はアフリカにもたらされた。今のところアフリカは、大陸全体で、世界の靴生産のごく一部である三・六パーセントを担っているに過ぎない[63]。しかし現在、特に中国企業が、工場の開設を通じたアフリカの市場シェア拡大に力を入れている。こうしたアフリカ戦略は、中国が推し進める「一帯一路」構想の一環だ。この野心的な計画により、中国は貿易および経済成長を促進させつつ、自国の影響力を高めることを狙っている。

中国による投資規模がいかに巨大であるかは、二〇一七年、エチオピアにおいて輸出額一九三〇万ドルを記録して国内最大の靴輸出業者となったのが、中国企業の華堅集団（中国でイヴァンカ・トランプの靴を製造していた企業）であったという事実によく表れている。▼64 この業績は中国政府が制作した映画『すごいぞ、わが国』でも大きく取り上げられ、華堅は「善意をもってエチオピアに経済的成功を輸出した企業」として描かれている。

一方で、華堅を訪問したAP通信の記者は、エチオピア人労働者たちからまったく様子の異なる話を耳にしている。現地労働者の多くは、極めて低い賃金や劣悪な安全衛生基準など、職場の状況に深刻な不安を抱いているという。アンゲソム・ゲブレ・ヨハネスは、「エチオピア繊維・皮革・衣料品労働組合産業連盟」の幹部だ。彼は、外国投資が流れ込んでくるようになったことをきっかけに、この産業が大きく変わっていく様子を目の当たりにしてきた。

人口が一億人を超えたエチオピアは、靴部門の恩恵を受けているとアンゲソムは言う。靴産業は雇用を生み、エチオピアの大規模な家畜・皮革産業に貿易をもたらし、輸出による外貨を呼び込んでくれる。しかし、誕生したばかりのこの部門の行く先には、解決すべき大きな課題がいくつも立ちはだかっている。なかでもとりわけ重大なものとしては、工場で労働組合を結成する権利を獲得し、賃金や労働条件の改善を図ることが挙げられる。

「［外国人］投資家は労働組合の結成を望んでいません。特に中国人には、そう考える人が多い傾向にあります」とアンゲソムは言う。「最初のころは、彼らも相手国の労働法を尊重することに同意していましたが、われわれが工場で労働組合を結成しようとすると、首を縦には振らないのです」

まっとうな賃金を確保するという使命を阻んでいる一因は、エチオピアには統一された最低賃金が存在しないという事実だが、一部の公共機関や企業は、例外的に独自の基準を設定している。▼65 基準の設定は工場のオーナーに一任されており、当然のことながら、そのレベルはこれ以上ないほど低い。「ニューヨーク大学スターン経営大学院ビジネス人権センター」による二〇一九年の報告書には、エチオピア政府は「外国投資を誘致したいがために、あらゆる衣料品生産国のなかでもっとも低い基本賃金を喧伝し、現在その額は一ヵ月二六ドル相当に設定されている」とある。[66] アンゲソムによると、靴部門の一般的な給与は月五〇ドルから一〇〇ドルであり、衣料品労働者に比べればましではあっても、極めて低いことに変わりはないという。「いったいどうやれば月に五〇ドルでいい暮らしが送れるというのでしょうか」とアンゲソムは言う。

華堅工場の労働者はまた、人によっては屈辱的と感じるだろう慣習を押し付けられている。ジャーナリストのジャン・ジジュウは二〇一七年、華堅工場で次のような光景を目撃している。

「右見ろ！　前見ろ！」チームリーダーが中国語で号令をかけると、従業員が頭の向きを変えつつ、ズボンの脇を手の平でパシリと叩く。「行進！　一、二、一……一、二、一……！　一！　三！　四！」

労働者たちは一日二回、その場で行進をさせられる。彼らの頭上には、こんなスローガンが書かれた看板が掲げられている。「一〇〇パーセントの理解、一〇〇パーセントの協力、一〇〇パーセントの服従、一〇〇パーセントの実行」。労働者たちが中国語で工場歌を歌わされることもある。[67]

華堅の工場ではたしかにそうした慣行が行なわれているとアンゲソムは言い、これはエチオピアでは異質なことだと語気を強めた。ある工場の支配人は、ジジュウにこう言ったという。「集合することや工場歌を歌うことは、どれも企業文化教育の一環であり、労働者に企業を好きになり、愛するようになってもらうという意図があります。その目的は、労働者に正しい精神と文化を植えつけることです」[68]

エチオピア政府は、繊維および靴産業を重視しており、外国人投資家に巨大なインセンティブと税制上の優遇措置を提供している。エチオピアはまた、アフリカ成長機会法（AGOA）に基づいて、米国に関税なしで製品を輸出することもできる。しかし、エチオピア最大の魅力とは、低賃金で働くその労働者たちなのだ。

工場は今や、世界中に張りめぐらされた網となっている。この網はさらに広がりながら、何千万人もの人々を作業場や工業団地に引き寄せ、安い労働力の供給源として使い続けることを前提に、彼らを世界経済に統合していく。この網、そしてこの搾取は、われわれの靴の縫い目一つひとつに、アッパーに固く接着されたソール一つひとつに、ひもを通された状態でわれわれが購入する靴の一つひとつに見てとることができる。

それは人間の手によって成された仕事だ。それは針に刺され、強い薬品にさらされてひび割れ、血を流している手だ。縫い、貼り付け、ゴシゴシとこする手だ。そして労働に明け暮れた週の終わりに、わずかな賃金を家に持ち帰る手だ。

あなたの靴のラベルには、どの国の名前がプリントされているだろうか。中国、あるいはベトナム、それともブルガリアかメキシコだろうか。もし運がよければ、小さな文字で国名がプリントされているのが見えるだろう。本来であれば、その国名と一緒に、街の名前、工場の名前、そしてあなたの靴を作った人物の名前も並んでいてしかるべきだ。しかし、そうした極めて重要な情報は、われわれが知ることを許されないものとして、ひっそりと消去されてきた。

第三章　靴と貧困

何も入っていない大きなバッグを肩にかけ、ムハンマド・イクバルは歩いて三〇分の工場へ向かう。到着すると、大量の靴の部品を手渡される。それをバッグに詰めて、彼はまた家に向かって歩き始める。ムハンマド・イクバルを待っているのは、妻のイシュラ、そして一七歳と一五歳の娘二人だ。ムハンマドがバッグの中身を取り出すと、夫婦は並んで腰を降ろして仕事に取りかかる。

「紳士用アッパー」を一足分縫うごとに、ムハンマドの家族には一六・六ルピーが支払われる。オーダーはセットで入ってくるため、一ダース分を仕上げると二〇〇ルピーになる。午前八時から夜遅くまで働けば四ダース仕上げられるので、一日に八〇〇ルピー、すなわち八ドル弱の収入になる。

縫い上がったアッパーはムハンマドが工場に運んだあと、生産ラインに送られてソールと貼り合わされる。ムハンマドは幼いころから靴を作ってきたが、常に自宅で家族と一緒に仕事をしてきたわけではない。九年前には、パキスタン北西部にあるパンジャブ州第二の都市ファイサラバードの工場で働いていた。児童労働や奴隷労働などの劣悪な労働環境で知られる、汚染のひどい街だ。

ムハンマドの妻イシュラは、暗い金色の格子柄が入った赤いサルワールカミーズを着て、夫の隣に座っている。ムハンマドが椅子に座ったまま身じろぎをして、組んでいた腕をほどく。青いジャケットの下に白いシャツを着ているが、片方の袖先からは手が出ていない。

ムハンマドはファイサラバードで奴隷として働かされていたわけではない。ただ、家族を養えないほどの安い賃金に嫌気が差したのだ。ムハンマドは靴工場のオーナーに向かって、賃金が安すぎるのでほかのところで働くことにすると告げた。オーナーは、やめることなど許さないと言った。喧嘩が始まり、ほかの男たちも加わった。騒動のさなか、工場オーナーがムハンマドの手を切り落とした。

ムハンマドがシャツの袖をまくる。右腕の先端はただつるりとしている。ムハンマドは警察へ行き、八ヵ月間続いたゴタゴタの末、事件は不起訴となった。なぜなら、工場のオーナーは金持ちで、警察に対して影響力を持っていたからだ。正義も賠償金もないまま、ムハンマドとイシュワと娘たちはラホールへ居を移した。

ティア

工場労働者から在宅労働者に変わったことにより、ムハンマドは、グローバル経済におけるさらに低い階層に入った。世界各地で、人々は昔から自分の家のなかで仕事をこなしてきた。絨毯を織り、衣服を縫い、縄をない、木の実の殻をむき、工芸品を作り、それを売って生活の糧とした。

今日、在宅労働者は経済にとって不可欠な構成要素であり、地域市場と世界市場の両方に向けて製品を生産している。サプライチェーンが果てしなく長くなり、製造業が細かく区分けされて世界中に広がるなか、今や電子製品でさえ人々の自宅で組み立てられるようになった。[1]

しかし、何億人という規模になっているにもかかわらず、在宅労働者は目に見えない臨時雇用の存在であり、正式な工場の従業員に与えられる程度のわずかな保護さえも受けることができない。世界最大級のブランドのための仕事も少なくないが、彼らの雇用は一時的で保護されておらず、そのうえ賃金も作業フローも大きく変動する。

階層化されたサプライチェーンの終点は、ティア3工場ではない。どの段階のどの工場であれ、作業を在宅労働者に下請けに出すことは可能だからだ。在宅労働者は工場と契約を結ばずに、出来高払いの賃金のみを受け取る。そのおかげで工場は、製造にともなう負担とリスクを最大限に軽減しつつ、それを自宅で働く人たちに押しつけることができる。在宅労働者には、スペースや電気代といった製造コストと、オーダーが途切れて仕事がなくなったときの中断による損失の両方がのしかかる。

在宅労働の世界は、ティア1の下請けであるティア2、その下請けであるティア3のさらに下にある。それはあらゆる規制や工場査察システムのはるか下にまで延びるサプライチェーンの世界であり、存在しないものとされている世界だ。

ナギナ、ヤスミン、ラジア

パキスタンでは、推定で労働人口全体の八〇パーセントが経済のインフォーマルセクターに属しており、国家によるいかなる承認、規制、保護も受けていない。このインフォーマルセクターには、建築現場の日雇い労働者、小規模工場で働く人々、路上で食べ物、タバコ、新聞などを売る行商人、さらには工房の見習い、ゴミ拾い人などが含まれる。ここにはまた、自宅を拠点に働く人々も含まれており、その仕事内容は衣料品の縫製から、ガラス製の腕輪の製作、刺繍、絨毯づくり、サッカーボールの縫製までさまざまだ。

パキスタンの在宅労働者数の推定値には、大きなばらつきがある。UNウィメンによると、大規模な全国調査は存在せず、在宅ベースの労働がどの程度広く行なわれているのかについての正確なデータを提供することは不可能だという。[2] しかしながら、さまざまな研究はどれも、パキスタンには数百万人にのぼる在宅労働者がいるという点で一致している。ILOの推定では、南アジア全体で五〇〇〇万人の在宅労働者が存在し、そのうち八〇パーセントが女性であるという。[3]

ナギナは、自宅で婦人靴の刺繍入りアッパーを作る仕事をしている。ナギナが住んでいるのは、ラホールにあるバダミバグという貧しい工業地域で、自宅付近にある工場の仲介人が彼女のところまで仕事を届け、仕上がったものを回収していく。ナギナが今取り組んでいるデザインの一つには、工場から支給された電動グルーガンで小さなビーズを貼りつける工程が含まれている。この作業をするために、ナギナはグルーガンだけでなく、照明に使われる電気代も自腹で支払わなければならない。細かい作業は目に負担をかけるため、照明を使わないという選択肢はない。

目によくないと知りながらも、アッパーを縫ってビーズを貼りつける仕事は、ナギナと四人の子供たちが生きていくためにはどうしてもやらざるを得ないものだ。かつて結婚していた時期もあったが、相手の男性は「仕事嫌い」だったという。結婚当時、夫は働いておらず、離婚したあとも何の援助もしようとしない。

上の息子二人はすでに成人して働いており、娘二人はまだ学校に通っている。ナギナが抱える大きな悩みの一つは、工場からの仕事が不定期であることだ。仕事は唐突に途切れて、まるまる一週間来ないこともあり、そうなると家賃や高額の光熱費を支払うのもやっとで、わずかに残ったお金で家族の生活をやりくりしなければならないと、ナギナは言う。

深い赤色のサルワールカミーズに身を包み、長い髪をヘッドスカーフで覆っているヤスミンもまた在宅労働者だ。ヤスミンは、婦人靴のアッパーに模様を縫いつける作業などを担当している。この仕事で彼女の手元に入るのは最大で一足四ルピー〔日本円で約六・五三円〕であり、模様は一つ仕上げるのに五〜一〇分かかる。

ナギナと同じく、ヤスミンの仕事もまた、生活に欠かせない収入源となっている。ヤスミンは既婚で子供が二人いるものの、彼女は夫の第二夫人だ。一緒に住んでいた両親が他界した今、ヤスミンと一二歳の息子、八歳の娘は、自宅で衣料品の縫製仕事をしている未婚の妹と一緒に暮らしている。

自宅で働いているおかげで、女性たちは子供の面倒をみて、ときには縫ったり接着したりといった仕事を子供たちに手伝ってもらうことができる。工場まで出向いて正式な形態で働くことは考えていない。工場は男性ばかりで自分たちが行くようなところではないし、まともに子供たちの世話をすることもできないと、彼女たちは考えている。結果として二人は、家事と炊事と育児、そして長時間の出来高払い仕事という、二重の負担を背負い込んでいる。

ロイヤルブルーのヘッドスカーフをかぶり、人の目をまっすぐに見て話をするラジア・ニサールは、自宅で仕事をする靴製造労働者であり、また在宅労働者の権利について一家言持っている人物だ。彼女は、在宅労働者の方が工場労働者よりも困窮していると断言する。「自宅で働く場合は、時間に制限がありません。工場労働者であれば通常、働くのは六時間から八時間程度ですが、ここでは制限がないのです。ときには深夜一二時くらいまで働くこともありますし、休日もありません」

「工場のオーナーは、そこで働く人たちに基本的に必要なものをすべて提供しますが、われわれの場合、仕事の合間に休憩を取ることさえできません」とラジア・ニサールは続ける。「休憩を取れば、その日の賃金は減ってしまいます。工場労働者はしかし、そうではありません。彼らの給料は固定されていて、たとえ作業効率が悪くとも支払われることになっています」

工場オーナーがなぜ自宅で働く人たちに仕事を外注するのか、その理由をラジアはよく理解している。「工場のオーナーはわれわれに多くの作業を任せることで、経費を絞ろうとしているのです。そうすれば電気代が節約できますし、そのうえ社会保障費や医療手当も支払わなくて済むのですから」

在宅労働は人々を極度の貧困に陥れる。パキスタンにおけるいわゆる「非熟練労働者」の最低賃金は現在、月一万五〇〇〇ルピー〔約二万四五〇〇円〕だ。▼4 多くの在宅労働者が手にできる金額は、最低賃金の二〇〜二五パーセントに留まる。月給三〇〇〇〜四〇〇〇ルピー〔約四九〇〇〜六五〇〇円〕というのは飢餓賃金のレベルであり、貯蓄や、緊急用の医療費にあてるお金も残らず、それどころか食費、家賃、光熱費といった基本的なニーズさえ賄うことができない。在宅労働者のなかには、親戚や友人から借金をして、その返済に苦しめられている人も少なくない。

貯蓄がなく、また規則によって管理されたあらゆる制度から排除されていることにより、在宅労働者は、手当も年金もない状態に置かれている。「若いころと同じように働けなくなった高齢女性を、これまでに大勢見てきました」と語るのは、労働者の権利のために設立されたNGO「労働教育財団」のディレクター、カーリッド・メフムードだ。「そうした女性たちには、政府からの保護はなく、当然年金もありません。労働者として登録されていないからです。女性たちは、子供や夫、あるいは親戚からの何らかのつてだけを頼りに生き延びているのです」。家族の支援が得られなければ、彼女たちにはもう通りで物乞いをするしか道は残されていない。

世界的な危機が訪れるとき

社会の陰に隠されてはいても、在宅労働者の存在は、消費財の値札のなかにしっかりと残っている。在宅労働者に対する超搾取は、物の値段を上げる代わりに、労働者を圧迫することによって企業利益を生み出す戦略の中心に据えられている。▼5 それこそが、靴のような、製造過程で多くの工程を必要とするアイテムに安い値札が付けられている主たる理由だ。

在宅労働は一般に、伝統的なもの、古風なものという印象を持たれているかもしれないが、これは決して廃れた生産形態というわけではない。現代の経済においては、工場労働と在宅労働はどちらかだけで成り立つものではなく、むしろ在宅労働者と工場とは共依存関係にある。製造業があり、工場オーナーに対して極めて低い価格で商品を生産するよう圧力がかけられている場所には、必ず在宅労働者が存在する。インドから英国、グアテマラからチュニジアまで、そこがどこであれ、製造業が増えるにつれて在宅労働者の数も増えていく。[6]輸出主導の成長が在宅ベースの生産の拡大に支えられている国は少なくないが、その理由は、多国籍企業からのコストカットの要求に応じるには、在宅労働者を増やす以外に方法がないからだ。

自分の家族だけでなく、地域、国、そして世界の経済に多大な貢献をしているにもかかわらず、在宅労働者は国際市場の波に翻弄されている。世界的な景気後退のなか、仕事と収入を真っ先に失ったのは在宅労働者であった。[7]

二〇〇八年の世界金融危機の翌年にあたる二〇〇九年、「包括的都市プロジェクト〔インフォーマル部門の女性のための団体WIEGOによる多国間プロジェクト〕」は、グローバルサウスの一〇ヵ国で調査を実施し、在宅労働者を含むインフォーマル経済が、金融危機によってどのような影響を受けたかを探った。その結果、グローバルバリューチェーン向けの商品（多国籍企業向けの輸出品）を生産していた在宅労働者は、仕事の受注が急激に減少していたことがわかった。国内市場向けの仕事をしていた労働者は多少はましだったものの、それでも仕事を確保するための競争の激化と世界的な購買力の低下による影響を受けていた。[8]

一年後の二〇一〇年、包括的都市プロジェクトが再度調査を行なったところ、インフォーマルセクターは、回復面でフォーマルセクターに後れを取っていることが確かめられた。フォーマルセクターにおいて失業者や不完全雇用者の減少は見られず、すでに人手が有り余っているインフォーマルセクターへと大量の人員が流れ込んでいた。インフレが悪化し、生活費が高騰するなか、受注も売上げも低迷を続けた。その結果として、在宅労働者たちは自分と家族の食事を減らし、子供たちを学校に通わせるのをやめた。[9]

搾取と性差

工場労働と同じく、在宅労働という搾取には性差が反映されている。世界各地において、在宅労働者の大半は女性に占められている。ブラジルでは七〇パーセント、ガーナでは八八パーセント、パキスタンでは七五パーセントが女性だ。[10] パキスタンでは、働く女性の六五パーセントが在宅労働者であり、働く男性の場合、その割合はわずか四パーセントに過ぎない。[11]

ただし、その数字には業種によって違いがある。靴製造業は在宅労働としては比較的賃金が高いため、かなり多くの男性がこの職業に就いている。しかし、ナギナやヤスミンのような靴セクターの女性たちは、今も靴生産におけるもっとも収益性の低い役割に縛られ、刺繍やビーズ貼りの出来高払いの作業を、それがあるときにだけ工場の仲介者を通して引き受けている。

ジェンダーによる差別のほかに、貧困や都市のスラム化の影響もある。社会でもっとも貧しい層である都会の在宅労働者は、公共サービスやインフラの存在しない、たとえあったとしてもせいぜいごく一部という、過密なスラム街に住んでいることが多い。ナギナやヤスミン、ラジアのような女性たちは、出来高払いの仕事、家事、育児をこなすことに加えて、粗末で狭苦しい自宅内の作業スペースで、常に物をあちらこちらへ移動させながら、余分な掃除や洗濯をすることを余儀なくされている。

自宅という四枚の壁の内側にいるというだけで、作業スペースを維持する仕事は多くの場合、女性に任されることになる。衛生状況や廃棄物の管理が適切になされていないこと、ゴミの回収がたまにしか来ないこと、あるいはそもそも存在しないことによって、女性にはさらなる負担がのしかかる。[12] 水を運んだり、ゴミを運んだりしている一秒一秒が、賃金労働におけるタイムロスとなる。造りのしっかりしていない住居にはまた、雨漏り、カビ、埃、洪水などが商品にダメージを与えるというリスクもある。

インドで実施された一二件のスラム救済プロジェクトについての調査からは、女性たちは特に水の供給、洪水の防止策、街灯設置の改善から受ける恩恵が大きいということが明らかになっている。安全に仕事ができる公共空間——備え付けのテーブルと椅子があり、四方を壁に囲まれた地域住民のための広場や、子供たちを監視下における遊び場——の提供は、在宅労働者にとって大きな助けとなる[13]。しかし実際には、都会の在宅労働者は常に社会の変動と立ち退きの脅威にさらされている[14]。自宅が破壊されるスラムの解体計画は、こうしたコミュニティにとって二重の負担となる。なぜならスラムがなくなれば、人々は家だけでなく生計の手段も奪われてしまうからだ[15]。

在宅で働く靴製造労働者は、オーダーを受けたり素材の受け渡しをしたりするために、工場や市場へ頻繁に足を運ばなければならない。三輪タクシーや公共バスを使う人もいれば、徒歩で行き来する人もいる。ある研究によると、在宅労働者の支出の三分の一は交通費が占めているという。利用可能な公共交通機関が、路上での嫌がらせや虐待に日常的にさらされている女性にとって安全なものであるかどうかという点もまた問題となる。

ホーム・スイート・ホーム？

ペルヴィーンとムハンマドは、ラホールの自宅で一緒に働いている。ムハンマドは徒歩で一五分のところにある工場まで歩いていき、婦人靴用アッパーがいっぱいに詰まった袋を受け取って、バダミバグの家へと持ち帰る。二人は一日一二時間、朝八時から夜八時まで作業に勤しむ。二人が懸命になって働くのは、常に仕事がもらえるとは限らないからだ。ムハンマドによると、週に何日かは仕事がまったくない日があるという。二人はやれるだけの仕事をやりながら生計を立て、ほかにもっとできることがないかと常に探している。

二人が作業をするアッパーは、縫製と接着の両方を必要とする。使用する素材は工場から支給され、それを自宅に保管している。つまり彼らは、大量の工業用接着剤を自宅に保管しておく必要があるのだ。安全な職場においては、こうした物は厳しい安全衛生規則のもとに管理され、リスク評価、監査官、現場の監視者によって監督が行なわれなければならない。また労働者は、非常口、スプリンクラー、火災感知器、避難手順などの措置によって守られていなければならない。バダミバグの個人の家には、そういったものは一切ない。

ムハンマドが自宅で仕事をしていたある日のこと、まだ幼い子供たちがいつの間にか台所の火で遊んでいたことがあったという。家に保管していた接着剤に引火して起こった大規模な火災により、家は大きく損壊し、彼自身も、子供たちを助け出そうとして足にやけどを負った。

それ以降、自分が扱っている接着剤が火災の原因になることを理解した彼は、これを火から離れた場所に保管するようになった。ムハンマドによると、バダミバグの靴製造コミュニティの人々は、接着剤が危険なことを知ってはいるものの、事故を防ぐためにしていることといえば、互いにあれは危険だと言い合うことくらいだという。ムハンマドのところには、今も自宅で火災が起こったという話が流れてくる。それでも、ムハンマドはあっさりと言う。皆働かなくちゃならないんだから、リスクは承知のうえだ。

靴産業における可燃性の高い溶剤や接着剤の危険性は、過小評価されるべきではない。二〇〇二年には、インドのアグラにある靴工場で四四人の労働者が焼死している。ドラム缶の保管庫には、電気回路がショートしたような痕跡が残っていた。[▼16]

市場資本主義が人々の自宅に入り込んでくるときには、単なる賃金搾取を超えた影響が生じる。そのシステムが追い求めているのは、安価な労働コストのみならず、基本的な労働基準を遵守するための累積コストを回避する方法だ。市場資本主義が侵略している対象は、ただ適当に選ばれた家庭ではなくグローバルリウスの家庭であり、そこは今や危険な仕事場に変貌させられている。安価な生産を貪欲に求めることによって、多国籍企業はグローバルサウスの最貧困地域に進出し、仕事が個人の家庭にばらまかれるという事態を招いた。[▼17]

このシステムは、危険な仕事に規制をかけるために世界各地で進められている試みの足かせとなっている。工場の家賃や光熱費を転嫁されるだけに留まらず、在宅労働者は、より悲惨な状況を生むコストを背負わされている。本来、家庭は仕事をする場所ではない。理想的な世界においては、家庭は清潔かつ安全であり、食事が作られ、家族や個人がリラックスできる場所であるべきだ。一方、工場というのは騒音と煙に満ち、人間や危険な機械がひしめきあう、緊張感のある環境だ。人間は工場でまともに生活することはできないし、また自分の家庭内に工場を持つべきではない。

インドのタミルナードゥ州は革靴の輸出が盛んな地域だ。ＮＧＯ「ホームワーカーズ・ワールドワイド」が在宅労働者の状況について調査を行なったところ、換気や座席の配置が工場よりもはるかに劣悪な、狭苦しいアパートのなかで働く女性たちの存在が明らかになったという。彼女たちは、長時間かがみ込んで作業を行なうことから来る体の不調を抱えており、硬い革を長時間縫い続けることによる腰や関節の張り、細かい作業による目への負担、化学物質への曝露による皮膚のトラブルを訴えている。

彼女たちの多くは、結婚前までは工場で仕事をしていた。工場に長く勤めていても、年金や健康保険や保障があったという人は一人もいない。なかには、革製のアッパーを手縫いで仕上げて九ペンス〔約一五円〕しかもらえなかったという人もいた。後に店頭に並べられたときには、四〇ポンド〔約六六五〇円〕を超える価格で販売された靴だ。[▼18]

自宅は作業場としてはスペースが狭いうえに、ゴタゴタと物が置かれている。照明は薄暗く、空気中にはすぐに埃と煙が充満する。労働者は目を細めながら作業をし、身に着けているシャツやヘッドスカーフを鼻の上まで引っ張って、なんとか咳を鎮めようとする。適切な作業台がないせいで、床に前かがみの姿勢で腰を下ろす人が多い。背中、肩、両手への負担は、無理な姿勢でいる時間が長くなるほど増していく。

こうした職業上の危険が、医療費の支払いにつながる。肺の病気、背中の痛み、視力低下の治療費は高額であり、不健康な家庭環境は家族全体に影響をおよぼす。医療を受けるためのお金が支払えなければ、在宅労働者一人ひとりの生産性は低下し、家庭の収入はさらに減少する。[19] 搾取にいっそう拍車をかけているのが、IMFが義務付けた構造調整計画（SAP）をはじめとする新自由主義的な施策だ。SAPは、支援を必要とする国が多額の融資を受けることを可能にする。しかし、その融資に付属する前提条件は、国家経済の自由化に重点が置かれる傾向にある。一般的には、医療の民営化、教育や公衆衛生への支出の削減が推奨され、そのすべてが、すでに苦境に立たされている国で暮らす一般市民にマイナスの影響を与える。[20]

充満する毒

ラホールから東に一一〇〇キロほど離れたネパールの首都カトマンズに、一軒の小さな家がある。クリシュナ・バハドゥール・ネパリは、革の切れ端や靴のソール、工具、接着剤の入った容器などがいっぱいに置かれた作業台に腰を下ろす。細長い部屋の奥には大きな織機があり、クリシュナの妻が絨毯を織っている。二人は並んで座り、それぞれの在宅仕事に没頭する。

クリシュナ・バハドゥールは、一一か一二歳のころから靴を作り続けている。この商売の手ほどきをしてくれたのは父親であり、靴作りの技術は祖父、曾祖父、高祖父の時代から家族に代々受け継がれてきた。子供のころのクリシュナは、学校に行く前も学校から帰ったあとも靴を作り、やがて学校に通うのをやめて、日中も働いて貧しい家族を助けるようになった。今では、クリシュナ自身に成人した子供たちがいる。

クリシュナが、光沢のある革でできた子供用の黒いひも靴を手に取る。こうした学校用の靴のオーダーは、近所にある市場の卸売業者が持ってくる。靴一足につき、クリシュナは一〇〇ルピー、すなわち一ドル相当を受け取る。パキスタンの在宅労働者とは異なり、これは安定した仕事であり、クリシュナはいつも忙しく働いている。

長時間前かがみになる作業を長年続けたことで、クリシュナの背中はひどく痛むようになった。五〇〇ルピーを支払って治療に通っているが、今は仕事を休む暇がないため、理学療法の運動に取り組もうとしている。

背中の痛みに加えて、クリシュナは、隣のテーブルに置いてある塗料缶ほどの大きさの容器に入った接着剤による健康被害も抱えている。「これは毒性がとても強いのです」。市場で買ってきた接着剤を手に、クリシュナは言う。よく見ると、ラベルにたった一つ記載された安全のための注意書きには、子供の手の届かないところに置くようにとあるのがわかる。

この接着剤を使うと眠くなり、「感覚が鈍くなる」のだとクリシュナ・バハドゥールは言う。靴の組み立てに接着剤を使用するときも、手や目を守るための特別な保護具は使わない。それでも窓だけは開けている――四角い窓の向こうからは、雄鶏が時を作る声が聞こえてくる。

靴の製造に用いられているこの接着剤は、いったいどんなものなのだろうか。ピア・マーカネン博士は、米マサチューセッツ大学ローウェル校の化学工学者・研究教授としての仕事の一環として、タイ、インドネシア、フィリピンをめぐり、個人の自宅を利用した靴製造工房を数十ヵ所訪問している。タイで初めて訪れた家庭内工房の光景を、彼女は忘れられないという。その非常口もない二階建てのアパートには、大勢の労働者がひしめき合っていた。二階に上がると、ミシン、接着剤を使う作業台、型紙作り用の作業台が並ぶ隙間に赤ん坊や子供の顔が見え、空気中には強烈な化学物質の臭いが充満していた。

「接着剤のラベルには、安全に関する内容は申し訳程度にしか記載されていません。接着力を最大限に引き出すにはどうしたらよいかについての説明はあっても、活性成分や安全対策については何も書かれていないのです」。マーカネン博士はさらにこう続ける。「こうした化学物質は、接着剤であれ、下地処理剤(プライマー)であれ、靴を磨く洗浄剤であれ、人間が吸い込めば健康に甚大な被害が生じます。呼吸器系にも、さまざまな臓器にも、生殖器系にも、そのほかありとあらゆるものに悪影響をおよぼします。これは神経毒なのです」

来る日も来る日も神経毒を扱うというのはただごとではない。こうした有毒物質は、神経系に作用し、頭痛から、記憶や認知機能の喪失、うつ、慢性疲労に至るまで、いくつもの深刻な問題を引き起こす。[21] 溶剤という、ほかの物質を溶解または分散させる物質もまた、靴産業の至るところで使われている。有機溶剤は炭素をベースとしており、塗料、ニス、接着剤、洗浄剤などの製品に使用されている。[22]「有機」という言葉が付いてはいるが、これは決して無害なものではなく、生殖への悪影響をはじめさまざまな症状の原因となる。靴の生産に使われる製品で言えば、接着剤、下地処理剤(プライマー)、靴の洗浄剤に含まれている。多くの有機溶剤が、神経毒[23]かつ発がん要因(すぐに、あるいは長期間の曝露後にがんを引き起こす可能性のある物質または環境要因)[24]として認識されている。

こうした化学物質が人体に侵入する経路は主に三つある。もっとも一般的なものは吸入、二番目が皮膚からの吸収、三番目が口からの摂取だ。家庭で靴を作っている人たちは、この三つすべてに対して特に危険な状態にある。

在宅労働者は速いペースで仕事をこなし、多くの場合、作業台を離れて休憩や昼休みをとることはしない。「わたしが見たところ、彼らはできるかぎりたくさんの仕事をして、昼食も、夕食も、朝食も、仕事の片手間にとっています」とマーカネン博士は言う。「たとえ接着剤をのばす棒があったとしても、彼らはときに素手を使って作業をし、しかもそのまま食べものを口に運んだりしているのです」

世界中のどこであろうとも、オフィスワーカーが机で昼食をとることは当然ながら推奨されていないし、それはストレスを予防するという理由からだが、有害な化学物質に囲まれて仕事をしている人たちの場合、そうした行為は命にかかわってくる。マーカネン博士によると、人々は靴を作る合間に間食をしたり、ボウルに盛ったご飯を食べたり、タバコを吸ったりしているという。口を介して化学物質が体内に入り込めば、直接胃、消化器系、肝臓に届いて、全身をめぐってさまざまな臓器に影響を与えると、博士は言う。

吸ってはならない

一九七〇年代に「靴職人の多発性神経障害（shoemaker's polyneuropathy）」という言葉が生み出されたという事実からは、溶剤への長期にわたる曝露がいかに有害かがわかる。この病気にかかった人のうちもっとも広く名前を知られているのは、ナイキの共同創業者であるビル・バウワーマンだろう。煙の充満する小さな工房で新しいスニーカーのデザインを生み出す作業に没頭するうち、彼の体は毒に侵されてしまった[25]。権威ある賞に輝く作家のジョーン・ブレイディの場合は、英国デヴォン州の自宅近くにあった靴工場から、極めて高濃度の化学物質の蒸気が家に流れ込んだことが原因でこの病気を発症した[26]。靴メーカーは溶剤による被害を否定したが、ブレイディは最終的に示談によって一一万五〇〇〇ポンドを手にしている。

華やかなスポットライトが当たらないところで、靴産業は化学物質であふれかえり、空気はひどく汚染されていく。靴製造に使われる化学物質とがんとの関係が立証されたことをきっかけに、溶剤系接着剤に代わる水系接着剤が開発された。また、個々で活動するデザイナーのなかには、組み立てに接着剤を一切使わないモジュール式の靴を作る人たちもいる。それでも、強力な溶剤系接着剤の方が多用される傾向は今も変わらない。在宅労働はその性質上、サプライチェーンのなかでもっとも規制が緩やかな部分にならざるを得ない。人の目に見えない部分では、サプライチェーンへの査察は行なわれず、規則が適用されることもない。

接着剤と溶剤に含まれる化学物質のなかでも、健康への影響が特に大きいことがわかっているのは、メチルエチルケトン(MEKまたはブタノン)、ベンゼン、トルエンの三種類だ。メチルエチルケトンは産業において溶剤として使われており、塗料、ニス、接着剤に含まれる。あらゆる経路による曝露において有害であり、吸入、経口摂取、長期間の皮膚曝露によって体内に吸収される。これが原因で引き起こされる症状としては、頭痛、めまい、疲労感、不明瞭言語、低体温、けいれん、昏睡、心臓障害、高血糖などがある。[27]ベンゼンは、プラスチック、染料、溶剤の製造に使用される。[28]空気を介した短時間の曝露は、目、鼻、喉の炎症のほか、呼吸困難を引き起こす可能性がある。職場でのベンゼンへの曝露は、白血球の減少、白血病、DNAの損傷などの病気と関連があるとされ、国際がん研究機関(IARC)はベンゼンを人に対して発がん性を示す物質に分類している。[29]こうした危険があることから、英国内でのベンゼンの濃度は厳重に管理されており、政府のガイドラインには、「職場における水中、空気中のベンゼンへの曝露は、健康へのリスクを最小限に抑えるため、実用レベルの最低値にまで低減されている」とある。[30]最後の一つではあるが、有害性においては他に引けを取らないトルエンは、接着剤、塗料、染料、プラスチックの製造に使用される。甘い刺激臭があり、その蒸気は眠気、めまい、頭痛、吐き気、記憶障害を引き起こすことがある。大量に摂取すると神経系に永続的なダメージを与え、昏睡や心臓障害の原因となり、場合によっては死をもたらす。[31]タバコをやめる理由が欲しい人のために付け加えておくと、産業に関連する場所へ行かなくとも、メチルエチルケトン、ベンゼン、トルエンは、どれもタバコの煙に含まれている。[32]

マーカネン博士は、巨大な力を持つ石油化学産業が、人々によく理解されていない危険な製品を強引に売り込んでいることに問題があると指摘する。「彼らはああした有害な化学物質を現地の生産者に押し付けていますが、相手にその意味を問う力はありません。『この接着剤はほんとうにわたしの子供や家族のためになるのですか、これはわたしの体に害があるのですか』と問うことは、彼らにはできないのです」とマーカネン博士は言う。「彼らが口にするのはそうした質問ではなく、次の給与小切手はどこから出るのか、どうやって家族のパンを買うお金を稼げばいいのかといったことです」

「消費者にとって危険なものが使われていると広く知ってもらうことができれば、一般の人々も目を覚ますでしょう。幼い子供たちにとって危険だとなれば、影響は特に大きいはずです」と博士は言う。「それでも、労働者が事実を知らされていないという問題は残ります。労働者たちは、この有害な物質に今も日常的にさらされているのです」

ダンディ

こうした危険な化学物質は、靴のサプライチェーンの内部だけに留まっているわけではない。在宅労働とはつまり、産業も産業材料も臨時雇用化されるということであり、それは社会全体に毒性物質が蔓延するという結果を招く。靴を組み立てたり、絨毯を接着したり、タイヤを修理したりするために使われる接着剤や溶剤は、工場のなかに毎晩厳重に仕舞い込まれるどころか、店頭や市場でいつでも手に入れられる状態にある。産業活動が、そもそも規制が存在しない社会全体に広まってしまえば、有害な化学物質が何の制限もないまま販売されることになる――その先に待つのは悲惨な結末だ。

カトマンズバレーの廃品置き場やゴミ捨て場、路地には、何千人ものホームレスの子供たちがいる。社会から見捨てられ、ひどい空腹や寒さ、暴力、性的搾取にさらされている子供たちだ。体や心をむしばむ苦痛からどうにかして逃れようと、そうした子供たちの多くが接着剤の吸引という悪しき流行に飲み込まれていく。

ビシュヌ・プラサッド・ポウデルは、「ネパール児童労働者関連センター（CWIN）」で八年以上にわたってストリートチルドレンとかかわってきた。子供たちが接着剤を吸う理由の背後には、必ず何らかの痛みがあるとポウデルは言う。彼らは空腹、孤独、恐れ、喧嘩から逃れるため、また自分が属する社会的集団との絆を深めるために、接着剤を吸引する。

ネパールでは、接着剤は小さな商店で、「パーン」とともに店頭に並んでいる。パーンというのは、植物の葉にスパイスなどを包み、口のなかでガムのように噛んで味わう嗜好品だ。「パーンを扱う商店では、そのすぐ横でストリートチルドレン向けに接着剤が売られています。接着剤の方がよく売れるので、儲けも大きいのです」とビシュヌは説明する。歯磨きチューブくらいの大きさの接着剤は六五〜七〇ネパールルピー〔六六〜七一円〕だが、ストリートチルドレンに対しては一〇〇〜一五〇ルピーという高めの値段で売られることが多い。商店主は彼らが中毒になっていることを知っているのだ。

同様の問題は地域全体にはびこっている。シャヘド・イブネ・オバエドは、バングラデシュにあるストリートチルドレンのための夜間シェルターや立ち寄りセンターで働いている。「ダンディ」中毒になっているストリートチルドレンに遭遇するのは日常茶飯事だ。▼33 バングラデシュでは、靴用接着剤はダンディの通称で呼ばれている。ダンディは地元の食料品店で簡単に手に入り、アルコール、マリファナ、ヘロインなどの薬物よりもはるかに安く、路上で寝て物乞いをしている子供たちにも手が届く。店側は何の躊躇もなく接着剤を販売し、子供たちは中身をポリ袋に注いでその蒸気を吸入していると、シャヘドは言う。

シャヘドが所属するセンターが実施した調査によると、接着剤は少年だけでなく、少女の間にも広まっているという。これは児童性労働とも関連する問題であり、一〇歳程度の幼い少女たちが、性労働を耐え忍んで接着剤を購入している。「皆、路上生活をしている一〇歳、一一歳、一二歳、一四歳といった年齢の子供たちです」とシャヘドは言う。「成人ではないのです」

クリシュナ・バハドゥール・ネパリの作業台に置かれている、彼の頭痛のもとである接着剤は、銘柄をデンドライトという。鮮やかな黄色の容器に入っているこの接着剤もまた、ストリートチルドレンによって濫用されている。デンドライトが子供たちに人気なのは、甘い匂いがする溶剤のトルエンが含まれているためだ。トルエン中毒は極めて危険性が高い。吸引量が少ないうちは、外からはまるで酒に酔っているかのように見える。短時間に大量に吸引した場合は意識を失い、死に至ることもある。長期にわたる影響としては、筋肉の衰えや、体と脳への恒久的なダメージなどが挙げられる。[34]

デンドライトという銘柄を所有しているのは、接着剤、下地処理剤、パテ剤を製造するカルカッタの企業チャンドラズ・ケミカル・エンタープライズ株式会社だ。デンドライトの製品はアジア各地（パキスタンを除く）に輸出されているほか、ドバイ、バーレーン、カタールでも販売されている。輸出・技術営業部長のアミット・ダスグプタによると、今後トルコと北アフリカにも事業の拡大が計画されているという。

ストリートチルドレンがデンドライトの接着剤を吸引していることをどう思うかと尋ねると、必要な予防策はすべて講じているという答えが返ってきた。化学物質のレベルは許容限度を超えておらず、容器には危険を警告する「非常に目立つシール」が貼られている。これは教育の問題だと、ダスグプタは言う。「世界にはたくさんの物がありますよね。ナイフやハサミは果物を切ったり、家庭で使うために作られています。しかし、ナイフやハサミを使って殺人を犯す人もいます。ナイフは人を殺すために使われますが、ナイフの製造を止めることはできません。そんなことをすれば、また別の問題が出てくるからです」。デンドライトシリーズの製品のなかには、トルエンフリーのものも存在するが、インドで手軽に買えるチューブ入りの接着剤にはトルエンが含まれており、パッケージに内容物についての注意書きは一切ない。

インド、バンクラサミラニ医科大学の研究者らは論文のなかで、溶剤の濫用がアジア各国の子供たちの間で大きな問題、そして「呪い」になっていると書いている。[35] 彼らは溶剤の入手のしやすさと価格の低さがはらむ危険性を訴え、子供や十代の若者たちへの接着剤の販売を規制するには、政府による対策が必要だと述べている。論文には、化学薬品企業が世論からの圧力に屈して改善策を施した事例が紹介されている。南アフリカのある接着剤企業は、大勢のストリートチルドレンに麻痺を発症させた接着剤から、毒性が特に高い化学物質を取り除いた。またフィリピンの企業は、接着剤の匂いを苦味のある不快なものに変更し、子供たちがこれを敬遠するようにしたという。[36]

在宅労働者の孤独

グローバリゼーションは相互のつながりを約束したが、それは周囲と切り離され、一人きりで自宅で作業をしている在宅労働者の孤立とは相反するものだ。彼らは国境を越えたサプライチェーンの一部ではあるが、そこで上がる利益を支えている在宅労働者が、そうした相互のつながりの恩恵をこうむることは決してない。グローバル化された企業は安上がりな生産を求め、それを支える低賃金労働者は、互いにつながりがないせいで、協力して賃上げを要求したり、条件を改善したりすることができない。しかし、在宅労働者にこの罠を回避することなどできるのだろうか。

在宅労働者の権利の欠如は、彼らが労働者として適切に認識されていないことに一因がある。もっとも大きな障害は、明確な雇用関係がないことだ。[37]靴のサプライチェーンは蛇のごとく世界のあちらこちらに延びており、その終点で在宅労働者を雇用しているのはだれなのかという問題は、判然としないまま残されている。たとえばラホールのナギナの場合、彼女の雇用主は工場のために動く仲介人だろうか。それとも工場そのものか、工場と契約した受託業者なのか、受託業者と契約したサプライヤーなのか、完成品を販売する小売業者なのだろうか。[38]

「雇用者は直接の受託業者ではありません」と、米ハーバードケネディスクールの公共政策講師で、貧困問題に取り組むネットワーク組織「WIEGO（インフォーマル雇用の女性：グローバル化と組織化）」の共同設立者であるマーサ・チェン博士は言う。「受託業者の多くは同じコミュニティに所属する人間であり、彼ら自身もごくわずかなマージンしか受け取っていません。サプライチェーンの上部にいる、生産の主体たる企業までが連帯責任を負うべきなのです」

問題は、多くの多国籍企業が、サプライチェーンの末端で何が起こっているのかを知らない、または知りたくないと思っていることだと、チェン博士は言う。したがって今後の課題は、在宅労働者に焦点を当て、働き手としての彼らの存在を目に見えるようにすることだ。彼らは現状、工場との結びつきがあるだけで、ブランドや小売業者とは切り離された、サプライチェーンのなかでも可視化されていない部分に属している。WIEGOは、国や地域で合意された出来高払い賃金を設定し、在宅労働者が団体で交渉を行なう際の基準として活用できるようにしたいと考えている。

もう一つの問題は、在宅労働を対象とする法律が存在しないことだ。ILOが第一七七号として知られる「在宅形態の労働に関する条約」を一九九六年に採択してから、もう二〇年以上の時が過ぎた。この条約は、自宅で作業をして雇用主のために商品を製造する人々の権利を推進・保護することを目的に作られた。第一七七号は在宅労働者について、彼らをフォーマル経済に属する給与所得労働者と同じように扱われなければならないと定めている。彼らには公平な報酬、出産休暇などの社会的援助、安全な職場、集団として団結する権利が与えられなければならない。この二〇年間で、第一七七号に批准したのは、アルバニア、アルゼンチン、ベルギー、ボスニア・ヘルツェゴビナ、ブルガリア、フィンランド、アイルランド、北マケドニア、オランダ、タジキスタンのわずか一〇ヵ国に留まっている（二〇二三年五月現在、アンティグア・バーブーダ、スロベニア、スペインを加えた一三ヵ国）。

結果として、世界の在宅労働者の圧倒的多数は、自分たちの権利について何の承認も得られずにいる。たとえばパキスタンの場合、在宅労働者は同国の労働法の対象から外されている。ただしシンドとパンジャーブの二州だけは例外であり、どちらも在宅労働者の権利を認め、彼らに社会的保護を与える政策を採用し、またシンド州議会は二〇一八年に「シンド州在宅労働者法」を可決している。[39]

禁止か否か

衝撃的な曝露報道が続いたこと、また清廉潔白さをアピールできるサプライチェーンを求める企業の要望から、在宅労働を禁止してしまえばいいという声が聞かれることも多い。

マーサ・チェン博士は、在宅労働の禁止は「とんでもない誤り」だと断言する。禁止が逆効果を生んだ例として、博士はパキスタンのサッカーボール産業を挙げている。最近の統計によると、パキスタンは世界のサッカー試合球の八〇パーセントを製造している。何百万枚もの六角形や五角形の革を縫い合わせることをベースとするこの技術は以前、パキスタンの経済に年間約五〇〇〇万ドル近い価値を生み出していた。[40]

サッカーボールの縫製の大半は、かつては在宅の女性たちの仕事であった。児童労働が行なわれていたことが明るみに出ると（子供たちも時々、母親と一緒にサッカーボールを作る仕事をしていた）、生産は工房や工場へと移された。こうした措置においては、パキスタンに存在する社会的障壁がまったく考慮されていなかった。同国では、工場のような男性が支配する公共の場で女性が働くことは容易ではない。

「問題は、パキスタンには家の外で働くことを許されない女性たちがいるということです」とチェン博士は言う。「サッカーボールの生産拠点を移す動きは、意図とは正反対の結果をもたらしました。子供たちがサッカーボールを作る仕事をしなくなっただけでなく、彼らの母親までが、この部門で働くことができなくなったのです」

児童労働が存在するのは、家族が極端に貧しいからであり、子供たちは足りない分を補うために働いている。児童労働を根絶するという目的のために、女性にとって唯一社会的に許容される稼ぎの手段を禁止することは、何の利益ももたらさない。児童労働をなくす唯一の方法は、在宅労働者の賃金と労働条件を改善することだ。

在宅労働を「グローバルシステムの暗部」とみなす一方で、チェン博士は、これをジェンダー規範に縛られて家の外で働くことができない女性たちが収入を得ることを可能にする手段でもあると考えている。「在宅労働を禁止してはなりません」と博士は言う。「在宅労働をグローバルな生産システムにとっての不可欠な構成要素とみなし、ほかに選択肢のない女性たちが自宅で働けるようにするものであると考えてください。文化的・ジェンダー的な規範からそうせざるを得ない人たちもいます。あるいは、人生の特定の時期に、女性として同時にこなさなければならないたくさんのものを抱えているせいで、そうせざるを得ない人もいるのです」

加えて、自分の子供たちを守りたいという女性たちの思いについても、より深い理解が必要だ。放課後に子供を預けられる施設がないせいで、外でトラブルに巻き込まれるよりはと、子供たちを自分と一緒に家にいさせる母親も少なくない。

結束は力

在宅労働を禁止する代わりに、適切な賃金と条件を求める組織や組合を設立するという方法をとることもできるだろう。先ほど登場したラホールのNGO「労働教育財団」でプロジェクトコーディネーターを務めるジャルバト・アリは、これまでの一二年間で、在宅労働者の組織化にまつわるさまざまな障害を経験してきた。もっとも強固な障害は性差に囚われた社会規範であり、女性たちは夫、父親、兄弟などによって家から出ることを阻まれている。女性たちはまた、子育てという義務に縛られて家から出ることができずにいる。「職業訓練のワークショップに誘っても、子供の面倒はだれがみるのか、という話になってしまうのです」とジャルバトは言う。

この移動の制限こそが、パキスタンの在宅労働者の大半を女性が占めている主な理由だと、ジャルバトは考えている。家にいることを求められ、子供の世話で家に縛り付けられているせいで、女性たちは、仕事も家でやらざるを得なくなる。そうやっていったん社会と切り離されてしまえば、提示された賃金がいくらであれ、彼女たちはそれを受け入れるしかない。

そこが工場であれば、労働組合が人々を組織化することははるかに容易だ。仕事はシフト制で行なわれるため、組織化を進める人たちは大人数の集団を対象に、教育・勧誘することが可能になる。ある程度の人数が集まったなら、組合は工場の雇用主と賃金や条件の交渉を始めることができる。一方、在宅労働者は自分たちの権利についてまったく知らないという状況に陥りやすい。彼らはまた、組合に入るのを躊躇することもある。それが原因で仕事を失うかもしれないと考えるからだ。▼41

ジャルバトは、こうした状況下においては、女性在宅労働者に外部の人間を信用してもらうことも、何かを変えられるかもしれないという考えを持ってもらうことも難しいと語る。彼女たちはまた、大量の仕事を抱えているため、労働組合を作るための時間的な余裕もほとんどない。しかしジャルバトによると、近年は変化の兆しがあり、女性たちが積極的になり始めたという。「自宅で仕事をしている人たちは自分からは組織化しませんが、われわれが介入して、彼女たちの権利や、仲介人から利益を得る方法、賃金を上げる方法について話をすればうまくいきます」とジャルバトは言う。「今ではリーダーになった女性たちも大勢おり、彼女たちは、われわれがほかの労働者たちを動かす際、コミュニティ内の情報源となってくれます。最初だけ、女性たちが動くきっかけを作ればよいのです」

「組合に加入していない労働者は一本の棒のようなものだ。彼女は雇用主の意のままに、簡単に折られたり曲げられたりする」。一九〇七年、鎖製造産業の女性在宅労働者を組織化したメアリー・マッカーサーはそう述べている。一方、労働組合は棒の束のようなものであり、労働者が結束しているおかげで強いのだと、彼女は言った。今日においてもまた、在宅労働者の組織化は不可能ではなく、インドネシアとブルガリアの最近の事例には、その可能性の一端が表れている。

世界第四位の靴生産国であるインドネシアは、二〇一七年、世界全体の四・一パーセントを占める八億八六〇〇万足の靴を生産した。[▼42] 靴の輸出はインドネシア経済にとって欠かすことのできないものとなっており、五〇万件以上の雇用を生み出している。ナイキは一九八八年からインドネシアの工場を使用し、バタ〔創業一八九七年、チェコで創業された靴メーカー〕は一九四〇年という早い時期から同国で生産を行なっている。[▼43]

ドイツの靴ブランドであるアラは、インドネシアに子会社工場を所有している。アラの企業サイトにはこうある。「アラの靴は、集約的な手仕事の技と最大一三〇もの個別作業を必要とする生産プロセスによって生み出されています」。二〇一七年、ドイツのズュートヴィント協会は、インドネシアの在宅労働者三七人にインタビューを行なっている。当時彼らは、労働者が五〇歳になると定年退職させるという決まりのあるPTアラ・シューズ・インドネシア工場からの仕事を請け負っていた。

PTアラの在宅労働者がズュートヴィント協会の職員に語ったところによると、彼らの仕事は靴のアッパーをソールに縫いつける作業であったという。彼らは靴一〇足分が入った袋を二つ受け取り、作業時間は二日間とされた。実際に働いた時間や、サンダルやブーツといった形状の複雑さには関係なく、賃金は一足ごとに支払われた。在宅労働者の三分の一は、作業を子供たちに手伝ってもらう必要があったと述べている。靴が工場の基準に見合わなかった場合には、労働者に罰金が科された。

アラが公表している数字とは異なり、賃金は破滅的な低さだった。月の平均賃金は二七・七四ユーロであり、これは現地の最低賃金の四分の一だ。在宅労働者は、自分たちは集団でアラに賃金の改善を求める用意があると語った。ズュートヴィントの職員はドイツに帰国後、アラ本部にこの内容を伝えた。その対応としてアラは、在宅労働者の賃金を引き上げ、靴を運ぶための新しいバッグを支給し、労働者が遠くまで足を運ばずに済むよう、自宅からより近い場所に部材の集積所を開設した。こうした措置は、状況の改善という意味でも、行動を起こすことの有効性を示す証拠としても歓迎すべきものではあった。しかし、ズュートヴィントはすかさずこう指摘している。それでも賃金が低いことには変わりがなく、「根底にある問題は完全には解決されていない」[44]

　ＷＩＥＧＯはさらに、二〇〇二年に結成されたブルガリアの「在宅労働者協会」の事例を挙げている。同組織が行なった調査によって、ブルガリア南西部のペトリチという街の周辺にある村々に住む一五〇人の労働者に、靴作りの仕事が委託されていることがわかった。またこのとき、村に住む労働者には、ペトリチの労働者よりも低い賃金しか支払われていないことも判明した。ペトリチでは一足分の賃金が〇・六〇レフ〔約四五円〕だったのに対し、村では〇・四〇レフ〔三〇円〕だったのだ。四ヵ月かけて村人との信頼関係を築いた末、ＷＩＥＧＯはついに、今こそ賃上げを要求すべきであると村人を説得することに成功した。

　村の女性たちは一致団結して、仲介者に対し、ペトリチの女性たちと同等の賃金でなければ仕事をしないと告げた。仕事の分配を担当しているに過ぎない仲介者は、彼らの要求をはねつけた。どうせすぐに仕事をくれと泣きついてくるだろうと考えたのだ。ＷＩＥＧＯやペトリチの労働者たちの支援を受け、村の女性たちは仕事をするのをやめた。

　材料は週二回村に届けられたが、生産はストップしており、仲介者である雇用主は焦り始めた。靴の縫製は熟練を要する仕事であり、靴を作る労働者はそう簡単に替えがきかない。一日に一〇〇〇足の靴が失われていき、未履行の契約に対して多額の賠償金を支払わなければならないという事態に直面した雇用主は、二週間後に白旗を掲げた。八つの村の女性たちはこうして、ペトリチの女性たちと同じ賃金を勝ち取ったのだった。[45]

隠された真実

インフォーマルセクターは、グローバリゼーションの隠された真実だ。不安定さを増す市場に遭遇したとき、企業はコストを削減するために、分散した柔軟性のある労働形態に依存し、変動する需要の痛みをもっとも脆弱なコミュニティに転嫁する。

グローバリゼーションとは、相互に依存すること、相互に混ざり合うことのプロセスだが、そこには喜ばしい、あるいは相互にとって有益であるという含意はない。サプライチェーンがより長く、より複雑になるにつれて、製造は細かく区分けされ、下請けに出され、世界中に拡散していく。多国籍企業がこれ以上ないほど低いコストを徹底的に追い求めるなか、グローバルサウスの家庭は製造拠点となることを求められる。

孤立させられ、また企業が男女間の不公平を利用している状況においては、在宅労働者が反撃するにはとてつもない労力が求められる。こうした被搾取労働者を利用することにより、消費財は極めて低い価格に保たれる。それは商品の価格を上げる代わりに、労働者を圧迫することによって企業の利益を生み出す戦略だ。

家庭には労働のための設備が整っていないのだから、この経済的・ジェンダー的搾取の大渦とはすなわち、世界でもっとも貧しい人々の背中、目、指、皮膚、肺によって支えられているグローバリゼーションと言える。そうした痛みこそが、靴のようなアイテムがいつまでも安い価格で売られている理由だ。にもかかわらず、そのプロセスはわれわれの目には触れることがない。それを覆い隠しているのは、ブランディングや商標を構成する神話の網であり、その網こそが、すべてが滞りなく回っているかのようにうわべを取り繕っているのだ。

第四章　ブランド

一七六九年七月九日、肉屋の助手ダニエル・スペンサーは蓋付きジョッキ(タンカード)をカウンターに置くと、ホルボーンのパブ「キングズヘッド」をあとにして、家に帰ろうと暗い通りを歩いていった。アルコールが回った頭で寝床のことを考えていると、不意に一人の男に肩を強く叩かれた。振り返ったスペンサーは、すでに六人の男たちに囲まれていた。一撃で彼は膝をつき、あっという間に冷たい石畳の上に押さえつけられた。

スペンサーを襲った男たちは、彼から帽子、ポケットにあった半ペニー銅貨六枚、金属製のバックルが付いた靴を奪った。逃げ去るとき、彼らはスペンサーにぼろぼろの室内履きと古い帽子を投げつけ、笑いながら、交換だから強盗じゃないぞと叫んだ。

裸足になった足でなんとか立ち上がったダニエル・スペンサーが犯人たちのあとを追っていくと、彼らが近くのパブに入るのが見えた。彼は夜警の巡査を呼んで事情を話した。本職が靴職人である巡査は捜査に取り掛かり、やがてダニエル・スペンサーの靴をホルボーンにあるエルソンズという店で発見した。

店主は、盗品を売りに来たのはジョン・スタフォードという男であると証言した。ジョン・スタフォードは逮捕され、国道において暴力的な窃盗を働いたとして起訴された。身元を保証する人物証明書を提出したにもかかわらず、スタフォードは、釈放や寛大な措置を得られるに足る説得力のある答弁をすることができなかった。彼は有罪となり、死刑を宣告された[1]。

この裁判の最中、ダニエル・スペンサーは、盗まれた靴が自分のものだとわかったのは、かかとの曲線に沿って釘が二列に並んでいたからだと証言している。もし別の靴職人から買った靴であれば、おそらくはそこにも彼が指摘できる何らかの特徴があったことだろう。

これと同様のことは、また別の事件においても起こっている。靴職人のエドワード・ピットマンは、ロンドンのセントアンズ教区にある質屋の前を通りかかった際、思わずウィンドウを二度見した。そこには、明らかに自分のものとわかる靴が数足ぶら下がっていたのだ。いったいだれがこれを質に入れたのかと店主に尋ねると、チャールズ・ポッターだという答えが返ってきた。ピットマンのもとで五年間、助手として働いたあと、盗みの疑いでクビにした男だった。この事件は裁判となり、ピットマンは反対尋問において、どうしてそれが自分の靴だとわかったのかと問われた。靴には自分のマークが付いていると、ピットマンは答えた。

質問：あなたのマークとはなんですか？
ピットマン：Ｐの文字です。
質問：Ｐというのはポッターの名前の頭文字ですし、あなたのほかにも該当者は大勢いるのではありませんか。
ピットマン：そうかもしれませんが、わたしは助手のやり口を知っていますし、たくさん並んだ靴のなかからわたしが自分の靴を選び出し、その靴は質屋の台帳にもポッターが持ち込んだと書かれていたのです。

チャールズ・ポッターもまた有罪となり、オーストラリアへの七年間の流刑を言い渡された。生きて戻れた者の少ない過酷な刑罰だ。[2]
またアン・ピューは、女性用の靴一足を果物かごに隠して盗んだ罪で有罪となった。靴職人のウィリアム・クレメントは法廷でこう述べている。「革のアッパーの内側のここに、わたしのマークがあります。この靴はわたしの所有物です」。靴の価格は二シリングだった。アン・ピューに与えられた刑罰は、上半身の服を脱がされ、公の場でむち打ちにされることであった。[3]

ラベル

一七六〇年代のロンドンは、病気の蔓延する過酷な場所だった。帝国の中心たるこの街には、パブ、貸工房、桟橋、泥道、不潔な住宅がひしめいていた。人間から出る汚物は屎尿処理を生業とする男たちによって荷車で運び出され、水は地域の共同ポンプから手作業で汲み上げなければならなかった。それでも、この瞬間、このノミだらけの地獄のような街において、近代世界は誕生したのだと言われている。[4] 靴産業について言うならば、ここはブランディング誕生の地であった。

前述した告発の数々は、貧しい者が貧しい者から盗みを働いたケースであり、靴の内側にあるマークやソールの刻印など、それを読み解くことができる人間がたった一人の靴職人しかいないといったケースでは、しょうていそれをブランディングとは呼ぶことはできないだろう。しかし、いったんスラム街を離れれば、そこにはウェストエンドの広場、公園、邸宅があった。境界線の向こう側にある生活には、ダンス、ディナー、応接間が存在し、そこではお互いの姿を見たり、見られたりすることが重要視されていた。当時は人口が増え、技術が進歩し、上流・中流階級が拡大した時代だった。オーダーメイドの靴もまだ富裕層のために作られてはいたが、贅沢でファッショナブルな既製靴も、卸売店や高級靴店から比較的安い価格で手に入れることができた。[5]

そうした靴の作り手は当時、新たな問題に直面していた。その昔、小さな街や村の生活においては、人々は地元の靴職人の目と鼻の先に暮らしていた。買った靴が気に入った場合（あるいは気に入らなかった場合）、その感想をだれに伝えればいいのかは明白だった。同じ靴職人が、一人の人間が一生の間に履くすべての靴を作るというのも当たり前だった。しかし今や、市場ははるかに大きくなり、靴は街の反対側どころか国の反対側や、パリなどの想像を超えた異国の地でも作られるようになった。自分が作った製品を世に送り出したあと、靴職人が顧客に自分のことを探し出してもらうには、いったいどうすればいいのだろうか。

「一七六〇年代くらいから、靴職人は靴にラベルを付けるようになりました。中敷きの裏地に、小さな紙製のラベルを貼るのです」。英ノーサンプトン博物館・美術館の上級靴学芸員であるレベッカ・ショークロスはそう語る。「こうしたラベルはどれも個人が貼ったものであり、基本的には靴を作った人物の名前と、工房がどこにあるのかが書かれています。新たに拡大した市場によって既製靴を求める人が増えるなか、ラベルは自分自身の広告のようなものでした」

ラベルの情報や、イラスト入りのトレードカード〔業務用の名刺〕があれば、顧客は同じ職人から繰り返し靴を購入することができた。一方の職人たちは、自分の技術を誇示し、世間に認めてもらうことができた。これはまた、靴職人たちが、自分の仕事に誇りを持っている、あるいは、だれに苦情を入れればよいのかを知らせておきたいといった場合に、責任を負うための手段でもあったと、レベッカは言う。

こうした小さな紙製のラベルは、主に女性用の靴に貼られており、またその靴は例外なく富裕層向けのものであった。その理由についてレベッカは、意匠が凝らされた女性用の靴は、保存・収集の対象となることが多かったためだと考えている。貧困層向けの靴が残されていることは非常にめずらしく、もし見つかったとしても、ひどくくたびれて修理も経ているため、ラベルが——たとえ以前は貼られていたとしても——残っているはずもないというわけだ。

感情的なつながり

「当初から、われわれは消費者と感情的なつながりを築こうと努めてきた」。ナイキの創業者フィル・ナイトは、一九九二年にそう述べている。「なぜ人は結婚するのか——いや結婚でなくとも、人が何らかの行動をとるのはなぜなのか。その理由は感情的なつながりだ。それこそが消費者との長期的な関係を築くものであり、われわれのキャンペーンが目指すものだ」[6]

現代社会において、ラベルは靴の裏地に貼られた手描きの紙切れとはまるで異なるものへと発展を遂げた。広告とブランディングは数十億ドル規模のビジネスだ。一七六〇年代の靴職人工房がはるか昔の存在となった今、「アメリカマーケティング協会」は、ブランドを「イメージとアイデアの集合体として提示される顧客体験」と定義している。ブランドとは、名前、ロゴ、スローガン、デザインスキームなどのシンボルのことを指す場合も多い。[7]二〇一八年には、世界中で六二八六億三〇〇〇万ドルが広告に費やされた。二〇二〇年には、全広告の五〇パーセントがデジタルプラットフォームのものになると予想されている。[8]

今日、ブランディングのパワーは強大であり、より価格の安い商品と機能的にはまったく同じものに対して、人々が進んで割増料金を支払うほどだ。[9]ブランディングとは、大ざっぱに言えば、ブランドものであるという以外にはほかと何ら変わらない商品にまつわる神話を創造することであり、その神話によって人々は、特定のブランドに遭遇した際、忠誠心のみならず自我を感じるよう導かれる。このシステムがあるからこそ、ナイキ社は三六四億ドルもの年間収益を上げている。[10]

ジュリエット・ショア博士によれば、人々がブランド品を消費する理由は一つではない。一部のブランドは、単純にすぐれたデザインで市場を独占している。そうしたデザインは商品にステータスとしての価値を生み出し、人々はそのデザインに本来かかるコスト以上の価格を喜んで支払う。ショア博士はこれを「付加的ステータス割増価格（プレミアム）」と呼んでいる。

しかし、シャツから靴、ボトル入りの水に至るまで、機能的にはまったく同じで、かつデザイン的に大きな差異のない商品についてはどうだろうか。人々がこうした類の商品にプレミアムを支払う場合には、すでにブランディングによって、何かが違うのだというステータスに対する信念が作り上げられている。

「消費者は、自分の買い物のことをステータスとみなしているわけではありません。『自分はステータス消費者なのだから、このブランドを買わなければ』とは考えないのです」とショア博士は言う。「彼らは、ブランド品は優秀であるという感覚を持っています。その優秀さは物によってさまざまな形をとります。消費者はたとえば、ブランド品について、長持ちする、味がよい、見た目がよいなどの感想を持ちます。ブランドには、商品が優秀であるという認識を生み出す力があるのです」

あるいは、買わなければならないという感覚からブランド品を買う人たちもいる。「一部の人たちは、ノーブランドのものを身に着けているところを人に見られたくないという理由でブランド品を購入します。ノーブランドの商品は、恥ずべきものとして汚点化（スティグマ）されているからです」とショア博士は言う。「スニーカーがその好例ですが、特定の界隈において、自分が履いているスニーカーによいロゴが付いていない場合、それは強烈なスティグマとなります。ロゴがあることは、スニーカーとして許容される最低レベルとされています。そのため、財布にそれだけの余裕のある人たちはロゴにお金を支払うのです」

ショア博士はこれを、「防衛的ブランド消費」と定義している。ノーブランドの商品を所有することの社会的スティグマから自分を守らなければならないと感じるとき、人は防衛的ブランド消費を行なう。スニーカーコンで見た通り、このスティグマ化、そしてブランドと自尊心とを結びつける行為は、より若い世代に見られるようになっており、幼い子供たち、特に男の子は今、自分が身に着けたいスニーカーブランドはどれなのか、どのブランドがスティグマになると感じるのかを強く意識している。[11]

ラベルは、もっともファッショナブルな靴を作るメーカーはどこなのかという序列を生み出し、人々がそれを利用して自らの富とセンスを誇示することを可能にする。しかし、一七〇〇年代にそうであったように、スポーツウェアを除けば、靴のラベルは多くの場合、靴の内側に付いており、それを着用しているときには見ることができない。そのためブランドは、スポーツウェアを真似て、靴にロゴをあしらったり、ひと目でそれとわかるプリントや配色を用いたりするようになった。

ロゴやブランディングに対する社会的欲求は、物そのものへのそれと同じくらい強力であることから、消費を論じる理論家からは、物質的な商品ではなくイメージや社会的意味を求めるというこの変化をきっかけとして、より生産される物の量が少ない経済や、一部バーチャル世界に根ざした無重量経済が生まれるかもしれないとの意見も聞かれるようになった。[12] こうした考え方を、ショア博士は否定している。記号やシンボル、靴に付いている企業ロゴは、ファストファッションの支配下ではまたたく間に変化する。今日は「ハイプ」としてスニーカーコンで何百ポンドという値で売られている靴も、明日には「煉瓦(ブリック)」になるかもしれない。ソーシャルメディアの時代においては、日々続々とブランドが登場し、そのすべてがさらに多くの消費財を生産している。使いやすさよりもシンボリズムに価値を置くことは、その製品が使われるのはほんの一瞬で、すぐに買い替えが必要となることを意味し、それによって生産量は増加して、人にも地球にもさらなるストレスがかかることになる。[13]

レベッカ・ショークロスはまた、靴のブランディングは社会的体験であり、集団に属したいという欲求と結びついていると考えている。「それは、何かの一部になりたい、自分のアイデンティティを感じたいと欲することであり、ブランドよりもむしろ、そのブランドを履いている集団の方が重視されます。たとえば、パンクスという集団とドクターマーチンという靴はその好例です」とレベッカは言い、ある意味では、それがどんな種類の靴であるかということには、人々がそれを履いて集団の一員になったと認識するという事実ほどの重要性はないと述べている。

ロゴへの熱狂は一度、一九八〇年代から一九九〇年代に全盛期を迎え、当時は下着からスウェットシャツ、靴に至るまで、ありとあらゆるものにあからさまなロゴがベタベタと貼りつけられた。そのトレンドは、人間の価値が銀行の預金残高によって判断された時代における、お金への盲信を背景とした顕示的消費への熱狂に、いかにもふさわしいものであった。二〇〇八年の金融危機によってロゴへの熱狂は冷水を浴びせられ、そうした下品なやり方で現金を見せびらかすことは、もはやセンスのよいこととはみなされなくなった。そんな感情から誕生したのが、「密かな贅沢（ステルスウェルス）」のトレンドであった。

一九八〇年代から時代は進み、二〇二〇年代になったころ、ロゴが大々的なカムバックを果たした。生活が記録され、ソーシャルメディアでシェアされる世界においては、ロゴは完璧な広告ツールとなる。大きなロゴによって、白いTシャツやボートシューズは企業の広告に、自撮り写真は巨大な屋外掲示板へと変化する。[14]

ソーシャルメディアはまた、セレブリティと靴との関係をいっそう強化する役割を果たした。スニーカーコンに参加していたスニーカーヘッズたちは、ハイプが何から生み出されるのかを正確に理解しており、その創造は「有名人と限定品」に依存すると述べている。現在、スニーカーを履いた神と崇められているセレブリティはカニエ・ウェストであり、彼は音楽業界での名声とデザインスキルを生かして、アディダスと一緒にYeezyを生み出した。

同様の有名人とのコラボレーションとしては、プーマがリアーナをクリエイティブディレクターに起用した例、ロジャー・フェデラーが一〇年間のスポンサーシップ契約を最初はナイキと、次にユニクロと結んだ例、テイラー・スウィフトがケッズのブランドアンバサダーに就任した例などがある。バスケットボール選手としては二〇〇三年に引退しているにもかかわらず、マイケル・ジョーダンはつい最近、ナイキからわずか一二ヵ月のうちに一億ドルもの報酬を受け取っており、彼の個人資産は一三億ドルに達した。[15] 米国では二〇一五年、三〇億ドル分のジョーダンの商品が売れている。ナイキは、この数字を二〇二〇年までに世界全体で四五億ドルにすることを目指している。[16]

スポンサーシップの規模に着目したある調査によると、アディダスが二〇一七年にリオネル・メッシに対して支払った金額は、同社がその一五年前にジネディーヌ・ジダンに渡した報酬よりも、一一〇〇万ユーロ多かったという。一一〇〇万ユーロあれば、アディダスは衣料品工場で働く四万四一七〇人以上のインドネシア人労働者に対し、または五万二六〇〇人のベトナム人労働者に対し、一年間にわたって適切な賃金を支払うことができただろう。[17]

有名人による推薦の力が生み出す効果とは主に、それが転移を約束してくれることにある。有名人の富、業績、魅力は、広告に登場する彼らが身に着けているスニーカーへと転移される。そのスニーカーは、現実世界ではつながる可能性のない人物やライフスタイルとつながりを持つことができるという約束なのだ。

ナイキがＮＦＬのコリン・キャパニックとのスポンサー契約を発表したとき、その狙いは、彼のスポーツ選手としてのスキルと、その反骨精神の両方を取り込むことだった。キャパニックは二〇一六年、試合前の米国国歌斉唱の際に片膝をついたことで世界的に有名になった。「黒人や有色人種を抑圧するような国の旗に誇りを示すために起立するつもりはない」。キャパニックは声明でそう述べている。ナイキがキャパニックへの支持を表明したことをきっかけに、トランプ支持者や、怒れる白人男性を中心とした人々によるネット上での抗議運動が巻き起こり、彼らがナイキ製品を燃やしたり、廃棄したりする様子を撮影した動画が拡散された。

しかしナイキにとって、キャパニックとつながりを持つことは巧妙なビジネストの戦略であり、ここで彼らが成し遂げた成果とは、グローバルサウスの有色人種の人々に対して自らが行なっている侵害行為には正面から向き合わないまま、キャパニックの勇敢さと急進性を手に入れたことであった。この事例は、急進的な批判がその効果を真に発揮するためには、ブランディングの罠にはまることなく、システムそのものの核に迫らなければならないことを思い起こさせてくれる。

真贋鑑定

スニーカーコンの会場の中央に置かれた机の前に、長い行列ができている。机の向こうにいるのは、メガネをかけ、黒のフーディを着た真剣な面持ちの青年だ。首には赤いID用ストラップがかかっているのが見える。ここには朝から晩まで何百人もの人たちがやってきて、彼の意見を聞くために不安そうな表情で列に加わる。この場で下される神託によって判明するのは、彼らの靴が本物か、それとも偽物かということだ。ここは真贋鑑定ステーション（リジットチェック）なのだ。偽物を扱うことはスニーカーコンではご法度とされており、売っているところを見つかった者は会場から追放される。スニーカーを売ったり、交換したりしたい場合、鑑定を受けて承認タグを付けた方が、余計な心配をせずに商売ができるというわけだ。

列に並ぶ人たちのなかに、ロンドンから来たという一七歳のマーティンがいる。髪をだらりと半端に伸ばし、メガネをかけ、白いフーディを着ている。手に持っているのは、ソールに穴のあいたボロボロのスニーカーだ。彼はこのYeezyに二〇〇ポンドを支払った。とりわけ評判がいいというわけでもないウェブサイトから買ったものだという。マーティンと一緒に来ているのは友人のスチュワートだ。二人とも大学に通っている。スチュワートはレストランで皿洗いをして、服や靴に使うためのお金を稼いでいる。

マーティンが列の先頭にたどり着くと、予想した通り、鑑定にはものの三〇秒もかからなかった。「明らかに偽物だと言われました」。マーティンはそう言って肩をすくめたが、落ち込んだ様子はない。「これを買ったとき、まわりの連中は本物だと思ってくれたから、それでいいんです。これからはもう履かないけれど」。そのくたびれた靴は家に飾っておくという。スチュワートは、これが偽物だったことはだれにも言わないと請け合った。

偽のブランドシューズはスニーカー界で大きな問題となっている。カルト的な人気を誇るブランドが演出する意図的な品薄状態が、偽造品市場を作り出す。なぜなら、ファンの大半は本物を入手することができず、かといって転売品に一五〇〇ドルも支払いたくはないからだ。そうなれば彼らは、Instagramや、Redditの「模造品スニーカー」のページに「レプリカ」の広告を掲載している、闇市場の売り手に頼ることになる。Redditのフォーラムでは、スニーカーファンが自分たちの購入した品について話し合い、偽物を履いていることを「指摘(コールアウト)」される不安を慰め合い、お勧めのディーラーを教え合っている。

ブランディングの象徴的な力というものは、あまりに強大になり過ぎた場合、それが本来宣伝していたはずの物から切り離されてしまうことがある。偽造品スニーカーの世界で起こっていることの一部はまさにそれであり、人々はブランドものを所有したり、ブランドとつながりを持ったりすることに執着するあまり、その靴が本物であるかどうかという問題をさほど重要視しなくなる。

中国は偽造シューズの中心地であり、温州市には「Yeezy」という名の、偽造品だけを扱うショップまで存在する。[18] 中国東部の莆田は、一九八〇年代からスニーカー製造が盛んだった街で、現在は偽造品をオンラインで販売する数多くの業者の拠点となっている。英語圏の市場向けに商売をしているある業者は、『LAタイムズ』紙に対し、偽造スニーカーの販売数は、低調な日には二〇～三〇足だが、新作が発売された翌日には一二〇〇足に跳ね上がると語っている。[19]

ネット上に出回っている偽造品は、粗雑な作りのものから、ほとんど本物と見分けがつかないものまでさまざまだ。本物と見まごう偽造品が作られるとき、その背景には、工場で長年働いた熟練の靴職人、デザインや材料を偽造品業者に横流しするスパイ、工場の壁の向こうにスニーカーを放り投げる工場労働者、さらには夜間だけ偽造品の製造に切り替える公式の工場などが存在する。[20]

偽物の問題

靴は非常に視覚的かつ社会的な製品であるため、スニーカー文化はユーチューブのようなサイトと密接に関係している。ブイロガーたちは動画で靴のレビューを行ない、さまざまなビジネスを紹介しながら、発売が間近に迫る商品の数々を盛り上げる。ところが、そのユーチューブもまた、今では偽物の宣伝が盛んに行なわれる場と化している。

こうした状況にいらだちを覚えているのが、スコット・フレデリックのような古参ファンたちだ。スコットによると、ブイロガーになりたいと憧れる人間がユーチューブチャンネルを立ち上げて、店頭で発売されたばかりのスニーカーのレビューを始めるのだという。そして一部には、すでに発売されているスニーカーのレビューだけでは、新参者が注目を集めるのは難しいと考える者たちもいる。

「そうなると、彼らは自ら偽造品メーカーとつながろうとするか、さもなければ相手の方から目を付けられることになります――ああいった人間は、いつでも悪事に誘い込む手立てを考えていますから」とスコットは言う。「そして彼らのところには、偽造品や『早期販売(アーリーリリース)』の靴が安定的に供給され、彼らはそれをレビューして、実際に履いているところの映像を見せることで、フォロワーを大勢獲得するというわけです」

靴への見返りとして、ユーチューバーは、その靴を提供してくれたサイトを宣伝し、悪意の有無はともかくとして、彼らを信頼している何百人もの視聴者を偽造品業者へと誘導する。「ああした靴が本物なのかそうでないのかが、多少なりとも明らかにされていれば、さほど怪しげな商売とは言えないでしょう」

とスコットは続ける。「しかし、多くの人がそこで推奨されているサイトから買えるのは本物だと思っており、それはほんとうにアンフェアなやり方です」

長年スニーカーシーンに携わってきたスコットは、これほど多くの人たちが騙されるのは「ある意味驚きだ」と語る。「わたしなら怪しげな人をほんの数秒で見分けて近づかないようにしますが、新しいバイヤーにとっては、かなり難しいことなのかもしれません」

難しいのは確かだと、ジェームズ・ニーダムは言う。ニーダムは、かつてスニーカー売買サイト「ToeBox」において、真贋認証部門の責任者として働いていた人物だ。スニーカーコンの自分のスペースで彼は、これは四〇〇ポンドで購入されたものですが、と言いながら、Yeezy 350 V2 Beluga 2.0s を手に取って見せる。「この靴は現在、偽物がいちばん多く作られているもので、今では偽物と本物の数がほぼ半々になっているほどです。しかし、どうしても複製できない部分も存在するのです」

ニーダムは、自分がどうやって偽物を見分けているのかをこう説明する。「わたしは靴に使われている素材をチェックします。偽物の工場は、同じ素材を入手できないことが多いからです。もう一点、このモデルでチェックすべきはインソールで、印刷がどれだけ鮮明に出ているかを見ます。ソールをアッパーに縫い付けているステッチもチェックポイントです。それから、ヒールタブ〔このモデルの場合、かかとの真後ろに横向きに設置されているタブ〕と、靴のサイドにある文字がきれいに並んでいるか、またヒールカラー〔かかとの上部〕周りのステッチも見ます。偽物の工場だと、ステッチも、使われている材料も本物よりも少ないからです」

このときニーダムが手にしていたYeezyは本物であることが判明し、それを購入した本人とその母親は胸をなでおろしていたが、世界には何千足、何万足という数の偽物が出回っている。ブランドのパワーはあまりに強大で、その模倣品でさえ、社会的なステータス、そして散財から刑事罰に至るまで、あらゆるリスクを冒しても構わないという熱狂をもたらす。偽物の靴を追い求める集団的な衝動から見えてくるのは、法外な金額を支払わずに済ませたいという欲求だけでなく、帰属意識を実感したいという思いから生み出されるパワーだ。

同時にそれは、靴の社会的価値の所在は、そのブランディングとロゴとデザインにあることを明らかにしている。これらの要素はどうやら、どれも「本物」から切り離すことが可能であるようだ。偽物を買ったとしても本物の靴を手に入れたことにはならないが、だれもがそれを本物とみなすのであれば、購入した本人は称賛を受けてステータスを手に入れるという、本物の体験を得ることができる。ここに一つの疑問が生まれる。本物と偽物との違いとは、もしそんなものがあるのだとすれば、いったい何であるのだろうか。

偽造品に対抗する

EUの国境で二〇一五年に押収された品物に関する国際刑事警察機構(インターポール)の統計からは、取り扱い件数がもっとも多いのは偽造品の「スポーツシューズ」であり、数量がもっとも多いのはタバコであることがわかる。[21] インターポールはまた、ラベルや梱包材料がEUに密輸される量が増えていることを発見している。これらはEUに持ち込まれたあと、タバコや電池から靴に至るまで、あらゆる偽造品をブランド品のように見せかけるために使われる。インターポールによると、靴は中国のギャングがイタリア本土で製造するか、アジアからナポリ港経由で密輸しているという。ブランドのロゴは多くの場合、当局の目を避けるために、販売される場所に靴が到着したあとで添付される。[22]

高額にもかかわらず品質が低いアイテムを、それを本物だと信じている相手に売りつけて人を騙すのは明らかによくないことだが、そうと知ったうえで偽造品の靴を買うことは、果たしてそれほど悪いことだろうか。一〇億ドル規模の企業が不利益をこうむり、知的財産権を尊重されなかったとして、われわれはそれに同情すべきなのだろうか。特に、たとえ偽物であったとしても、それを身に着けている人たちがブランドの広告塔として機能している側面がある場合には、どう判断すべきだろうか。

ブランドに対してはさほどの同情は集まらないかもしれないが、偽物には隠されたコストがある。偽造品の世界においては、品質管理は最低限しかなされておらず、それは消費者の福祉にとって直接的な脅威となる。偽の医薬品であればそのリスクは明白だが、長期的な健康被害のリスクは、認証されていないスポーツシューズやハイヒールにも当てはまる。

そこにはまた、自分のデータを得体の知れない相手に渡してしまうというリスクもある。ロンドン市警は「エミリー」の事件の詳細を公表し、注意を喚起している。彼女は、偽造品の花嫁付添人（ブライズメイド）用の靴をネット上で購入したことをきっかけに、個人情報を盗まれた。購入にあたって自分の名前、住所、クレジットカード情報を相手に伝えたことにより、彼女は最終的に、偽造靴を販売するウェブサイトが四つも自分の名前で運営されるという事態に陥ってしまった。

偽造品が野放しにされている状態はまた、環境にも災いをもたらす。フェイク品の製造現場には、有毒な染料や化学物質の使用を制限する規則も、有毒な工場排水の処理に関する規則も存在しない。[23] 密輸されたフェイク品は、発見されれば警察によって焼却されるか、公の場での粉砕処分となり、余分な廃棄物が増えることにつながる。

悪影響はそれだけに留まらない。国際労働機関（ＩＬＯ）の指摘によると、偽造品は、労働法がほぼ適用されることのない工場とつながっているという。そういった工場ではたとえば、移民労働者の身分証明書を没収する、不法労働者を危険で不健康な寮に収容するといったことが行なわれている。[24] 靴やハンドバッグなどの製品を作る人々に対する保護はそもそもが不十分であり、そのうえ労働者が犯罪者の手の内に取り込まれてしまえば、脅しや暴力にさらされる可能性はさらに高まる。

村の両端で

ウォラストンは、美しい石造りのコテージが立ち並ぶ村だ。年齢を重ねた木々がそびえ、細い通りが遠く霧に霞む丘に向かって延びている。ゴミなど一つも落ちておらず、地域の伝統を伝える博物館があり、村のそこここには、土地にゆかりの歴史を紹介する緑色の銘板が、教区会によって設置されている。

そうした銘板の一つには、こんな内容が記されている。「ウォーカーズ工場――ウォラストン初の靴工場。一八八三年、プラット・ウォーカー氏により建造。高品質の長靴と靴を一九三四年まで製造」。ウォーカーズ工場は第二次世界大戦中に兵器工場となり、二〇〇五年に集合住宅に改築された。

ノーサンプトンシャーの大半の地域と同様、ウォラストンには靴製造の長い歴史がある。一九六〇年代、村の中心は七つの製靴工場とゴム加硫工場であった。「ウォラストン遺産協会」によると、工場は村に活気と産業をもたらし、周辺の教区からは毎朝何台ものバスを連ねて労働者がやってきたという[25]。賃金を預けたいという声が多かったため、村には郵便局のほか、銀行が五つもあった。七軒のパブもまた、労働者たちに、苦労して稼いだ給料を散財する機会を提供した。しかし、工場が閉鎖されると、そうした施設の大半がぽつりぽつりと消えていき、やがてウォラストンはのどかな丘のふもとにひっそりと佇む村となった。大いに繁栄した産業の名残は、村の両端に残る二つの靴工場だ。

クラウス・マルテンス博士は、第二次世界大戦中、ナチスドイツで軍医として働いていた。伝えられるところによると、博士はスキー休暇で足を怪我したのちに、軍用ブーツのあまりの履き心地の悪さに気づき、分厚いエアクッションのソールが付いた新たなデザインの開発に取り組んだのだという。終戦後、マルテンスはミュンヘンへ行き、自らの発明を売り込んだ。友人のヘルベルト・フンクとともに、彼は事業を興した。フンクがルクセンブルクのパスポートを持っていたおかげで、戦後ドイツ国民に課せられていた米軍との取引禁止措置は回避することができた。二人は放棄されたドイツ空軍の飛行場からゴムを買い上げて、靴のソールの生産に取り掛かった。[26]

徐々に成長し、それなりの成功を収めた彼らの事業は、やがて英国の靴製造会社R・グリッグスの目に留まる。R・グリッグスはウォラストンで操業する同族経営の会社で、ワークブーツを専門とし、戦時中は英国軍に製品を供給していた。同社のビル・グリッグスはマルテンス博士と連絡を取り、彼のエアクッションソールを製造するための独占的ライセンスを入手した。[27]

グリッグスはマルテンスという名前を英語風に変更したうえで、ロゴと、「AirWair（エアウエア）」という製品名と、「With Bouncing Soles（弾む履き心地のソール）」というスローガンを考案した。しかし、この新しい八ホールブーツ（ひも穴が縦に八つあるデザインのブーツ）の製造には、社外からの助けが必要だった。グリッグス社では靴を作る際、アッパーとソールを接着剤で貼りつけるセメンティングという工法を採用していた。エアクッションソールの場合はしかし、細革で縫いつける必要があり、これはより専門的で、多くの労働力を必要とする作業であった。

ここで第二の工場が登場する。ウォラストン村のもう一方の端に、NPSシューズという工場がある。「ノーサンプトンシャー生産組合（NPS）」は、一八八一年、労働者の元締めから仕事を分配されることに嫌気が差したウォラストンの靴職人五名によって設立された。彼らは互いに団結し、集団として契約を取りに行こうと決めた。この試みは大いに功を奏し、彼らは独自の工場を作り、これを拡大していった。

NPSシューズが得意としているのは、グッドイヤーウェルトという製法だ。まず、アッパーを構成するパーツと中底を、特製のウェルト（アッパーの縁に沿ってあしらわれる細革）に縫いつける。そうしたのちに、その靴あるいはブーツを、改めてソールに縫いつけるのだ。この専門的な技術を目当てに、グリッグスは一九五九年、NPSシューズに声をかけた。

「グリッグスがトップのパーツを作り、アッパーをクロージングしてわたしたちのところへ持ってくると、こちらでそれをウェルトに縫いつけてから、ソールを取りつけていたのです」と、NPSシューズのクリスチャン・カースルは言う。〔「グリッグスは」〕われわれにサブライセンスを与えて、彼らに代わって製造を行なえるようにしました。そうしてわれわれは、一九六〇～一九九〇年代半ばまで、約三五年間にわたってエアウエアを製造しました。商標は『Sole Of Air〔ソール・オブ・エア〕』から発想したソロヴェア（Solovair）で、靴には常に『Dr. Martens – Made By Solovair』の文字を入れていました」

ドクターマーチンのブランドは、やがて世界的に有名になった。ノーサンプトンシャー各地にある最高品質の工場で、何百万足ものブーツが作られた。ドクターマーチンは「英国らしさ」の代名詞となり、著名人、スキンヘッズ、ポップスター、パンクス、さらにはローマ法王にまで愛された。一九九八年のピーク時には、売上は一〇〇〇万足近くに達した。[28]

しかし、ブランドへの愛は移ろいやすい。ドクターマーチン製品の売上げの六〇パーセントは米国でのものだったが、[29]あちらではスニーカー人気が徐々に高まり、またティンバーランドのブーツに注目が集まりつつあった。二〇〇一年、R・グリッグス社は二〇〇〇万ポンドの損失を計上した。マックス・グリッグスと息子のスティーブンは、『サンデータイムズ』紙の長者番付「リッチリスト」に名を連ねてはいたものの、会社は赤字が続いていた。[30]二〇〇二年も展望に変化が見られなかったことから、グリッグスは製造を中国へ移すことを宣言した。

この発表は衝撃と怒りをもって受け止められた。「労働者は歯に蹴りを入れられた〔ひどい目にあわされたの意〕んですよ。ドクターマーチンのブーツでね」。地元の労働組合員ジョン・ケリーはそう述べている。[31]激しい抗議が続けられたが、半年後の二〇〇三年三月二八日金曜日、ドクターマーチンのために働いてきた英国人労働者一〇〇〇人は、最後の勤務日を終えた。[32]それは英国の靴産業にとって衝撃の瞬間であった。

「組合員が職を失うというだけでなく、これは地域社会に影響を与え、サプライヤー、皮革生産者、部品生産者にも影響を与えます」。工場の閉鎖にあたり、ジョン・タリーはそう語った。「この衝撃が国全体に波及することは間違いありません」

しかし、ブランドの力は強かった。コカ・コーラ社のある幹部は、かつてこう言っている。「たとえコカ・コーラが災害で生産関連の資産をすべて失ったとしても、会社は生き残る。一方、もしすべての消費者が突然記憶を失い、コカ・コーラに関するあらゆることを忘れてしまったなら、会社は潰れるだろう」[33]。ドクターマーチンも例外ではなかった。その価値は工場ではなく、ブランドにあったのだ。ドクターマーチンブランドは生き残り、R・グリッグス社は二〇一三年、投資運用会社ペルミラファンドに三億ポンドで買収された。二〇一九年末には、ペルミラファンドがドクターマーチンを一〇億ポンドで売却する計画であることが報じられている[34]。

村のもう一方の端では、NPSシューズが危機に瀕していた。二〇〇六年にはもう、彼らの財産は、最大の顧客を失った工場が一軒残るのみとなっていた。NPSシューズには独自のブランドも店舗もなく、注文は枯渇していた。この工場は一八八一年以来ずっと、労働者の共同所有となっており、一週間ここで仕事をすればだれもが対等な株主になれた。意気消沈した労働者が顔を揃えた会議において、彼らは、工場を閉鎖して建物を不動産開発業者に売却するという案に渋々票を投じた。

そんな状況のなか、提示されたのが、地元の実業家アイヴァー・ティイリーからのカウンターオファーだった。彼は英国製のブーツや靴にはまだ市場があると考えていた。ティイリーは、もし組合が会社を自分に売却してくれるなら、あと半年は仕事ができるようにすると請け合った。売却は成立し、ティイリーは義理の息子クリスチャン・カースルを社長に任命した。カースルは手書きの台帳をコンピュータに置き換えると、早速「ソロヴェア」をブランドとして確立させるための仕事に取りかかった。NPSシューズがかつて生産していた靴は、その九〇パーセントがほかのブランドのものだったが、現在は六〇パーセントをソロヴェアが占めている。もっとも人気があるのは、彼らが得意とする八（エイト）ホールのエアクッションブーツだ。

　英国靴の製造を支えたかつての大黒柱は、まるで右のブーツと左のブーツが別々の方向へ歩き出したかのように二つに分かれてしまった。ドクターマーチンのブーツは、伝統のブランドと「英国らしさ」（実のところ、それは表面を取り繕ったドイツらしさなのだが）を保つことを約束しつつ、中国とベトナムへ向かって歩き去った。ブーツも部品も英国で作られていないにもかかわらず（ただし、現在はウォラストンで記念工場が再開され、世界生産量の約一パーセントを担っている）[35]、ドクターマーチンブランドは小売、卸売、オンライン販売で三億四八六〇万ポンドを売り上げている。[36]

　一方、左のブーツはウォラストンに残り、英国やヨーロッパ製の部品を用いて、自社の工場と独自の工具で靴を作っている。しかし、有名なロゴとブランディングの象徴的な価値を持たないＮＰＳシューズの資産は、企業登記局による評価では一〇〇万ポンドにも満たない。[37]

　ウォラストンを訪れる人々は、二つのブーツの品質を実際に比較してみることができる。どちらの会社も、ここにファクトリーショップを開いているからだ。ドクターマーチンはかつて鍛冶屋の工房があったところに、ソロヴェアはＮＰＳの古い皮革店のなかに店を構えている。そこへ行けば、より頑丈で長持ちしそうな靴がどちらであるのかを、自分で判断することができる。ロゴがどれほどの価値を持っているのか、そしてその象徴的な意味は株主以外の人間にも利益をもたらすのかどうかを、直接確かめることができる。そしてもし、そんなものがほんとうにあるとすればだが、どちらが「本物の」ブーツであるのかを、見定めることができるだろう。

　ウォラストンから一五分ほど車を走らせたところには、市場町のウェリンバラがある。ここもまた、グローバル経済の圧力によって地元産業が壊滅的な打撃を受けるまでは、靴製造が盛んな土地であった。現在のウェリンバラは、ノーサンプトンシャー内で貧困家庭の割合が二番目に高く、週あたりの賃金はもっとも低い。古い靴工場はすぐに見つかる。住宅として改築されたものもあれば、赤レンガが美しい巨大な旧ラドレンズ工場のように、空き物件となったまま、ビールの空き缶が転がる鳩のすみかとして朽ち果てるに任されているものもある〔ラドレンズ工場はその後、高級マンションに改築されている〕。

ポーランド系の食料品店と公営のライブラリープラス〔無人の図書貸出スポット〕の間には、シューゾーン〔廉価な靴を扱うチェーン店〕の支店がある。強烈な化学合成物質の臭いが立ちのぼる棚には、セールで一四・九九ポンドに値下げされている黒の八ホール（エイト）ブーツがずらりと並ぶ。棚のいちばん下の段に置かれたその輸入品は、重量を感じさせないほど軽く、ワークブーツとしても、雨や雪から身を守るものとしても、あまり長持ちはしそうにない。どこで製造されたものかについては、何も書かれていない。店長に尋ねてみると、たいていはトルコか中国だが、本社に確認した方がいいと助言をくれる。かつては英国製造業の至宝であった八ホール（エイト）ブーツの、何と落ちぶれた姿だろうか。

高級ブランドの力

工場を捨て、製造を下請けに出すことを選んだことにより、企業は製造コストから解放され、世界中の被搾取労働者と素材を追い求めることが可能になった。彼らはサプライチェーンで起こっている人権侵害の責任を否定し、真の金儲けに貢献する作業、すなわちデザインとブランディングに集中することができるようになったのだ。

ブランディングとは何かをひと言で表すなら、企業や製品にまつわる経験によって生じる「感情的なあと味」であると言える。▼38 ブランディングの目的は、人の心のなかにポジティブなあと味や、ポジティブな連想を形成することであり、またそれらを金儲けに利用できるようにすることだ。[39] ブランドのあと味を損なうものの一つが、搾取される工場労働者であり、環境破壊であり、性的嫌がらせを受けるモデルのニュースだ。したがって、ブランディングのもう一つの仕事として、サプライチェーンの詳細が世間の目に触れないようそれを隠す、というものがある。

グローバル市場において、ラベルは何よりも重要なものとなり、同時に何の意味もないものとなった。靴の外側に付いたラベルは、消費者のアイデンティティを構築するために利用されるが、では靴の内側にあるラベルはどうだろうか。それらは、消費者のために靴を作った人について何を教えてくれるだろう。そのラベルには、工場や、支払われた賃金について何と書いてあるだろう。その靴には発がん性物質が含まれているのか、靴を貼り合わせた接着剤に毒性はあるのか、革の加工プロセスにおいて熱帯雨林の一部が切り倒されたかどうかについて、記述はあるだろうか。靴のラベルは、服のそれに比べて記載されている内容が少なく、ブランドの名前と靴のサイズ以外、何の情報もないことが多い。法律により、英国の製造業者と小売業者は、靴のアッパー、裏地、靴底の八〇パーセントを構成する素材を明記することが義務付けられている。表記の様式は英語でもイラストでも構わない。[40] 欧州連合（EU）は食品以外の製品への原産国表示の義務化を試みているが、今のところ「Made in 〜」というラベルの添付は任意となっている。答えを記さず、空白のラベルを付けてブランドのうわべを取り繕う行為は、醜い真実を隠す役割を果たす。

何かが高価であるからといって、それが倫理的に製造されたものであるとは限らない。靴の価格がいくらであれ、それは必ずどこかの場所で作られている。高級品やデザイナー品のラベルが付いたものであっても、価格が高いことが、労働者や地域社会がよい条件下で仕事をしていることの保証にはならない。一方、法外な値札に間違いなく反映されているものと言えば、より大きな余剰価値、すなわち利益だ。この余剰価値は、労働によって価値を生み出す主体である工場労働者に、適切な賃金を保証することを可能にする。ところが実際には、生産のうちの二つの段階、すなわち流通とブランディングに、靴の最終的な価格の約六〇パーセントが配分されている[41]。

イタリアの研究者による報告書「The Real Cost of Our Shoes（靴の真のコスト）」は、金持ちをさらに金持ちに、権力を持つ者をさらに強大にするお金の上昇スパイラルについて説明している。お金のあるブランドほど、マーケティングキャンペーンに費やすことのできる資金は多くなる。マーケティングがブランドの販売力を高めるほど、ブランドはより多くのお金を稼ぎ、自社のサプライヤーに対してより強い力を行使できるようになる。こうして、靴のサプライチェーンには大きな「交渉力の不均衡」が生まれる[42]。

靴産業においては、この力とはすなわち商業的な力だ。ごく少数の高級ブランドだけが、高級市場にアクセスすることができ、彼らはその手のなかに、特定のロゴを強く好むようになった裕福な買い物客が集う広い海に通じる鍵を握っている。一方で、高級品を供給するために競い合うサプライヤー工場は、膨大な数が存在する。ブランドは、サプライヤー同士を競わせることによって価格と条件を設定する。この過程において、ブランドはさらに自らの利益を増やす[43]。

サプライヤーは多くの場合、顧客を失う恐れから、あるいは契約書に記された条項のせいで、自分たちが受けている搾取について語ろうとしない。イタリアの研究者らは、このような事情から、非人道的な酷使がまかり通る状況が作られてきたと結論づけている。サプライヤーが口を開くとすれば、それは高級ブランドとの関係が終了したあと、あるいは高級ブランドの振る舞いのせいで自分たちが倒産したときだろう。

それでも、高価なブランドはまだ、ハイストリートブランド（大通りに店舗を構える大衆向けブランド）に比べれば、劣悪な慣習を理由とした悪評にまみれてはいない。その理由は二つある。一つは、高価なブランドはブランディングを通じて尊敬の念を勝ち得ていること。もう一つは、ＮＧＯの調査は、比較的どこにでもあるという理由から、安い小売店に集中する傾向にあることだ。これが意味するところは、高価なブランドはハイストリートブランドと比べると、それと同レベルの精査を受けずに、ごく表面的な調査のみで済まされてきたということであり、多くの高級品企業もまた、ハイストリートブランドと同種の問題を抱えている可能性があるということだ。

メイド・イン・イタリー？

「再輸入加工スキーム（ＯＰＴ）」とは、欧州連合の法規制のなかで特別に考案された制度であり、メーカーが原材料や半加工品をＥＵ域外に輸出したのち、加工してからそれを再度輸入することを認めるというものだ。[▼44] 靴の場合、たとえばイタリアで裁断された革が、イタリアのメーカーによってアルバニア、ブルガリア、ジョージア、モルドバ、ルーマニア、セルビア、ウクライナなどの東欧諸国に輸出される。[▼45] 靴はそこで組み立てられたあと、関税非課税でイタリアに戻されてから、「Made In Italy（イタリア製）」のラベルと高価な値札を添えられる。場合によっては、イタリアで行なわれる最後の作業は、磨いたり、箱に入れたりといった程度のささいなものとなる場合もある。

北マケドニア東部最大の靴工場は、バルガラという名称で呼ばれている。ファクトリーショップを訪ねれば、この工場で作られた英国やヨーロッパのブランド靴を何十足も、じっくりと品定めすることができる。ずらりと並ぶ靴を見ていると、ひどくおかしな点があることに気づく。多くの靴に「Made In Italy」のラベルが付いているのだ。靴箱にも「Made In Italy」の文字があり、ソールの刻印も「Made In Italy」となっている。しかし、バルガラはイタリアから何百キロも東にあり、ＥＵに属してさえいない。

ＯＰＴ制度は一九七〇年代にＥＵで考案され、ドイツとイタリアの政府によって強く推進されてきた。両国の狙いは、自国の産業を保護しつつ、多くの労働力が必要な衣料品や靴の生産を低コストの衛星国にアウトソーシングすることであった。今日に至るまで、ドイツとイタリアの企業は東欧からの衣料品と靴の最大の輸出先であり続けている。▼46

「『Made In Italy』とは、単にイタリアで仕上げられたという意味でしかありません」。デ・マルコ・ドーエル工場のオーナー、リディヤ・ミラノフスカはそう語る。「うちの工場ではアッパーしか縫いません。なぜなら、イタリアで組み立てれば、それは『Made In Italy』と呼べるからです」。リディヤによると、ときには靴が彼女の工場と、また別のバルカン半島諸国との間を行き来したあと、ようやくイタリアに戻されることもあるという。「西欧の買い物客は『Made In Italy』と書かれている商品を求めています。もし『Made In Macedonia』と書かれていれば、彼らはもっと安い価格を期待するでしょう」

このシステムの根本には、バルカン半島諸国にはイタリアに比べてどこか劣っているところがあるという発想がある。「イタリア製」贔屓の根底にあるのは、過ぎ去った時代の偏見と、「西洋の優位性」という思い込みに過ぎない。OPT制度を継続し、見かけだけを「Made In Italy」とする行為とはすなわち、それらの靴を実際に製造している国や人々の功績の否定だ。この罠が賃金を低く抑え、マケドニアのような国が独自のブランドと国家としてのステータスを向上させることを阻んでいる。

どんなサプライチェーンにも力の不均衡は存在し、それはブランドがコストや条件をサプライヤーに押しつけることを可能にする。しかしOPTの場合、サプライヤー側の従属状態はさらに強化される。なぜなら、サプライヤーが供給するのは工場労働のみだからだ。もし彼らが生産の過程において、デザインや素材の調達など、それ以外の段階も担当していたなら、工場がより多くの儲けを上げられる分野が存在したことだろう。しかし、工場労働はほかの作業と結びつくことのない低コストのサービスであり、買い手側は常にさらなるコスト圧縮に努めている。▼47 OPTこそが、東欧、南東欧の労働者を、貧困賃金と劣悪な労働条件にさらしている元凶なのだ。

東欧やバルト諸国は、「開発」が達成されれば状況は変わるという約束によって、ＯＰＴのくびきに縛られ続けている。ルーマニアやブルガリアをはじめ、そうした国々の多くはすでにＥＵに加盟し、その無課税システムの一部になっているのだから、アップグレードされた貿易制度や、まっとうな賃金と労働条件が義務化されたシステムが導入されてもいいはずだ。

ベッティーナ・ムジオレクは、背が高く、こちらまで思わず笑顔になってしまうような大きな声で笑う女性だ。子供時代、彼女は東ドイツの有名ファッションデザイナーであった母親のハンナ・ムジオレクの作品に囲まれて育った。現在、ベッティーナはドレスデンの「クリーン・クローズ・キャンペーン」で働いている。衣料品労働者の権利のための運動に長く携わってきた彼女は、東欧が置かれている状況に専門的に取り組んでいる。「賃金は恐ろしいほどの低さです。これは貧困賃金であり、何もないも同然です」とベッティーナは言う。「生活賃金をはるかに下回るどころか、一家の最低生存費さえはるかに下回ります——あらゆる基準よりもはるかに安いのです」

東欧の衣料品およびフットウェア産業における搾取にもやはり、重大な性差がある。労働者の圧倒的多数を占める女性たちは、基本的な生活費を得ることもままならないなか、ローンや借金のサイクルに巻き込まれている。「彼女たちの家族は、貧困賃金のせいでローンのリスケジュールを繰り返しています」とベッティーナは続ける。「学校の教科書、制服、冷蔵庫など、何かを買うたびにローンを組まなければなりません。ローンを組むためには雇用されている必要があるため、たとえ劣悪な条件でも、いっそうその雇用に依存せざるを得なくなるのです」

ベッティーナは、セルビアの工場にいたある人事部長の話を教えてくれた。その女性は、品質検査を通らなかった靴が入った箱を手に、生産ラインの前に立ちはだかった。そして箱から靴を取り出すと、侮辱的な言葉を浴びせかけながら、労働者に向かってそれを一つずつ投げつけたのだという。「労働者はまさに奴隷のように扱われているのです」とベッティーナは言う。「ロボットでさえありません。紛れもない奴隷です」

ＯＰＴの工場を取り巻く状況を大きく変えるうえで必要なのは、労働権の強化、そして女性たちの組織化に深い関心を持ち、またその方法を知っている女性たちによって率いられる労働組合組織だと、ベッティーナは言う。靴工場で組織される労働組合は、往々にしてたいした力を持たず、男性優位で、雇用主との関係が近すぎるものとなる傾向にある。「そこがもっとも重要な問題です。こうした国々の状況は、まるで一九世紀の資本主義社会のようであり、環境は極めて雇用側に有利で、労働者の組織は極めて弱い力しか持っていません」

世界の隅々から

靴とその部品は、世界の隅々から、何千キロにもおよぶサプライチェーンに沿って運ばれてくる。この生産チェーンで起こっていることとその真実を覆い隠しているのは、何よりも重要なものとなった一方で、何の意味も持っていない靴のラベルだ。世界がなぜこのような仕組みになっているのかを理解するには、ブランディングの向こう側を覗き込み、ラベルのほんとうの意味と、ラベルによって企業がどんなものから逃れているのかを見極めなければならない。

危機のなかには、もはや隠すことができないほど大きくなっているものもある。戦争、環境破壊、貧困によって数百万人の人々が家を追われるという壮絶な難民危機のさなか、靴はわれわれを移民問題の核心へと導いてくれる。次の章では、現代世界におけるとりわけ重大な不公正に目を向ける。すなわち、グローバル化されたこの社会は資本の流れを促進する一方で、絶望的な状況に追い込まれた人々の流れを妨げているという問題だ。▼48

第五章　難民と靴

カレーの道端に黒い靴が置かれている。片方はスニーカー、もう片方は革のアンクルブーツという組み合わせで、どちらもぐっしょりと濡れており、ボロボロでかろうじて履けるかどうかといった状態だ。靴はきらんと揃えて置いてあり、ひもも結ばれている。そのすぐ脇の縁石に、エリトリア人の青年が座っている。「とても濡れている」。靴を指差して彼は言う。「とても寒い」

七〇名ほどのエリトリア人の若者が、難民支援団体の白いバンの横に整然とした列を作っている。女性一人を除き全員が男性だ。青年は先ほど、なんとか列の先頭にたどり着き、左右ちぐはぐの靴を新しいウォーキングブーツと交換したところだ。

エリトリア人たちは、環状交差点（ラウンドアバウト）脇の低木地を仮の住まいとして寝起きしている。凍るように冷たい雨が降っているというのに、フランス警察は彼らのシェルターに強制捜査に入り、テントや寝袋を没収した。今配布されているウォーキングブーツと冬用のコートは、彼らに二四時間身に着けたままにしてもらうことを想定したものだ。そうしておけば、もし強制捜査を受けたとしても夜中に凍死せずに済むだろう。

クレア・モーズリーは白いバンの前に立ち、列が延びていくのを眺めている。フランス国内の難民キャンプの状況を知ったことをきっかけに、彼女は二〇一五年九月、「ケア・フォー・カレー（カレーにケアを）」を設立した。クレアがここで会った人々が、徒歩でヨーロッパを横断する道中で履いていたのは、サンダルやボロボロのスニーカーだった。そもそも靴がなく、靴下を何枚も重ねて履いている人もいた。当初は多くの難民が、ウォーキングブーツを渡されても受け取ろうとしなかった。重すぎるし、足が押しつぶされ、縛られているように感じるというのだ。また、ヨーロッパの気温が九月よりも下がるなどというのは嘘だと考える人も多かった。

カレーの冬は寒さが厳しく、平坦で過酷な大地に風が吹きすさび、空はどんよりとした灰色の雲に覆われる。冬が来ると、クレアは時の流れを実感する。「あの最初の冬、わたしはもう二度とこんなことはしたくないと思いました。二度目の冬には、自分たちがまだここにいることが信じられませんでした。三度目になってようやく現状を受け入れ、以前のような考え方はやめることにしました。それまでは、きっと皆がこの状況を知ってなんとかしてくれるはずだから、次の冬には自分たちはもうここにはいないだろう、そう思っていたんです」

その日の朝、以前から計画表にあったブーツ配布の準備は、早い時間から始められた。倉庫のなかには、寄付で集められたブーツの入ったクレートが並び、スタッフがそれをサイズごとに分類しながら、穴が開いていないかをチェックしていく。女性用のブーツの方が、カレーにやってくるはっそりとした体格の難民たちにはフィットする場合が多い。一足のブーツに目をやると、「Emma」という名前が、上から雑なバツ印で消されていた。

バンへと続く列のなかに、二四歳のサミュエルがいた。カレーに来て八ヵ月になる彼は、その前はパリに二ヵ月いた。エリトリアを出たあと、サミュエルは北上してスーダン、リビアを通り、地中海を渡ってイタリアへ行き、そこで二ヵ月間暮らした。バンにたどり着いたときには、穴の開いたびしょ濡れのスニーカーを履いていた。英国に到達するのが彼の夢だ。

もっとも基本的な機能として、靴は人間の体と地面とを隔てるバリアの役割を果たす。人々を乗せて地中海を渡るあのオンボロ船と同じように、靴はリビアの砂漠の道を、また気温が氷点下まで下がるイタリアの山腹の雪のなかを、難民たちを乗せて運ぶ。あの船と同じように、本来の目的とは違うことに使われた靴には穴があき、水がいっぱいに入り込む。カレーにたどり着いたあとも、彼らは一日に何キロも歩き続ける。食料、水、シェルターを探し、警察から逃れて、身を隠せるトラックを見つけてドーバー海峡を越えるためだ。

一歩一歩

ロシア人作家テッフィの回想録には、彼女がボリシェヴィキ革命から逃れた一〇〇万人のロシア人の一人だったころのことが書かれている。難民たちを乗せてオデッサから出航した蒸気船の上で、テッフィは甲板を磨くよう命じられる。このとき彼女は、掃除にはまるで向いていない銀の靴を履いて作業に取りかかった。なぜなら、どこの海岸にたどり着くにせよ、その場所で命をつないでいくために、実用的な靴は取っておかなければならないからだ。[1]

われわれが靴に対して何度でも問いかけるべき質問が一つある。それは、靴がそれ自身の由来について、どんな物語を語ってくれるのか、というものだ。この問いは同時に、それを履く人々に対しても投げかけられる必要がある。国際的な人口移動がかつてないほど増加している今こそ、世界的な人の移動とその原因について詳しく調べてみるべきだろう。

国を移る人は、だれもが難民というわけではない。国際移動者の定義とは、生まれた国以外の国に住んでいる人、というものだ。二〇一七年には、世界の国際移動者の数は二億五八〇〇万人にのぼり、二〇〇〇年の一億七三〇〇万人に比べると急激に増加しているのがわかる。[2]

国際移動者がどの地域から来ているのかといえば、一億六〇〇万人がアジア出身、次いで六一〇〇万人がヨーロッパ、三八〇〇万人がラテンアメリカおよびカリブ海、三六〇〇万人がアフリカだ。国別の統計からは、インドがもっとも多くの国際移動者を送り出しており（一七〇〇万人）、二番手がメキシコ（一三〇〇万人）であることがわかる。国際移動者がどこへ移動するのかを見てみると、彼らは主に世界の同じ地域内にある国同士の間で動いているため、[3]全体の六〇パーセント以上がアジア（八〇〇〇万人）に住んでおり、次いでヨーロッパ（七八〇〇万人）、そして北米（五八〇〇万人）の順となっている。

　こうした数字はいかにも大きいように思えるかもしれないが、これでも世界人口のごく一部に過ぎない。人類という種は移動する動物であると言われており、ホモサピエンスは約二〇万年前のアフリカに姿を現したあと、六〜七万年前、氷が十分に後退するとヨーロッパへ移動し、[4]今はなき陸橋（ランドブリッジ）を通って五万年前にオーストラリアに到達した。それからも、人類は常に移動を続けてきた。

　靴産業に関して言えば、世界の超有名ブランドのなかには、その誕生に人の移動が大きな役割を果たしたものもある。ジミー・チュウはマレーシアで生まれて教育を受けたあと、ロンドンに移って靴作りを学んだ。マノロ・ブラニクはカナリア諸島のバナナ農園に生まれ、ヨーロッパの数ヵ国で暮らしたのち、イングランド南西部のバースに居を定めた。九歳で最初の一足を作ったサルヴァトーレ・フェラガモは、一九一四年、一六歳のときにアメリカに渡った。[5]ハリウッドで映画スターの靴を作って名を上げたあと、彼は一九二七年に生まれ故郷のイタリアへ戻っている。

　また、靴産業は国際移動者のるつぼでもある。Ｌ・Ｋ・ベネットの創業者であるリンダ・ベネットは、イングランドとアイスランドの血を引いている。パトリック・コックスの親はそれぞれイングランド人とカナダ人であり、英国のブランドであるシャーロット・オリンピアを立ち上げたシャーロット・デラルは、英国とイラクの血を引く父とブラジル人の母のもと、ケープタウンで生まれた。ただし、移動は世界的なサクセスストーリーを生み出す一方で、平等なプロセスであるとはとうてい言いがたいものだ。

国境を越える

「ブリンコ」はスペイン語で「跳躍」を意味する。ブリンコというスニーカーは二〇〇五年、アルゼンチンのアーティスト、ジュディ・ウェルゼインによって、メキシコとアメリカの国境を越える移民を支援するためにデザインされた。ブリンコのなかには、コンパス、懐中電灯、現金を忍ばせるポケット、怪我をしたときのための鎮痛剤などが組み込まれている。この靴にはまた、ティフアナ〔米との国境近くの街〕からサンディエゴに通じる、もっとも人気の高い違法入国ルートの地図がプリントされた取り外し可能なソールも付いている。

国境越えに関連する作品の制作を依頼されたウェルゼインが着目したのは、国境を越えようとする人たちは、だれもが自分の足に大きく依存しているという事実だった。砂漠を八時間歩けば、でこぼこの地面はもちろん、タランチュラやヘビによる怪我や痛みのリスクもある。だからこそウェルゼインは、ブリンコを頑丈なブーツ型のスニーカーに仕上げたのだ。

かかとにあしらったアステカ文明のワシと、アメリカを象徴するつま先のワシは、「アメリカンドリーム」を追い求めることを表現している。同プロジェクトの一環として、このスニーカーは、メキシコからの不法入国を試みる人々に無料で配布される一方で、サンディエゴの高級ブティックで一点物のオブジェとして販売された。その目的は、各国間の経済の不平等にさらに強く焦点を当てることだ[6]。

「自分自身のことであれば、だれもが自由な移動に賛成するでしょう」。運動組織「グローバル・ジャスティス・ナウ」のガイ・テイラーはそう語る。仕事、ギャップイヤー〔大学入学前の猶予期間〕、就学、退職のための移動については、グローバルノースの多くの人たちが、許されるのが当たり前ととらえているが、その原則はすべての人、特にグローバルサウスの人たちにとって当然のものではない。

移動をめぐる議論においては無視されがちな事実だが、移動とはしばしば、居住に耐えがたい状態になった家から押し出された人々によって引き起こされるものだ。移動は昔から、社会的ストレスに対する人間の反応として発生する。[7]「多くの移動は選択というよりも、紛争、気候変動、資源開発、貧困などによって強制されるものです」とガイは続ける。「われわれがもし、人々が今いるところに喜んで留まるような世界を作っていたなら、移動は減少するでしょう」

たとえばエリトリアだ。『ウォール・ストリート・ジャーナル』紙はこの国のことを、「世界一速いスピードで人口が減少している国」と呼んでいる。[8]難民キャンプや、お隣のエチオピアやスーダンの都市で暮らしているエリトリア人は二五万人にのぼり、さらに数万人が危険を承知で国を脱出してヨーロッパを目指している。亡命希望者の多くは、エリトリアを離れることを望むいちばんの理由として、同国の「国家奉仕(ナショナルサービス)」制度を挙げる。国民に兵役や民間奉仕に一八ヵ月間従事することを義務づけるこの制度は、二〇〇二年にその期間が無期限にまで延長された。つまり、成人が五〇代になるまで国家への奉仕に縛られるのだ。[9]

国連の調査によると、エリトリアの国家奉仕(ナショナルサービス)とは「奴隷のような慣習が当たり前になっている制度」であり、「恣意的な拘束、拷問、性的拷問、強制労働」が行なわれているという。これを逃れるには通常、脱走して国外へ出るしかない。国家奉仕(ナショナルサービス)以外に雇用の機会はほとんどなく、また同国の採鉱産業は、強制労働が行なわれているとの批判を受けている。[10]

人々がよりよい生活を求めて移動する権利を認めると同時に、われわれは人々が移動しない権利も尊重しなければならないと、ガイは主張する。移動しない権利とはつまり、気候崩壊、紛争、富と食料の不平等な分配の解決に取り組むことを意味する。

これはしかし、世界の大多数の人々にとって、移動が容易な選択肢であると言っているわけではない。二〇一七年、反体制派で元難民の中国人アーティスト、アイ・ウェイウェイは、難民危機をテーマとした映画『ヒューマン・フロー 大地漂流』を制作した。世界各地での驚くほど広範な取材に基づくこの映画には、二三の国々と四〇ヵ所の難民キャンプが登場する。ベルリンの壁が崩壊した一九八九年当時、人が国を出入りすることを制限する物理的な壁や障壁がある国は、世界に一一ヵ国存在したと、『ヒューマン・フロー』は指摘する。この数字は現在、少なくとも七七ヵ国にまで増加している。[11] こうした物理的な障壁も、地図に注意深く引かれた国境線も、すべては人々をコントロールし、排除するために設計されている。

チャッパルとポール・スミス

一方で、そうした国境や線が、品物や資本を排除することはない。「SATRAテクノロジー」は、フットウェアのサプライチェーンにまつわる技術的な側面の情報提供を専門とする機関だ。SATRAによると、フットウェアは通常、四〇以上の異なる部品と、それと同じくらい多くの素材から作られる。アッパーを作るための素材としては革がもっとも一般的だが、合成繊維やニットメッシュが使われることもあり、さらにそこへ、ソール用の素材、靴ひも、金属製の装飾、バックル、ハトメ、接着剤、補強材などが加わる。

理論から言えば、四〇の部品を使用するということは、一つの靴のサプライチェーンに四〇の異なる国がかかわっている可能性があるということになるが、実際のところは、ブランドやメーカーは品質と納期がどの程度であるかが把握できている少数のサプライヤーから調達する傾向にあると、SATRAは言う。産業リプライチェーンが確立されている国は効率性が見込まれるため、ブランドにとって特に魅力的だ。

フットウェアの生産において、労働力と材料はいずれも主要なコストではあるものの、材料費は人件費に比べると世界各地であまり大きな差がないと、SATRAは説明する。もっとも安い選択肢を探し回ることは可能だが、サプライヤーをむやみに変更しても材料費の大幅な削減は見込めず、場合によってはリピーター割引のチャンスを失うこともある。長期の輸送による摩耗という点もまた、考慮に入れなければならない。たとえば革は、熱や湿気によるダメージを特に受けやすい素材だ。[12]

したがって、個々の部品がすべて異なる国から供給されるということはまず起こらないわけだが、畜産場から小売店に至るまで、靴がその生産過程において、国境を容易に越えることを必要とする品物であることに変わりはない。靴関連の貨物の大半は輸送用コンテナを経由して運ばれる。金属でできた巨大な容れ物であるコンテナに詰め込まれた食品、冷蔵庫、靴、工業機器は、クレーン、鉄道、港、船からなる独自のシステムに乗って世界中をめぐっている。人類学者のトーマス・ハイランド・エリクセンは、世界のGDPは一九八〇年以降、二五〇パーセント成長した一方で、世界貿易は同じ期間に六〇〇パーセント成長しており、その背景には輸送コンテナシステムの金銭的コストの低さがあると指摘している。[13] コンテナのなかに収まったまま、靴とその部品は地図上の線を越えてどこまでも流れていく。

靴のデザインもまた、国境を容易に越える。二〇一四年、英国のシューズデザイナーであるポール・スミスが、「ロバート」と名付けた男性向けのサンダルシリーズを発表した。そのデザインは、「チャッパル」を模倣したものであった。チャッパルとは、パキスタン北西部の街ペシャワールに起源を持ち、現在も同地域一帯で履かれているサンダルのことだ。

パキスタンでは、チャッパルは五〜六ドル程度で売られている。ポール・スミスは自社ブランドが作ったチャッパルの模造品に、五九五ドルの値段を付けた。「チャッパルに五万ルピー支払うなどという人は、頭がどうかしていますよ」。ペシャワール在住のある男性は当時、そうコメントしている。また、ポール・スミスが模倣したデザインは、年金生活者が好んで履くものであるとの意見も聞かれた。「うちの父が以前、このデザインを作っていましたが、最近は需要がないのでわたしは作りません」。一家で七〇年間、チャッパルを作ってきたペシャワールの靴職人はそう述べている。「退職した軍人や警察官がたまにやってきて、作ってくれないかと頼んでいく程度です」[14]

インターネット上で、ポール・スミスによる文化の盗用を批判する意見が相次ぐと、同ブランドのウェブサイトからは「ロバート」という名称が削除され、代わりに、この靴は「ペシャワールのチャッパルからインスピレーションを得た」ものであるとの文章が付け加えられた。[15] グローバルサウスから伝統的なデザインを持ってきてそれを模倣し、法外な値札を付けて売るという行為は、ある場所から人がやってくることは歓迎されない一方で、文化は歓迎されるという実例の一つだ。平等で自発的な文化の交流と共有は、グローバリゼーションが必然的に持つ側面であり、称賛されるべきものである一方、ポール・スミスのような多国籍企業が、社会の片隅で過小評価された状態にある文化を、それについての言及やお互いに利益を得られる関係もなしに金儲けに利用することには、帝国主義の名残が感じられる。

また、チャッパルの模倣と時期を同じくして、英国の移民法が強化され、配偶者を入国させようとする外国からの移民は、最低一万八六〇〇ポンドの収入があることという条件が付けられた。これは英国人の四一パーセント、英国人女性の五五パーセントが除外される数字だ。[16] この移民法について、多くのパキスタン系英国人は、自分たちのコミュニティを狙い撃ちにしたものだとの印象を持った。「ロバート」騒動は、人を拒絶しつつ文化を利用することの偽善を露呈した。

避難場所を求めて

もしあなたが今足に履いている靴が、恐怖と喪失によって引き起こされた移住の物語を語れるとしたら、その詳細をあなたはほんとうに知りたいと思うだろうか。

赤いTシャツを着た幼い少年が、高く積み上げられた靴のパーツの上に頬を預けて横たわっている。あまりの疲労から、気絶するように寝入っているのだ。少年の口はかすかに開き、細い両腕は目の前にある作業台に置かれている。この少年はシリアからの難民だ。彼が眠っている間に、工房にいる別の少年がその姿を写真に収めた。

その写真は、イスタンブールで発行されている『エヴレンセル・デイリー』紙の編集者エルジュメント・アクデニズに送られた。エルジュメントは二〇一一年の紛争勃発以降、トルコにいるシリア難民についての取材を続けている。彼は自分の連絡先を伝えている難民たちのネットワークを構築しており、眠っている友だちの写真を撮影した子供もその一人だった。

エルジュメントの目から見れば、二一世紀はすでに移住の世紀だ。ジャーナリストであり、またサウジアラビアの移民労働者の息子である彼は、統計の背後にある人間の物語を見つけたいという衝動から、シリア難民についての本をすでに三冊執筆している。その仕事の一環として、彼はトルコ各地にある倉庫や地下工房の様子を記録してきた。そうした工房にはシリア難民の子供たちがいて、靴を組み立てているのだという。

一九五一年、国連は「難民の地位に関する条約」を制定し、現在に至るまでこれが世界の難民保護の基礎を成している。この条約では、難民とは、人種、宗教、国籍もしくは特定の社会的集団の構成員であることまたは政治的意見を理由に迫害を受けるおそれがあるという十分に理由のある恐怖を有するために、自らの出身国に帰ることができない、またはそれを望まない者と定義されている。[17]

トルコは難民条約を承認しているものの、そこには条件が一つ付けられている——ヨーロッパで起こったできごとから逃げてきた人たちだけが、難民であると認められるのだ。そのため、シリア難民の家族は安全が保障されず、過酷な状況に置かれている。トルコにいる難民の七〇パーセントは女性と子供であり[18]、多くの家族が夫や父親をともなわない状態でこの国に到着する。なぜなら、男性は戦闘に参加しているか、すでに殺されているからだ。

トルコのTCF産業は、この国の経済に年間四〇〇億ドルの貢献を果たし、二五〇万人を雇用している。労働組合によると、これら被雇用者の半数以上は非正規労働者だ。[19] 二〇一六年まで、シリア人はトルコでの労働許可を得ることができず、仕方なく違法な状態で非正規の仕事に就いていた。労働許可が簡単には下りない状況は今も変わらない。成人のシリア人の多くは、たとえ仕事を得られたとしても、支払われる賃金は安いため、家族を養うのは難しいと感じている。

ただし、成人のシリア難民の賃金がいくら低いと言っても、子供たちの賃金の低さにはかなわない。トルコの靴部門で働くシリア人の子供がひと月に稼ぐのは、一五〇〜二〇〇トルコリラ（一〇三〇〜一三七〇円）だ。彼らは、家族が困窮に陥るのを防ぐために働いている。たとえば子供が七人いる家庭では、上の子供二人が家賃を払うために働き、次の二人が食費をまかなうために働き、最後の二人の稼ぎが、シリアの実家へのわずかな仕送り分となる。[20]

トルコの児童労働は今に始まったことではないが、何百万人もの難民が到着したことにより、この問題の解決に向けた試みは後退した。[21] 工房のオーナーたちはエルジュメントの取材に対し、トルコ人の子供はもう靴作りの訓練を受けたがらないのだと不満を漏らすという。条件が過酷さを増しているからだ。シリア難民の流入以前、靴工房の子供たちは午前八時から午後七時まで働いていたが、工房のオーナーは相手が難民となると、労働時間を延長し、午前七時から午後一〇時まで、ひどいときには深夜まで働かせる。ほかに選択肢がまったくないというのでない限り、こんな仕事をしたい人はいないだろう。

こうした児童労働者は、その年齢も衝撃的なほど低い。「六歳で働き始めたという八歳の農民労働者の記事を書いたこともあります」とエルジュメントは言う。「ある雇い主から聞いた話ですが、親は自分の子供を六歳で靴を作る工房に連れてくるのだそうです。その理由は、それくらい若いうちであれば、塗料や接着剤の臭いに慣れることができるからです」

接着剤の蒸気によって脳発達障害や肺の病気が引き起こされる可能性があるだけでなく、そうした子供たちは溶剤中毒になるリスクも高い。鋭利な切削工具のほか、仕事では可燃性のシンナーや接着剤を扱うため、火事が起こらないとも限らない。これは成人にとってさえ危険な環境であり、六歳の子供であれば言わずもがなだ。靴産業で働く難民の子供たちが直面する恐怖は数知れず、そのなかには罵倒や暴言、殴打、性的虐待も含まれる。雇い主にとっては、無防備な子供に暴力を振るうのは、成人に対してそうするよりもはるかに容易だ。

トルコのTCF産業は階層化された産業だ。大規模なティア1工場は、世界中のブランドと取引し、契約を結んでいる。そうした大規模工場は一般に視察の対象となり、労働組合が組織されていることさえある。たとえ多くの問題を抱えているにせよ、そこに児童労働は存在しない。児童労働が行なわれているのはより規模の小さい、大規模工場からの下請け仕事を担うティア2の工場やティア3の工房だ。

ダニエル・マクラクランはNGO「ビジネス・人権資料センター」の上級研究員であり、この職場で七年のキャリアを持つ。彼女は二〇一五年から、ファッションのサプライチェーンにおける子供を含むシリア難民の状況の監視を続けている。現状のようなトルコの下請けシステムを生み出した原因としてダニエルは、ファッションブランドが採用しているビジネスモデル、オーダーの目まぐるしい変化によって過度な労力を要求される作業プロセス、工場に対するコスト削減の重圧を挙げている。「彼らが産業として運営しているモデルは、本質的には搾取なのです」

しかし、もしブランドが、自分たちのオーダーが下請けに出されていることを知らないとしたらどうだろうか。「サプライチェーンの監視が容易だとは言いませんが、本来はブランドが自身のビジネスモデルを精査する必要があります」とダニエルは説明する。「価格の低下圧力とブランドによる買い入れ方法が、申告なしの下請けが発生する主な原因です。ほんとうの意味でこれに対処するうえで必要なのは、根本的な原因に取り組むことであり、すなわちブランドが自身のモデルを見直さなければならないのです」

「ビジネス・アンド・ヒューマンライツ・リソースセンター」は、ファッションブランドを対象に、トルコで行なわれている無申告での下請けに対し、どのような措置をとっているかについて調査を行なってきたが、この慣習を防ぐために何をしているかという問いに対しては、まだブランド側から説得力のある話は聞けておらず、大半のブランドが、自分たちはそうした行為を禁じており、深刻に受け止めているとコメントするに留まっているという。

二〇一八年春、トルコには、政府による推定で三九〇万人の難民が存在した。これほど多くの難民を抱える国はほかにない。非公式な推定では、この数字は五〇〇万人にまで膨れ上がる。難民の大半はシリア人だが、イラク人、アフガニスタン人、イラン人、ソマリア人もいる。[22]

左派の労働組合による調査では、トルコには二〇〇万人の児童労働者が存在するとされるが、公式の統計では七〇万人ということになっている。[23] どちらの数字にもシリア人の児童労働者は含まれていないものの、彼らは確かに存在し、われわれが利用する店の棚に並び、われわれのクローゼットに仕舞われる服や靴を作っている。そうした子供たちは、工場のオーナーやブランドの株主のために何百万ポンドもの利益を生み出しているにもかかわらず、ごく少ない賃金しか受け取っていない。

難民と雇用と児童労働

この子供たちについては、だれが責任を負うべきなのだろうか。だれが立ち上がり、この搾取を終わらせるべきなのだろうか。親なのか、工場のオーナーなのか、ブランドなのか、トルコ政府なのか、ＥＵなのか、それとも国際社会なのだろうか。

エルジュメントは、これは家族に責任がある話ではなく、むしろ彼らは、その多くが心に深い傷を負っている戦争の犠牲者だと述べている。責任を負うべき主体はいくつか存在すると彼は指摘し、なかでも筆頭としてトルコの工場オーナーたちを挙げている。

シリアの内戦開始から数年がたったころ、「イスタンブール繊維アパレル輸出協会」の代表ヒクメット・タンリベルディは、シリア難民はトルコの繊維産業を「救った」と述べている。その驚くべき発言の内容は、繊維産業は当時、工場の人手を確保するためにバングラデシュ人労働者数千人を輸入するかどうかの瀬戸際にあったが、難民が来たおかげでその計画は中止となった、というものであった。

「うちの工場では、最低賃金で働いてくれるブルーカラーのトルコ人労働者を見つけるのに苦労していました。たいていの人は、同じ金額なら、もっと職場環境が清潔なサービス部門で働くことを好むからです」。タンリベルディはそう述べている。「とりあえずはシリア人労働者に救われました。多くの部門関係者が、以前からバングラデシュから安価な労働力を連れてくることを計画していましたが、遅かれ早かれ、うちの部門でも彼らをトルコに呼び寄せて働いてもらうことになるでしょう」

難民たちが特に重宝されているのは、トルコ北西部の工業地帯マルマラの繊維部門だと、タンリベルディは言う[24]。自分たちの産業は難民に救われたと公言し、そのうえで彼らに対してこれほどひどい扱いをするというのは、恐ろしく不当な行為だ。こうした搾取から直接的な利益を得るトルコの工場オーナーたちこそ、このシステムのなかで責任を負うべき主体の一つだ。

また、ブランド自体にも責任はある。自社ブランドの服や靴が子供たちの手で作られていないかどうかを確かめるのは、常にブランドの責任だとダニエルは言う。問題に気づいていなかったとブランドが発言することは、もはや許容できるものではない。トルコのような、児童労働が問題となっている場所を調達先とすることによってブランドは大きな利益を得ているのだから、自分たちの服がどこで、どのように作られているかを明らかにするのは彼らの責任だ。

ブランドが決してしてはならないのは、慌てて逃げ出すこと、つまり児童労働が明らかになった工場と縁を切って自己保身に走ることだと、ダニエルは言う。大手ブランドのなかには、子供たちを職場の代わりに学校へ行かせるなど、家族にしわ寄せが行かない解決方法をとっているところもあるという。重要なのは、ブランドが子供の権利をいちばんに考えたやり方を採用し、地元のＮＧＯや利害関係者と協力して動くことだ。

シリア内戦にかかわるより広範な問題については、シリアを含む地域政府、ＥＵ、国連などの国際社会に多くの責任があると、エルジュメントは見ている。「これらすべてに責任の一端があります。現状の政治的な面を見れば、この戦争が続く限り、難民危機は続き、児童労働の問題も続くと言えるでしょう」

また、世間の人々は一般に、シリア難民が直面している不当な状況については、ＥＵが重い責任を負っていると感じている。特に問題視されているのは、ＥＵとトルコの間で、船でヨーロッパに到着した難民はトルコに追い返してよいという取り決めがなされていることだ。戦争やテロから逃れてきた人々の受け入れをＥＵが拒否すれば、難民たちはトルコから出ることができずに、児童労働をせざるを得ない状況に追い込まれる。トルコがシリア難民の大半を取り込んでくれることを望むＥＵはつまり、人権侵害に目をつぶっているのだ。

欧州の多くの国は、難民を受け入れない一方で、難民の手で作られた製品を輸入する。トルコは年間一七〇億ドル相当の衣料品や靴を輸出しているが、その大半はヨーロッパ向けであり、特にドイツと英国に送られるものが多い。われわれは、人間よりも物の方が尊重される世界の残酷な皮肉のなかに生きている。そこでは靴が国境を越えるのは歓迎されても、子供たちが歓迎されることはない。

交易可能な商品とお金がいとも簡単に世界中をめぐっている間、企業もまた国境や州境をとび越え、工場から工場へと移動しながら、どこよりも安い労働力と生産コストを探し求めている。このプロセスで重要視されるのは安価であることであり、結果として、労働基準の低さが助長される。そうした低い基準が、人々の流出を促す。

ファッション産業のシステムは、環境要求を回避したり、役人を買収したり、正しい手順を省いたりすることを奨励し、それによって破壊が促進される。工場が川や湖に排水を流すことによる水質汚染から、大規模な森林の焼失に至るまで、巨大ビジネスは農地、村、生活を破壊し続けている。

ＩＭＦによって推し進められてきた自由貿易協定や構造調整政策もまた、漁業や農業といった伝統的な職業を踏み付けにしてきた。[25] 職を失ってしまえば、人々は故郷を離れてどこか別の場所で仕事を探さなければならなくなる。知り合いもいない、言葉も通じない街にやってくる移民労働者は、多くの場合、もっとも危険で賃金の低い仕事を引き受けるしかない。

移民を自国に入れないようにする試みとして、ＥＵなどの政策立案者たちは、国を離れたい者が大勢いる場所、たとえばヨルダンのような国において、輸出志向の仕事に投資を行なっている。こうした投資で重点が置かれるのは、多くの場合、衣料品工場での雇用創出だ。衣料品部門は、極端に賃金が低く搾取的な仕事しか生み出さない。投資国側は、そうした雇用が移民の流れを食い止めることを期待している。

しかし、米フォーダム大学ロースクール教授のジェニファー・ゴードンが書いている通り、少なくとも短期的には、外国投資や貿易の拡大が移民の減少につながるというコンセンサスは存在しない。[26] ヨルダンには推定七五万人の難民が暮らしており、その圧倒的多数はシリア人だ。この難民がヨーロッパへ移動するのを阻止するために、EUや世界銀行などは、難民に関する協約をヨルダン政府と締結した。彼らの目論見は、二〇万人のシリア難民を衣料品工場で雇用すること、そしてそのうち一五万人分の雇用を、特別な輸出加工ゾーン内で用意することであった。EUは、難民雇用の割り当てを満たした工場からの輸出関税を引き下げた。この計画は結局うまく機能しなかったが、そこには一つ決定的な理由があった。これらの工場の仕事は、賃金があまりに低い割に負担が大きすぎて、ヨルダンにいるシリア難民の大半にとって現実的な選択肢にならなかったのだ。

ヨルダンの衣料品工場で働く人たちの多くは、バングラデシュやスリランカからの女性移住者だ。シリア難民の女性は通常、家庭を持っているため、工場の敷地内で生活することができず、またバングラデシュとは異なり、賃金を故郷へ送ってもたいした金額にはならない。

ヨルダンの繊維産業は二〇一一年、大きな注目を浴びた。「世界労働人権研究所」が調査に入ったクラシック社の工場で、女性に対する組織的な暴力と性的暴行が行なわれていることが明らかになったのだ。[27]当時、クラシックの社長サナル・クマールは容疑を否認し、報道によれば、責められるべきは米国とイスラエルだと言ったという。[28]

ＩＬＯは、ヨルダンの工場における主要な懸念事項としてセクシャルハラスメントを挙げている。この問題を複雑にしているのは、職場におけるセクシャルハラスメントは、ヨルダンの法律では内容によって違法とされない場合もあるという事実だ。[29]

ファッション産業はその性質上、低い労働コスト、短い納期、長時間労働が当たり前となっており、ヨルダンの工場が賃金を上げるということは、彼らが競争力を失うことを意味する。膨大な努力が費やされ、何億ドルもの資金が投入されたにもかかわらず、今日この部門で雇用されているシリア人はごく少数に過ぎないと、ゴードン教授は説明する。労働許可証を持つ約五万人のシリア人はむしろ、この国に到着した当初から従事してきた農業や建設業での非公式の労働に留まることを選んでいる。

同様の状況はエチオピアでも見られる。エチオピアでは、主にエリトリアからの難民のために工業団地内に三万件の雇用を確保して、彼らがヨーロッパに向かうのを阻止しようという試みがなされた。政策立案者らが難民から話を聞いて判明したのは、ヨルダンの例と同じく、彼らは日当一・二五〜一・六〇ドルの製造業の仕事に就きたいとは思っていないということだった。工場経営者の方も、難民を雇うことを強く望んでいるわけではなく、むしろ基礎的な教育を受けている一八〜二五歳の未婚女性を希望していた。世界銀行とエチオピア政府は現在、三万件の雇用は必ずしも輸出生産業である必要はないとの内容で合意している[30]。

『ヒューマン・フロー』についての記述のなかで、アイ・ウェイウェイは、グローバルノースの人々が抱く恐怖について論じている。その恐怖とはすなわち、国境を越えようとする者たちは「経済移民」であって、グローバルノースの繁栄を不当に利用しようとしている、という思考のことだ。そうした主張に潜んでいるのは、グローバリゼーションの正体とは、一部の国・機関・個人が、弱い立場にあったり、搾取されていたりする人たちを直接的に犠牲にして裕福になることであったと認めることの拒絶だと、彼は言う。「グローバリゼーションから不当なほど多くの利益を得てきたグローバルノースは、その責任を躊躇なく否定する。多くの難民たちを取り巻く現状は、グローバル資本主義システムに内在する強欲の直接的な結果であるにもかかわらずだ[31]」

裕福な国々が、難民危機の経済的負担をヨルダンやエチオピアといった国々と分担することは重要ではあるが、新自由主義の枠組みのなかに留まり、単に不平等なシステムと劣悪な条件の雇用を再生産するだけの解決策であれば、成功する見込みはほとんどない。絶望的な状況にいるからといって、その人たちが最悪の取引を受け入れるとは限らないし、また受け入れることを強制されるべきではない。「長期的な対策として、移民の減少を望む先進国は、何が何でも縫製業での雇用を用意しようとするのではなく、移民出身国でのディーセントワーク〔ＩＬＯが提唱する、働きがいのある人間らしい仕事という概念〕を増やす支援を行なう必要があるでしょう」と、ゴードン教授は言う。今いる場所で尊厳ある暮らしを築くことが可能にならなければ、人々の流出は止まらないだろう。

また、移民の流れを止める試みとして生産を増やすことが、実際には逆方向に作用してるという問題もある。われわれがそのなかで暮らしている現在の経済システムは、過剰生産と過剰消費に依存している――それは流行に基づいた短命のアイテムを大量に生産し、多大な環境コストをかけて廃棄するシステムだ。このシステムによって環境はひどく劣化し、気候崩壊によってすでに何百万人もの人々が家と生計の手段を失っている。

工場をさらに増やし、輸出ゾーンをさらに増やし、使い捨ての商品をさらに大量に生産するのでは、同じ結果がさらに繰り返されることにしかならない――その結果とはすなわち、環境が破壊され、そこに暮らす人々が故郷を追われることだ。輸出ゾーンに工場を作ることは、グローバルノースの政府や機関にとっては都合のいい解決策かもしれないが、既存の問題をいっそう悪化させるだけに終わるだろう。

気候崩壊という問題はよく、次世代にとっての危機である、グローバルノースの子供たちに影響を与えるものであるという言い方をされる。この表現において無視されているのは、気候崩壊は一部の人種に対して不当に大きな影響を与えるものであり、グローバルサウスにおいてすでに大惨事をもたらしているという事実だ。気候変動に起因する移住が世界的課題として深刻さを増し、何百万人もの人々が強制的かつ極めて破壊的なプロセスとしての移住に直面している現在、人がそれぞれ住みたい場所で安全に暮らせるようにすることの重要性は、ますます高まっている。

中国の旧正月

われわれは現在、世界的な難民危機のまっただなかにいるが、人類史上最大規模の人々の移動といえば、ある国の国境の内側で毎年起こる現象のことを指す。

中国の旧正月休暇には、四〇日におよぶ期間中、道路を経由した移動が推定二四億八〇〇〇万回、鉄道による移動が三億九〇〇〇万回、飛行機による移動が六五〇〇万回、船による移動が四六〇〇万回行なわれる。[32] 年に一度のこの「春運」により、広東省中部の東莞（ドンガン）のような都市は空っぽになる。東莞には約一〇〇万軒の工場があり、[33] その従業員はほぼ全員が出稼ぎ労働者だ。旧正月がやってくると、都市人口の七〇パーセントに相当するこうした労働者が皆田舎に里帰りし、東莞は「出稼ぎ労働者の街からゴーストタウンへと」変貌を遂げる。[34]

「長期休暇には、中国の都市はすべて静止状態になります」と、米ワシントン大学教授カムウィン・チャンは言う。「どこかで食事をしようとか、タクシーを拾おうと思ってもだれもいません」。チャン教授は、中国の国内移動を専門に研究している。大半の国は経済を活性化させるために労働力を輸入するが、中国は国内移動を利用することによってこれを実現してきた。

その数は驚愕に値する――世界全体の国際移動者の数は二億五八〇〇万人だが、中国国内だけで推定一億七〇〇〇万人の移動労働者が存在する。この事実によって、かつてない規模と重要性を持つ状況が生み出されている。

大規模な地級市（中国の行政単位の一つ）である東莞は、一九八〇年代半ばから中国製造業の中核を担ってきた。珠江デルタ地帯に位置しており、およそ二五〇〇万平方キロの範囲に点在するいくつもの街や村が発展して都市を形成している。[35] 東莞で作られている主要製品の一つは靴だ。特に厚街（ホウジエ）という街は、ブランド靴のデザインと製造で知られている。[36] 東莞内の有名な工場としては、ナイキやティンバーランドのサプライヤーであるステラ・インターナショナル・ホールディングス（九興控股有限公司）のほか、二〇一四年に四万人の労働者がストライキを行なった世界最大のスポーツシューズメーカー、裕元（ユエユエン）が運営するものなどがある。

東莞は二〇〇八年に起こった世界金融危機の際、工業製品に対する需要が落ち込んだことで大きな打撃を受けた。現在はハイテク製造業地帯として生まれ変わることを目指しているものの、評論家からは、この街は金融破綻のせいで陥ったスランプから真に回復してはいないと言われている。かつては数千人を雇用していた東莞の工場も、今ではすっかり空っぽになったところや、一部のみが稼働しているところ、人間がオートメーションに置き換えられたところなどが見受けられる。[37]

東莞も、そして中国全土に存在するその他数十ヵ所にのぼるスーパーシティも、グローバリゼーションに起因する移動において重要な意味を持つ場所だ。一九九〇年から二〇一五年にかけて、中国の人口のうち、都市部に住む人の割合は二六パーセントから五六パーセントにまで急増した。[38] この突然の変化を理解するには、まずは一九五八年まで遡る必要がある。この年、中国の共産党政府によって、人口の流れをコントロールすることを目的とした戸籍制度が開始された。

この「戸口（フーコウ）制度」においては、中国のすべての国民に戸籍の場所と分類が割り当てられる。国民は原則として、地方に住む農民あるいは都市部に住む非農民となる。この身分は基本的に親から受け継がれるものであり、変更することはできない。戸口がどこにあるかによって、その人が住宅や医療などの福祉を利用することができるたった一つの場所が決まる。戸口とは要するに、人々がどこに属しているかを定めるものなのだ。[39]

この制度ができたことで、「農民」と定められた人間が都市に移住することはほぼ不可能となった。人々を農村地帯に縛りつけることによって、国内移動は最小限に留められた。ところが一九七九年、戸口は大きく変貌した。超低賃金の労働者を大量に確保し、世界に製品を供給することを使命とする工場で働かせるために、中国は制度に変更を加えて、彼らが農民戸籍を保ったまま都市部に出ることができるようにしたのだと、チャン教授は説明する。

地方では貧困が蔓延していたことから、この変更は何百万人もの農民たちに歓迎され、彼らは仕事とよりよい生活を求めて住み慣れた土地をあとにした。都市部の人口は膨れ上がり、大勢の労働者の力によって、中国は「世界の工場」との呼び名を獲得した。二〇一三年には、世界の靴の六二・九パーセントが中国で製造されるようになった。その靴を作っている工場で雇用されている人の多くは、バスや電車に乗り込んで地方からやってきた国内移住者であった。

やがて、農戸と非農戸を区別する意味は薄れていった。それでも戸口がある場所は決して変わらず、人々が生涯でどのような機会や資源にアクセスできるかは、今も戸口に縛られている。▼40

シウ・リッシは、中国の工業地帯が生んだ労働者詩人だ。わずか二四歳のとき、彼は深センのビルの一七階から飛び降りて命を絶った。現場からそう遠くない場所にある、アップルと契約を結んでいるフォックスコン（富士康国際控股）の工場で、彼は働いていた。生前、シウ・リッシは、巨大な都市で暮らしながら組立ラインで働くことの過酷さを、「流水線上的兵馬俑（組立ラインの兵馬俑）」「顆花生的死亡報告（ピーナツの訃報）」「我嚥下一枚鐵做的月亮（鉄の月を飲み込んだ）」などの詩に書き記している。「发哥（わが友ファー）」という詩は、ある移動労働者のために書かれたものだ。この詩のなかには、肉体をむしばむ工場労働のつらさが綴られている。

七年前、君は一人で

深センのこの場所へやってきた
意気揚々と、信念に満ち
そんな君が出会ったのは、氷のような
暗い夜、一時的な居住許可、一時的なシェルター……
紆余曲折を経て、君はやってきた、この世界最大の設備工場に
そして始めた、立ったまま、ネジを締め、残業をし、一晩中働き、
塗装し、仕上げをし、研磨をし、バフをかけ、
包装し、梱包し、完成品を移動させ、
毎日何千回となく腰をかがめ、また立ち上がり、
山と積まれた製品を作業場の床に引きずって
病気の種が植え付けられ、それでも君は気づかなかった、
痛みに引きずられて病院へ行くまでは[41]

シウ・リッシと友人のファーにとって、人生は生産と搾取の絶え間ないサイクルと化し、新たな生活の約束は、機械化された過酷な肉体労働と果てしない繰り返しの精神的負担に取って代わられた。それは、何百万人もの若い中国人労働者が共有する運命であった。

流れる子供たち

自分の戸口を別の場所と交換したいと考える農村部の労働者たちを待っているのは、とうてい乗り越えることのできない官僚的障壁だ。また彼らにとって戸口を交換するということは、故郷の街で所有してい

た福利厚生の権利を失い、老後に「家」に帰れなくなることを意味する。そのため移住者の大半は、一〇年か二〇年の間大都市に住んだあと、生まれ育った街や村に戻る心づもりでいる。[42] このように、戸口制度によって、中国に住む何億人もの人々が、その人生において移動労働者になることを重要な要素として取り入れざるを得なくなっている。

指定された戸口以外の場所で暮らす人々は、やがて「流動人口」と呼ばれるようになった。「この概念は、戸口の場所こそがその人が所属する土地であり、たとえ移住をしても戸口を変えない限り、それは正式なものとも、永続的なものともみなされないという考えに基づいている」。世界銀行がまとめた報告書に、C・シンディ・ファン教授はそう書いている。「実際の移住がいつ行なわれたかにかかわらず、普段暮らしている場所が戸口と異なるのであれば、その人は流動人口の一人に数えられる」[43]

こうした一時的な流動の状態にある場合、移住者の家族はその全員が基本的な権利を持つことができない。流動人口が置かれている状態について、チャン教授は、次世代に多大な人的犠牲を強いるものであると指摘している。「戸口に記されるステータスは本人の両親によって決まるため、移住者の子供たちは、たとえ都市に住んでいようとも、たとえそこで生まれたのだとしても、農民に分類されることになる。

この事実は、特に教育の問題において恐ろしい成り行きを招く。農民の戸口を持つということは、移住者の子供たちには都市の公立学校で教育を受ける権利がないということであり、これは移住者の家庭にとって大きな負担となる。二〇一六年には、リュウ氏という名の父親が、北京の学校に娘の籍を確保しようと何ヵ月も交渉を続けた末に訴えが却下されたことに腹を立て、政府関連施設の外で自分の体に火をつけるという事件が起こっている。[44]

公立学校に入れなければ、狭苦しい移住者居住区に暮らす子供たちは、非公式の私立校で教育を受けるしかない。『ニューヨークタイムズ』紙はこうした学校について、教育のグレーゾーンで運営されていると表現している。そこには免許も標準カリキュラムも存在せず、教師もまた、生徒たちと同じく不安定な戸口を持っている。[45]

移住者の子供たちは、都市の人口を何とかして抑えたいと望む当局のターゲットとなっている。二〇一七年に北京で行なわれた暴力的な立ち退き作戦では、移住者居住区の家や学校が対象とされ、『ニューヨークタイムズ』紙によると、その現場は戦争を思わせる惨状だったという。[46]教育などの基本的なサービスを奪うことによって、移住者を都市の外へ追い出そうというのが当局の目論見だ。「敵意ある政策や措置がいくつも実行に移されています」と、チャン教授は言う。「より強い言葉を使うなら、要するに彼らは移住者の子供たちを全員、都市から追放（パージ）したのです」

移住者の子供たちがどうにか学校の籍を確保できたとしても、彼らを都市から追い出そうとする官僚的障壁はそれ以外にも存在する。高校卒業後の学生が受ける試験高考（ガオカオ）は、本人の戸口の所在地で受験することが定められている。そのため、高考を受ける学生は、受験に先駆けて「故郷」での教育内容に慣れておくために、高校生活の後半には都市に住む家族のもとを離れなければならない。[47]

こうした問題に対処するため、中国国務院は二〇一五年、都市に恒久的に住むことができる戸口を二〇二〇年までに一億人分、農民に与える計画を発表した。膨大な数ではあるものの、全面的な改革を促すにはこれではまるで足りないだろう。戸口制度によってもたらされる中国社会の隔絶は、社会不安が拡大するリスクをはらんでいる。なぜなら、中国の都市には居場所をなくした若者たちが着実に増えており、彼らは自分がよそ者というステータスによって定義され、また、それに囚われていることへの怒りを募らせているからだ。[48]

取り残されて

不安定で貧しい移住者居住区で育つ子供たちのほか、第二の課題と言えるのが、中国の農村部に「取り残された子供たち」だ。やむを得ない事情から、あるいは就労許可証や住居費の問題から、世界には一定数、仕事のために移住をする際に子供をあとに残していく親が存在する。彼らの目的はしかし、最終的には子供も移住させて家族が再び一緒になることであり、実際にそうなるケースが多い。ところが中国では、制度的・法的な障壁のために、七〇〇〇万人近い子供たちが永久的に置き去りにされている。

「移住労働者の総数は、現在約一億七〇〇〇万人です」とチャン教授は言う。「この一億七〇〇〇万人の移住労働者と関連のある子供たちは、およそ一億人いると推定されます。その一億人の子供たちのうち、都会にいる親と一緒に暮らすことができているのはわずか三五〇〇万人、全体の三分の一です。あとの六六〇〇万人は農村部に取り残されているのです」

六六〇〇万人といえば、英国の全人口に匹敵する。恐ろしいほど多くの子供たちが、一方の、あるいは両方の親と引き離されたまま育っているのだ。小さな子供を育てる仕事は、たいていは祖父母に託されるが、エネルギーにあふれる幼児や、笑顔をなくしていく子供たちの相手をすることは彼らの手に余る。

写真家のレン・シ・チェンは、中国の好景気がもたらした精神的コストを可視化する試みとして、三年を費やして、この取り残された子供たちの世代を記録している。[49] 彼の写真が映し出すのは、学校の教室に立つ子供たちの姿だ。背後の黒板には、両親へのメッセージが書かれている。「パパとママに会いたい。パパとママは仕事へ行っちゃった。もう三年も会ってない」。中国でもっとも貧しい省の一つである甘粛（カンスー）に住む八歳の子供は、そう書いている。[50]

取り残された子供たちの扱いを語気を強めて批判するチャン教授は、一つの世代全体が破壊されつつあると考えている。流動状態とこの取り残された子供たちの危機が、移住労働の意図せぬ結果であるのだとしても、それはグローバリゼーションの産物であり、靴を履く人や、「中国製」の製品を所有している人たち全員に関係がある。

移住労働者を都市へ押し出したのは極度の貧困だが、一方で彼らをそこへ引き寄せたのは、世界に蔓延する消費財への飽くなき欲望だ。こうした危機によって利益を得る者たちのなかには、この不平等なシステムの直接的な結果として中国で巨額の富を得てきたすべての多国籍企業が含まれる。

中国が世界でもっとも強力な工場になることができたのは、農村部から大挙して移動してきた労働者たちのおかげだ。自分たちがその建設を助けた都会において、彼らが真に歓迎されることは決してなかった。世界中の靴――山のようなスニーカー、ブローグ、バレエシューズ、ハイヒール、ブーツなど――は、一〇足のうち六足までもが中国で製造されており、そのすべてに膨大なコストがかかっている。それを知っているのは六六〇〇万人の子供たちと、子供に会えずにつらい思いをしている親たちだけだ。

足跡

間に合わせの難民キャンプからトルコの地下室まで、靴はグローバリゼーションによってもたらされたさまざまな帰結を物語っている。靴を見れば、資本主義によって居場所を追われた何百万人もの人々の存在が浮かび上がってくる。その意味では、難民危機において取り組むべき課題とは、難民個人の苦しみだけではない――そこにあるのは、最低限の暮らしを支えようとする人々の苦労よりも金銭的な利益を優先させる、われわれが暮らすこの世界のシステムの問題だ。靴の物語は、われわれに一つの問題を提示する――貧しい人々、家を追われた人々、占領下にある人々は、自分たちの社会が破壊されたとき、どのように存在すべきなのだろうか。彼らに求められているのは、ただ消え去ることなのだろうか。

われわれが履いている靴を総体として精査することを通して、こうした何百万人もの人々が現に存在していることを認め、受け入れることが、われわれ人類にとって不可欠であると気づくことができるのではないだろうか。「道を歩いていてだれか困っている人がいたなら、人は手を貸すものです。どの国であれ、死にそうだったり、ひどい貧困にあえいでいたりする人がいれば、実際に助けたいと感じるのが常識的な感覚だとわたしは思います」。現在の政治情勢を振り返りつつ、ガイ・テイラーはそう語る。「われわれがそうしないよう促されているという事実、移民規制を支持することが推奨されているという事実が示しているのは、人間らしさのなかに存在する助け合いの心が、強制的に排除されているということです。われわれは、絶望している人々に対して無慈悲かつ冷酷であることを称賛するよう仕向けられているのです」

何百万人もの人々が移動し、地球にかかる圧力が果てしなく増え続けている現状を踏まえ、次の章でも引き続き、このシステムを継続することで困る人間などだれもいないという信念を解体していく。われわれは現在、子供を有刺鉄線のフェンスの向こうに閉じ込めつつ、彼らが手縫いで仕上げた消費財を喜んで購入しているが、一部には国境とはかかわりなく起こる問題も存在する。地球上の生命を冒瀆する行為の結果から身を守ることができる壁はない。そしてわれわれが今、目を向けなければならないのは、気候崩壊という不吉な物語だ。

第六章　革の問題

　一一月の朝、吹きつける風のなかで、メドウ通りの上にようやく朝日がのぼってきた。黒々とした線を描く並木の高さを超え、野原を横切る小道を照らし、中央分離帯のある幹線道路を疾走する車にキラキラと反射する。メドウ通りまで光を届かせようと、太陽はさらに上昇を続ける。退避車線に並んだトラックや、また別の並木の輪郭を浮かび上がらせながら、太陽は地元のサッカークラブの看板、定住をせず旅をしながら暮らす人々の住まい、高速道路の出口ランプへの道を照らし出す。

　幹線道路の先に、巨大なトラックが姿を現す。角を曲がってメドウ通りに入ると、トラックは何の掲示もないカーのトレーラーは真紅に塗られている。白い運転室(キャビン)には運送業者のロゴが刻まれ、ダブルデッ金属製のセキュリティゲートの前で停車した。

　ダブルデッカーのコンテナの内部に響いているのは、いくつもの体がこすれあい、倒れ伏し、糞にまみれた鉄製の床の上でもがく音だ。長い旅の間ずっと、空気を取り入れるための細い隙間からは、冷たい風が容赦なく吹き込んできた。トラックが停まると、低い天井と金属性の柵に頭を押しつけながら、目が懸命に外を見ようとする。涙で湿りギョロついた瞳は恐怖に見開かれ、まるで開いたままピンで固定されているかのように見える。口からは白い泡が垂れ下がり、ひげの生えた柔らかい鼻は、空気を求めてフガフガという音を立てては、勢いよく蒸気を吹き出す。

金属製のゲートがビーッという音とともに開く。トラックがガタガタと揺れながら施設内に入ると、吐き出された排ガスの臭いに、ほんの一瞬、鼻をつく糞尿の臭いがかき消される。トラックは中庭の奥へと誘導され、途中、藁が敷き詰められた囲い、一列に駐車したトラック、血の入ったタンクを隠すために下げられている大きな白い幕の前を通り過ぎる。

クリップボード越しの短い会話のあと、ドライバーは緑色をした平屋建ての建物の入り口までトラックをバックさせる。荷台のうしろが開き、スロープが降ろされる。待機する時間はない。スロープを降りたところは屠殺場だ。生まれて初めての、金属の箱に閉じ込められたままの恐怖の旅が終わると、あとはほんの数歩が残されているのみだった。

やがて彼らの叫び声が聞こえてくる。互いに向かって、世界に向かって、最後にひと目だけでも何か緑色をした、安らぎを感じるものを見たいと訴えている。ここから逃げよう、家に帰って群れの絆を取り戻そうとする本能を、金属の手すりが拒絶する。一頭ずつ、彼らはトラックから追い立てられ、たっぷりと肉のついた柔らかい体は終焉に向かって押し出される。

ついにやってきた終わりは、暴力的で、不公平で、絶望的なものだった。それは、選択も同意もない生涯の最後に訪れる死だ。

牛はしばしば国境を越えて、どこよりも高い価格を提示した屠殺場へと運ばれる。建物のなかに入ると、牛の頭に向かって家畜銃が発射される。この銃は、牛を瞬時に気絶させるよう設計されている。牛が意識を失わずに、二発目を撃つような事態を避けるためだ。続いてうしろ脚に鎖がはめられ、牛は頭を下にして吊るされる。最後は喉を刺して動脈を切断し、そのまま血をすべて流させる。▼1

牛は極めて繊細で社会的な生きものだ。複雑な心理を有し、また肉食獣にとっては餌となる動物である彼らは、触られたり、速い動きや大きな音に遭遇したりすると警戒心を抱く。彼らが身じろぎをしたり、苦しそうな声を出したりするのはそうした気持ちの表れだ。[2] 人間と同じように、牛にも痛みや苦痛を感じる十全な機能が備わっている。牛や子牛の研究からは、そうした機能があるために、高いレベルのストレス、恐怖、喪失感にさらされた個体は、長期にわたる精神的苦痛を味わうことがわかっている。[3]

今でも何百万頭もの牛が、彼らの肉、骨、皮を目当てに殺され続けている。その過程において、世界の畜産業は、すべての自動車、飛行機、列車、船舶を合わせたよりも多くの温室効果ガスを排出している。[4]

牛が強制的に、繰り返し妊娠させられる集約農業は、靴産業を支える重要な柱だ。皮革は、食肉産業から偶然生み出される副産物というよりも、食肉と同時に意図的に生産される共産物であり、高い価値を持つ商品だ。皮革の価値は通常、動物の市場価値の五〜一〇パーセント程度とされる。[5] 皮革製品全体の約五〇パーセントを占める靴について語りながら、[6] その材料となる皮を提供する動物に言及しないのであれば、現実を軽んじていることになるだろう。

死のかけら

「動物にとっては、肉のために殺されようが、皮のために殺されようが、脂肪や骨のために殺されようが、変わりはありません。あの動物たちが生きて意識があるままで切り裂かれるときに感じる恐怖、痛み、不安は、今も毎日起こっていることです」と、ＰＥＴＡ〔米動物保護団体「動物の倫理的扱いを求める人々の会」〕のドイツ事務所で企業総務の責任者を務めるフランク・シュミットは言う。

「子牛の皮をとるには、生後数ヵ月から一年程度の若い牛を屠殺しなければなりません。子牛は成体の雌牛や雄牛と同じ屠殺場に送られるので、何が起こっているのかを目の前で見ています。作業員が適切な処置を怠ったせいで、何度も繰り返し気絶させられることもあります。ですから、首を刺されて放血させられる間、意識を保っている場合もあるのです」

ファッションおよび靴産業における屠殺場という存在は、だれもがあえて触れないようにしている問題だ。何百頭もの動物が人間の服や靴のために死ぬことは当然であるとされ、動物の権利について言及することはタブー、あるいは厄介なこととみなされている。それでも、殺戮が至るところで行なわれ、ありふれた光景のなかに潜んでいることに変わりはない。

アレックス・ロックウッド博士は、英サンダーランド大学のメディア・文化研究所に勤めている。ある日、電車に座り、混み合ったプラットホームに大勢の人が殺到するのを眺めているとき、博士は一つの事実に気がついた。それは、自分の目の前にいる人たちのほぼ全員が、朝の電車に乗るまでに何らかの殺しに関与しているということだった。

彼らの多くは、朝食に肉を食べたり、昼食用に肉を使ったサンドイッチを用意したりしただろう。シルクのネクタイや下着を着けている人もいるかもしれない。ゼラチンのカプセルに入った薬やビタミン剤を飲んだ人もいるはずだ。一部の人たちはおそらく、毛皮の縁飾りがついたフード、帽子、手袋を持っているだろうし、ダウンジャケットを身に着けている人もいるだろう。もちろん革も忘れてはならない。革靴やブーツ、革のかばんにブリーフケース、革のジャケットやベルト、キンドルや手帳や携帯電話用の革のケース、さらには車のシートやソファにも革製のものがある。そのどれもが、暴力的な死をともなわずに存在することはできない。あの電車の窓から見た光景の至るところに、死のかけらが存在していることは明白だった。それでも、それは一つの価値体系(イデオロギー)として、生活の一部として、まったく認識されず、語られず、疑問を投げかけられることもないのだ。

英国においては、屠殺場はビクトリア時代に街の外に移された。人々がそれを目にしたり、思い出したりせずに済む場所に置かれたわけだ。これをきっかけとして、一部の動物――主にネコとイヌ――を身近に置きつつ、その他すべての動物たちの生死を完全に無視する必要性が生まれた。かくして、われわれが無視するものの範囲には、ゾッとするほど多くのものが含まれることになった。

では、大量死のうえに成り立つ世界に生きるということは、いったい何を意味するのであろうか。社会に対する影響はあるだろうか。ロックウッド博士の研究は、死体に対する文化的、心理的、社会学的な態度の探求に重きを置いている。殺しを視界に入らないところへ移すという行為は、自分たち自身が肉からできた物質的な体を持つ脆弱な動物であるという事実を見ないようにしようとする人間の試みに基づくものであると、博士は考えている。われわれは環境的な理由から服や靴を身に着けるが、これは同時に自分の脆弱性と肉体を覆い隠そうとする社会学的な欲求の一部であるというのが、博士の主張だ。

「そうした欲求は、ビクトリア時代の人々の敏感な心理とも通じるものがあります」とロックウッド博士は言う。「一九世紀からさらに先へとつながりをたどっていくと、ビクトリア時代というのは、ほかの生きものの死と殺害を覆い隠すことを中心として、その周りに文明化のプロセスを構築することが重視されるようになったタイミングであることがわかります。当時の人々は、人間は生まれつきそれほど強靭ではないため、そうしたものを見ることはできない、あるいは、自分たちが脆弱な肉体的存在であることを翻って認識することはできないと考えていました」

ロックウッド博士は、われわれは、自分たちもまた動物であり、ほかの種との違いは根本的なものではなく、互いの間にある距離がどの程度であるかによって測られるということを認めるのが怖いのだと主張する。チャールズ・ダーウィンが『人間の由来』で書いたように、それは程度の差であって種類の差ではない。にもかかわらず、われわれはこれを受け入れることなく、自分たちがほかの動物を日々殺しているという事実から目をそらしている。

米国の作家で動物擁護活動家のメラニー・ジョイ博士は、毎年何十億頭もの畜産動物を屠殺するのは、力の強い者が弱い者を牛耳る組織的支配に基づく残虐な行為であると主張する。抑圧により、人類の歴史は大いに汚されている。なぜなら、特権を利用することによる支配と抑圧を中心として、この社会が成り立ってきたからだ。権力のある者たちは、自分よりも劣っているとみなした人々の生のみならず、死をも支配することのできる陰惨な力を行使する。動物を家畜として飼育、殺害することも、このパターンに従っている。

ジョイ博士はこのイデオロギーを「カーニズム（肉食主義）」と名付けている。これは、人間には動物を殺し、食べ、身にまとう権利があるという社会的信念を指す。カーニズムは、人間は種のヒエラルキーの頂点に立っており、ほかの種を支配する権利があるとする「種差別主義」と結びついている。ジョイ博士によると、こうした考え方は根深いものであり、その偏見はあらゆる制度に埋め込まれているという。より公平な世界に近づくということはつまり、人間には他を服従させ殺害する権利があるとわれわれに思い込ませている、隠された抑圧の形を明らかにすることを意味すると、博士は主張する。そのために必要なのは、人間および動物に関係する世界とその権力構造を精査すること——そして、異なる点に注目するのではなく、物事を異なった目で見ることだ。[7]

カーニズムは人間のことを、ほかの動物の権利や自由を否定する権利が自分たちにはあると信じるようにできている存在とみなす。「われわれが革、羊毛、絹などの動物に由来する素材を使って行なっていることは、つまりは『われわれがあなたを支配する、われわれはあなたの皮膚を使うことができるし、あなたの体から産出されるものを好きに使って構わない』と言っているのと同じです」と、ロックウッド博士は言う。

これを認めるには、かなりの覚悟がいる。「資本主義をほんとうに終わらせたいのであれば、動物労働の搾取を終わらせることです」。ロックウッド博士はそう主張する。「資本主義は動物の体と労働の搾取に大きく依存して成り立っているのですから、その要素を断ち切れば、資本主義も断ち切られるでしょう」
われわれが今、そのもとで暮らしている現行のシステムでは、気候災害から文明を救うための猶予はあと一一年しか残されておらず、またこれから見ていく通り、このシステムは工業型農業と分かちがたく結びついている。事実と向き合い、変化を起こさない限り、公正で持続可能な地球を手に入れることは叶わない。ロックウッド博士は言う。「もしわたしが、『われわれの社会におけるこうした殺害はどんな結果をもたらすのか』という質問を受けたとしたら、こう答えるしかありません——それはわれわれの社会の終焉です、と」

牛の蹄の下で

二〇一八年末、アドリアナ・シャルーはふと、最近購入したTシャツを着るのが怖いと感じている自分に気がついた。そのTシャツには「#EleNão（エリナオ）」——ポルトガル語で「彼じゃない」の意——というスローガンが書かれている。「彼」というのは、ブラジル大統領候補のジャイル・ボルソナロのことだ。アドリアナが恐怖を覚えたのは、選挙はまだ始まってもいないというのに、まるでボルソナロがすでに勝利したかのような雰囲気を感じていたからだ。

権威主義者で、人種差別主義者で、反女性主義者で、同性愛を激しく嫌悪し、環境省を農務省に統合すると宣言し、すべての国民が銃を持つべきだと主張するボルソナロは、選挙討論において圧倒的優位に立っていた。アドリアナも友人たちも、対話の可能性はすでに閉ざされたと感じていた。デモから一人で歩いて帰ることも、左翼のスローガンが書かれたTシャツを着ることも、これからは気軽にはできないという気がした。その恐怖は、まるで長い触手を伸ばす影のように感じられ、しかも危険をもたらすのは軍なのか、警察なのか、それとも通りを歩く普通の人たちなのかは、決して知りようがないのだった。

もう長いこと活動家・運動員としてグリーンピース・ブラジルに所属してきたアドリアナが懸念していたのは、LGBTの友人たちや幼い息子のことばかりではない。アマゾンに広がるすべての熱帯雨林、そこで暮らす先住民たち、そして今も週に四人の割合で殺害されている環境活動家たちのことが頭をよぎった。[8]ボルソナロは、ブラジルからグリーンピースを追放するとまで公言し、NGOに資金提供はしない、先住民保護区やキロンボ(逃亡したあるいは解放された奴隷の子孫のための保護居住区)はすべて廃止すると断言した。[9]

その後行なわれた選挙において、ボルソナロは五五パーセントの得票率で大統領に選出された。彼は「牛肉、銃弾、聖書」、すなわち大企業、銃支持ロビー団体、宗教右派を結束させることに成功したのだった。

最後のフロンティア

アドリアナが所属するグリーンピース・ブラジルは、農業関連産業が熱帯雨林のさらに奥深くへと拡大することを阻止するための活動を行なっている。肉と皮を目当てに牛を飼育することはブラジルの一大産業であると同時に、アマゾンにおける森林破壊の最大の原因だ。

二〇一八年、ブラジルが輸出した革は一四億四三〇〇万ドル分にのぼった。これは平らに広げた大きさにして一億八一七〇万平方メートル分に相当する。[10]この数字は以前より減少しているものの、ブラジルは今も加工済み(染色・コーティング済み)皮革の輸出国として世界第二位につけている。[11]

この革のうち四分の一は中国に、一七・五パーセントはイタリアに、一六・八パーセントは米国に輸出され、香港とベトナムもそれぞれ五パーセント強を受け取っている。[12]ブラジル産の革はサプライチェーンの至るところに存在し、今も熱帯雨林を食い尽くしつつある。ボルソナロが大統領の座をまだ手に入れていないうちから、彼の選挙運動が有利に進んだことで、アマゾンの森林破壊は三六パーセント増加した。[13]

革とは逆に、ブラジル産の肉は、その八〇パーセントが国内で消費されている。多くのブラジル国民が赤肉のことを、自分たちの社会生活と深いかかわりのある本質的なものとみなしている。赤肉は同時に、暴力的な土地占拠とも深いかかわりがあり、その本質的な原動力になってきたと、アドリアナは説明する。「A base da pata do boi（ア・バージ・ダ・パータ・ド・ボイ）」。アドリアナが口にしたのは、一九八五年まで続いていた軍事独裁政権下において、支配者である将軍たちが使っていた言い回しだ。「牛の蹄の下」を意味するこの言葉は、牛を使って土地を森林から牧草地に変えろ、その土地を占領して決して返すなというメッセージであった。

ジャーナリストのスー・ブランフォードが初めてブラジルを訪れたのは一九七一年のことだ。彼女の目的は、移民の流れと土地からの農民の暴力的追放をテーマに、博士論文を書くことだった。その最初の旅は波乱に満ちたものとなった——彼女は二人の人間が殺害されるところを目撃し、指導教官に宛てて送られる手紙の内容は、徐々に絶望の色を深めていった。しかもその手紙でさえ、英国に届くまでには五週間もかかるのだった。

スーは最終的に博士課程をドロップアウトし、自分の研究を共著『The Last Frontier: Fighting Over Land in the Amazon（最後のフロンティア——アマゾンでの土地をめぐる争い）』としてまとめたあと、ジャーナリストになった。生涯を通じてブラジルとラテンアメリカで取材を続けた彼女は、二〇一七年にブラジルを再訪し、一九七四年のあの旅の足跡を改めてたどった。

彼女の旅はマトグロッソ州のクイアバ市から始まり、北上してシノプの街を目指した。一九七四年には、新たに切り開かれたばかりの道を通り、シノプまで五日間かけて移動した。その旅の途中では、ときおり道の周辺に住む農民の家族に遭遇した。先住民は森のなかに住んでいるという話だったが、姿はどこにも見えなかった。

一九七四年当時のシノプは、政府が村民を増やすことを画策している集落であり、土地を探している家族数組が南方から移住させられていた。彼らは故郷から四八〇〇キロ離れた場所で、雨、暑さ、蚊、そして果てしなく広がる森に立ち向かう羽目になった。集落の生活は苦しかったが、一九九〇年代初頭、「奇跡の作物」である大豆の登場によって状況は改善した。現在のシノプは一三万五〇〇〇人が暮らす新興都市であり、開拓の最前線はすでに北の森のなかへと場所を移している。

「最初は伐採業者が森に入り、良質な硬い木材をとっていきます」とスーは説明する。「次に移行するフェーズは、ごく最近見られるようになったものですが、暴力的に土地を強奪する人々がやってくるのです。彼らは土地を切り開き、農家を追い出し、先住民を森の奥へと追いやります。切り開かれた土地は牧場主に売却されます。厄介で危険な作業はすでに終わっていますから、更地には森林の一〇倍の値段がつきます」

山間部であれば通常、そのまま牛を放牧する土地として使われ、残っている木々の根は牧場主によって徐々に取り去られる。大豆などの作物を機械栽培するのに適した土地の場合は、さらに転売されて莫大な利益を生み、たいていは最終的に多国籍企業の支配下に置かれる。いったん土地が切り開かれてしまえば、伐採業者はその範囲をいっそう広げつつ、森林を消し去っていく。

「普段の暮らし方を変えて、温室効果ガスの発生を抑えようという意見はよく聞かれます」とスーは続ける。「排出量を減らすうえでそれよりもはるかに簡単な方法は、森林の伐採を止めることですが、いまだにこんなことが続けられているのです。伐採を止めるのは、おそらくひと筋縄では行かないでしょう。なぜならこれは資本主義であり、短期的に利益を追求する行為だからです。破壊は巨大な船のように進んでおり、それを止める方法は見つかりそうにありません」

こうした変貌を目の当たりにするのはあまりに悲しいと、スーは言う。かつて森がはるか遠くまで広がっていたときのことを、彼女は覚えている。今アマゾン地域東部の上空を飛べば、そこに見えるのは猛烈な勢いで広がりゆく牧場だ。残されているのは、緑色の島がポツポツと浮かんでいるかのような先住民保護区だけであり、そこでは今まさに森と生物多様性を守るための戦いが繰り広げられている。

ブラジルの先住民は、わかっているだけで二二〇以上の部族から構成され、使用されている言語は一八〇種類を超える。彼ら四〇万人が昔から暮らしてきた計一億七〇〇〇万ヘクタールにおよぶ土地は、バラバラに分断されているうえ、今やボルソナロ政権による暴力と強制退去という、いっそう深刻な脅威に直面している[14]〔二〇二三年一月、アマゾン熱帯雨林の保護を訴えたルイス・イナシオ・ルラ・ダ・シルバ氏が新大統領に就任している〕。

グアラニー族はマトグロッソ・ド・スル州に住んでおり、長年にわたって暴力、レイプ、殺人、そして農民や農業関連産業による土地簒奪の被害を耐え忍んできた。「もし先住民族が絶滅すれば、すべての人々の命が脅かされる。われわれは自然の守護者だからだ」。ボルソナロの大統領選に関する声明において、グアラニー族はそう訴えている。「森林がなければ、水がなければ、川がなければ命はなく、ブラジル人はだれ一人として生き残ることができない。五一八年前、われわれは抗った。＊われわれは勝利と敗北のなかで戦う。われらの土地はわれらの母だ[15]」

＊　スペイン人とポルトガル人による植民地支配についての言及。グアラニー族は当時、土地の喪失、致死的な病の蔓延、集団奴隷化を経験した。

空飛ぶ川と黙示録の日

「生態学者がいるべき場所として、ここアマゾンほど重要なところはありません」と語るのは、国立アマゾン研究所（ＩＮＰＡ）のフィリップ・ファーンサイド博士だ。ブラジルアマゾンの森林は、西ヨーロッパとほぼ同じくらいの広さがある。四〇年前にファーンサイド博士がここへ来てから現在までに、フランスの広さに匹敵する面積が伐採された。

今起こっていることの規模の大きさを世界が把握していないことに、ファーンサイド博士は耐えがたいものを感じている。「人々は常に、どこか『人ごと』のように思っているのです。彼らは、こうした事態をもとに戻すことができると考えていますが、実際にはそうはできないものがほとんどです。生物学的な見地から言えば、熱帯雨林を取り戻すことはできません」

アマゾンの熱帯雨林は、地球上でもとりわけ豊かな生物多様性を持つ場所であり、世界の既知種のうち少なくとも一〇パーセントがここに生息している。[16] アマゾンに秘められた可能性は計り知れない。科学者らは、アマゾン川流域の花を咲かせる植物のうち、薬効について適切な研究がなされているものは〇・五パーセントに満たないと考えている。[17]

アマゾン川は六六〇〇キロ超の長さを誇り、世界の総河川流出量の一五〜一六パーセントを海へと放出している。支流や細い流れも含めて、アマゾンには世界のどこよりも多くの淡水魚類が暮らしている。[18] 熱帯雨林はまた、樹木が地中から何十億トンもの水を吸い上げ、それが空中で放出されることにより、ブラジルからラテンアメリカにかけての上空を栄養豊富な蒸気が流れる広大な「空飛ぶ川」を作り出している。

ファーンサイド博士は、ボルソナロの大統領就任を「地獄の黙示録」の瞬間と表現し、これはアマゾンのみならず、気候破壊の速度を緩めるための国際的な戦いにもかつてない規模の被害をもたらしかねない危機であると述べている。[19]

気候危機を防ぐうえで、森林は非常に重大な役割を担っている。なぜなら、森林には光合成によって炭素を吸収・貯蓄する力があるからだ。森林の下に広がる土もまた炭素を吸収し、多くの場合、その量は地上に生えている植物の三倍におよぶ。[20] 一方で、それほどまでにすぐれた吸収・貯蔵システムであるからこそ、森林は膨大な排出量の源にもなり得る。

人間の活動、この場合、具体的にはアマゾンにおける森林伐採は、樹木と、樹木を育てる土壌に備わっている炭素貯蔵能力を破壊している。アマゾン川流域が保持している炭素はまた、森林火災によっても放出される。気候破壊をきっかけとして、一帯の気温が上昇し、乾燥が進み、極端な干ばつが発生すれば、森林火災はさらに頻発するようになる。森林と土壌から放出される炭素は、環境危機を引き起こす重大な要因だ。

地球温暖化が一定のレベルを超えてしまえば、もはや制御は利かなくなる。「地球は暴走温室効果と呼ばれる状態に入ります」とファーンサイド博士は言う。「気温が上昇し、火災が増え、土壌の温度が上がり、排出量も増え、そうした状態が雪だるま式にどこまでも続きます。それだけは何としても避けなければなりませんし、だからこそアマゾン川流域の重要性は計り知れません。大量の炭素が、森林にも土壌にも蓄えられているからです」

この問題は、靴と分かちがたく結びついている。なぜなら、ファーンサイド博士も認める通り、牛こそがアマゾン川流域の熱帯雨林を減少させている主要な原因だからだ。

ステーキ、靴、奴隷

これほどの破壊の原因がステーキと靴であるとは、いったいどういうことなのだろうか。「地球は揺れています」。サンパウロにあるグリーンピースの事務所で、アドリアナはそう語り、ここ数年で起こった気候に起因する災害を数え上げてみせる——繰り返されるハリケーン、森林火災、そして洪水。「気候は一つだけ、世界は一つだけしかありません。第二の地球は存在しないのです」

二〇〇九年、グリーンピース・ブラジルは、ブラジルの食肉加工会社三社——ＪＢＳ社、マルフリグ社、ミネルバ社が参加する「アマゾン牛協定」に調印した。これら三社が扱う牛の割合は、アマゾン川流域で屠殺される全個体の七〇パーセントを占めていた。この協定によって彼らは、森林破壊、奴隷制度、保護区域や先住民の土地への侵入に関与している畜産農家からは牛を購入しないことを誓約した。

食品会社ＪＢＳの子会社であるＪＢＳコウロス社は、「世界最大の皮革加工会社」を自称している。同社で生産されているのは、自動車や家具、革製品、靴などに使われる革だ。[21] 二〇一六年、調査報道ＮＧＯ「ヘポルテル・ブラジル」とＰＥＴＡがＪＢＳのサプライヤー農場を調べたところ、四つの州にある四八ヵ所の農場において極めて非人道的な状況が確認された。子牛が地面に押さえつけられ、熱した鉄で顔に焼き印を押されているところ、開いた傷口にウジ虫がたかっている子牛の姿、屠殺のためにトラックに乗せられる牛が殴られ、蹴られ、肛門に電気ショックを与えられる様子を、彼らは詳細に報告している。ヘポルテル・ブラジルはこう結論づけている。「ＪＢＳに牛を供給している牧場は、動物の福祉に関して同社が喧伝している内容に反する行ないをしており、農務省による勧告にも背いている」。これに対しＪＢＳは、自分たちは「農場内部での管理には責任がない」と述べ、「ＪＢＳのすべてのドライバーおよび関連企業は動物福祉の教育を受けており、また全員が免状を有し、会社の方針に関して責任を持つという宣言に署名している」と主張している。[22]

こうしたことが起こる理由の一つとしては、ブラジルの一九八八年の憲法には、政府は「動物虐待にあたるすべての行為」を禁止しなければならないとある一方で、農場での動物福祉に関する具体的な法律が存在しないことが挙げられる。[23]

マルフリグ社はブラジル第二位の食品加工会社であり、世界一〇〇ヵ国に製品を供給している。二〇一二年、マットグロッソ・ド・スル州バタグアスーにあるマルフリグ社工場で有毒ガス漏れ事故が発生し、皮なめし作業員四人が死亡、一六人が負傷した。この事故により、マルフリグは環境警察から一〇〇万ドルの罰金を科された[24]。

ミネルバ・フーズ社は、ブラジル最大の生きた牛の輸出業者という不名誉な称号を有している[25]。たとえば二〇一八年二月には、二万五〇〇〇頭の牛を積んだ巨大な家畜運搬船がブラジルから出航している。そこに乗せられた牛は、ハラールの作法に則った屠殺方法を望むトルコの顧客に対し、ミネルバが売却したものであった[26]。動物の権利保護を訴える諸団体は、家畜の生体輸出への反対運動を続けている。狭く不潔な環境で一六日間の航海をさせるのは動物虐待にあたるというのが、彼らの主張だ。二〇一五年、そうした「死の船」の一隻が、四九〇〇頭の生きた牛を乗せたまま沈没した。四四〇〇頭以上の牛が船内で溺死し、付近の海岸に流れ着いて、「果てしなく長い列を成した死体が砂の上で」腐っていった[27]。

一八八八年に正式に廃止されたにもかかわらず、ブラジルの畜産農場では、人間の奴隷化が今も行なわれている。労働省は一九九五年に機動調査部隊を設置し、これまでに、奴隷状態に置かれていた人々を五万人以上救出している。助け出された人々の三人に一人は、畜産農場で発見された。そうした農場では、人間がトイレも台所もない場所で、牛と一緒に暮らすことを強要されていた。「ブラジルにおける歴史上最悪の奴隷状態は、アマゾンの畜産農場で見つかっています。国家権力はアマゾンまではおよびにくく、搾取はより暴力的になるのです」。ヘポルテル・ブラジル代表のレオナルド・サカモトは、ロイターにそう語っている[28]。

人権団体「ウォークフリー財団」が公表している「世界奴隷指標二〇一八」には、ブラジルでは三六万九〇〇〇人の男性、女性、子供が現代の奴隷制のなかで暮らしているとある[29]。

グリーンピースは二〇一七年八月、農業関連産業における汚職スキャンダルや人権および森林への攻撃を理由に、アマゾン牛協定への参加を停止した。「現時点では、肉および牛由来製品を生産しているどのブラジル企業についても、その生産チェーンが森林破壊や人権侵害に関与していないと保証することはできない」と、グリーンピース・ブラジルは述べている。[30]

どんな犠牲が払われたのか

アドリアナには、こんなお気に入りのモットーがある。「世界で最良のものは物ではない」。彼女は、変化の負担が個人の肩に押し付けられることを望んでいない。自らの破壊行為を終わらせなければならないのは、政府や多国籍企業だからだ。ただし、システム化された牛への需要を終わらせるには世界的な変化が必要だと、アドリアナは言う。そしてそのために重要なのは、人々が、また病院、学校、企業のオフィスといった施設が、肉食から離れて植物を基本とした食事に移行することだ。

アドリアナはまた、人は自分が購入する物とのつながりを持たなければならないと主張する。それが靴であれば、人々はそれがどこから来たのか、「自分の足に履かれるまでに、この靴のためにどんな犠牲が払われたのか」を考えるべきだと、彼女は言う。われわれに必要な変革とは、「森林地域から来た人がロンドンに属しているのと同じように」、ロンドンのような都市に住む人々が、「自分自身が森に属していることを実感できる」ようにすることだ。

「そうしたつながりを持つのは、簡単なことではありません」と、アドリアナは言う。「わたしたちはグローバル化されていますが、結局のところ、グローバル化したのは現行モデルの破壊と貧困であって、豊かさではないからです」

皮なめし

人類は、第二の皮膚で自分自身を飾り立てることが知られている唯一の種であり、石器時代初期にあたる紀元前八〇〇〇年頃、初めて皮の保存を始めたと考えられている。当初は、動物の皮に防水性を持たせるうえでは脂肪が使われていたと思われる。その後、古代エジプトやメソポタミアにおいて、植物、樹皮、油などがなめし作業に用いられるようになった。

一方、地球の裏側にはまったく異なる手法が存在した。現在のグリーンランドやアラスカのコミュニティでは、まずアザラシの皮から毛を削り取ってから、それを叩いたり、尿に浸したりすることで柔らかくした。続いての工程は、革職人たちの仕事だった。職人の大半は女性で、彼女たちが皮を噛んでさらに柔らかくしてから、そこに脂肪と魚油を塗り込んだ。皮なめしに用いられる伝統的な材料としてはこのほか、脳、肝臓、塩、たき火の煙などがあった。[31]

ニュースサイト『インディアン・カントリー・トゥデイ』の編集委員ビンセント・シリングはこれまで、アメリカ先住民であることと、ビーガンであることをテーマに記事を書いてきた。工場で飼育され、多大な苦しみを味わった動物に由来するエネルギーには注意を払うべきだと、シリングの記事にはある。自身は狩りをしたり、動物を傷つけたりしないことを選択しているという彼は、こう書いている。「狩りをしているときの心がけについては、これまで多くの話を聞いてきた。これは以前、ある先住民の長老から言われたことだが、同様の意見はほかのところでもよく耳にする——『狩りをするときには、動物にこちらの姿を見られないようにしなさい。さもなければ、自分の家族に恐怖を食べさせることになる[32]』」

「先住民が自身の盛装（レガリア）を制作するときには、動物のことを意識しながら行なう。尊敬の念を持って行なうのだ」とシリングは続ける。「動物には、先住民の伝統の祭事に貢献してくれたことへの敬意と感謝が捧げられる。店で買った革のジャケットは、これと同じものとは言えない。大半の場合、その革は牛の屠殺場から出た残りものであり、そうであるならば、人間のために使われる前の時点で、その動物に対しては敬意も払われていなければ、思いやりの心も向けられていないだろう」

今日の皮革産業は、牧畜民が協力して営む調和の取れた暮らしとはかけ離れたものになっている。国連工業開発機関（ＵＮＩＤＯ）によると、皮革は世界でもっとも広く取引されている商品の一つであり、世界貿易額は年間で推定一〇〇〇億ドルにのぼる。[33] 二〇一五年には、世界中で約二二三〇平方キロメートル分の皮革が生産された。[34] これほどの速度で生産が進んでいるにもかかわらず、皮革は高級な製品として販売されている。皮革はまた、「天然」と形容されることが多い。しかし、まだ牛の体についている状態であれば、その皮が天然であることは確かだろうが、牛の体から剝がれた時点で、それが「天然」の生産物であるという幻想は捨てるべきだ。

皮をなめす工程は複雑で、多くの化学薬品が用いられる。牛を殺したあとは、まず皮を剝がなければならない。* 剝いだ皮をそのままの状態で放っておくと、腐敗がどんどん進んでしまう。これを防ぐために、皮をなめす工程が必要となる。現代の工場や工房でのなめし作業は、主に三つの段階から構成される。皮の前処理、なめし剤の塗布、乾燥や艶出しなどの仕上げ作業だ。また、大きさによる分類、ウィービング、漂白、炭化、染色などの工程が含まれる場合も多い。

＊ この皮を剝ぐ工程から、信仰のために生きたまま体の皮を剝がれた聖バルトロマイが、皮革産業の守護聖人と呼ばれるようになった。

皮のなめし加工のシステムは、有毒な廃棄物を産業規模で生み出すものであり、すでに世界最悪レベルの公害問題をいくつも引き起こしている——それらはすなわち、これまでグローバルサウスへ輸出されてきた問題だ。あるドイツの実業家は、一九九〇年代に制定された環境法によって、自社が所有していた皮なめし工場が閉鎖させられたことに腹を立て、こう発言したという。「ドイツからインドへ下水の汚泥を輸出することは犯罪だ。しかし、皮をインドへ輸出して、現地で皮をなめす際に汚泥を発生させることは自由な事業活動ではないか」[35]

インドやバングラデシュのような国にも環境法がないわけではないが、それらが守られる可能性はあまり高くない。皮革は魅力的な外貨獲得源であるため、そこには危険な行為に目をつぶる強い動機が存在する。[36]なめし剤には植物性のものもあるが、世界中で行なわれているなめし作業の八〇〜九〇パーセントにおいては、ある特定の鉱物が使用されている。クロムだ。皮なめしに用いられる主なクロム化合物は原子価三価の塩基性硫酸クロムであり、これは酸化して六価クロムになる危険をはらんでいる。六価クロムといえば、ハリウッド映画『エリン・ブロコビッチ』に登場した悪名高い化学物質だ。ジュリア・ロバーツ主演のこの映画で描かれたのは、環境保護主義者の弁護士が汚染を撒き散らす企業に立ち向かう実話であった。[37]

千の庭

ブリガンガ川には黒い水が流れている。不気味な光沢を放つ水が、鮮やかな色に塗られたボートの船体にひたひたと打ち寄せる。故郷をあとに移住する村人たちでぎゅう詰めになった渡し船が、木材を山と積んだ船の横を通り過ぎ、水上タクシーの上には船頭たちが腰をかけ、子供たちが水に飛び込んだり、また水から上がったりしている。この広い川の岸辺には、一九世紀の商人たちが住んでいた邸宅が、腐りかけの廃墟となって立っている。

農民たちが、渡し船から到着用の桟橋に上がる。ここはバングラデシュの首都だ。新しい生活が見つかることに希望を託して、彼らはこの街に林立する何千もの工場で、衣服の縫製や食品の包装、セメントの運搬などの仕事にありつこうとやってきた。彼らのうち幾人かは、いずれはタバコを売り歩いたり、街路の清掃をしたり、ダッカの売春宿で働いたりするようになるだろう。あるいは、この汚染された水を流している大本にたどり着き、ダッカに無数にある皮なめし工場の一つで仕事を見つける者もいるかもしれない。

ハザリバーグはベンガル語で「千の庭」を意味する。皮なめし工場が集まるハザリバーグ地区は、数十年にわたって、一日二万二〇〇〇立方メートルの有毒廃棄物を排出し続けていた。[38] クロム、二酸化硫黄、ギ酸、塩化アンモニウムなどの化学物質が、年間一〇億ドル分を超える輸出用の皮をなめすために使われていたのだ。ハザリバーグの皮なめし工場は、ブリガンガ川の魚を死滅させた。かくしてここに、地球上で五番目に汚染がひどい場所が誕生した。

シエダ・リズワナ・ハサンは、バングラデシュ環境法律家協会（BELA）の最高責任者だ。バングラデシュ唯一の環境NGOであるBELAは、ビジネス界からは煙たがられているが、一般の人々からは大いに人気を集めている。政府もまた、BELAを支持するかしないかで半々に割れているのだと、ハサンは言う。

ハサンは多忙を極める人物であり、常にあちらこちらを飛び回りながら、三五〇件にものぼる環境正義にまつわる案件を監督している。ハザリバーグという場所は、本来は住宅地であったにもかかわらず、緑はほとんどなく、建物が密集し、過剰な人口を抱え、汚染にまみれていた。「彼らは文字通り毒を吸い込み、毒を飲んでいたのです」。一八万五〇〇〇人の住民たちについて、ハサンはそう語る。「彼らは嗅覚の喪失、慢性的な頭痛、胃や皮膚のトラブル、食欲不振、仕事の能力の低下を訴えていました」。住民たちはまた、自分の住む家が錆びついたり、腐食したりしていることにも気づいていた。「スズや鋼鉄がそんな状態になってしまうなら、皮なめし工場が人々の肺にどれほどの影響をおよぼしているかわかろうというものです」

ハザリバーグで働くことは、九〇パーセントの確率で五〇歳を待たずに死ぬことを意味していた。[39] 現地のあまりの惨状に、二〇一五年には国境なき医師団（MSF）がハザリバーグに診療所を設置し、住民の病気の診断と治療にあたった。紛争地域でも自然災害地域でもない場所で、同団体がこうした活動をするのは前代未聞のことであった。人権NGO「ヒューマン・ライツ・ウォッチ」はこう報告している。「クロム、カドミウム、鉛、水銀のような重金属のほかにも、さまざまな化学物質が混ざり合ったものが皮なめし工場から環境中に放出されている。下は八歳という子供も含む労働者たちは、肌までびしょぬれになって、一日の大半を煙を吸い込みながら過ごし、一年を通してこうした環境で食事をし、暮らしている。個人用保護具は提供されていない」[40]

皮なめし工場で毎年どのくらいの死者や重傷者が出ているのかを数えている者はおらず、またバングラデシュの皮なめし労働者のがん発生率に関する疫学的調査も行なわれていない[41]。しかし、安全基準がはるかに高いスウェーデンやイタリアなどのヨーロッパ諸国において行なわれた同様の調査からは、皮なめしの仕事とがんとの間に重大な関連があることがわかっている。

皮なめし産業がもたらす災い

すでに一九九〇年代から、当局はハザリバーグの皮なめし地区の閉鎖や移転に言及していた。地球上で上から五番目に汚染がひどい場所を生み出すに至って、ようやくバングラデシュ政府は皮なめし工場に対し、新たに設けられた特設区画に移転するよう命じたのだった。

「皮革工業団地」が位置するのは、ダッカ郊外の工業地帯サバールだ。衣料品工場がひしめくサバールは、ラナプラザ工場の倒壊事故をはじめ、数多くの重大な産業事故が起こった場所として知られている。

新しい工業団地は、もとは二〇〇五年にオープンが予定されていたものの、度重なる延期の末、一三年たってからようやく正式に開所が宣言された[42]。そもそもの始めから、この施設は、政府とハザリバーグの皮なめし工場オーナーとの間の軋轢の種となっていた。その大半を業界の有力者が占める工場のオーナーたちは、補償金と移転費用を受け取る権利を主張していた。バングラデシュ最高裁は二〇一七年三月、皮なめし工場一五五軒のうち、移転を済ませたのは四三軒に留まり、一一二軒はまだその場に残っていると述べている。[43] その翌月、国際社会からの圧力に直面した政府は、ハザリバーグの皮なめし工場への電力供給を停止させた。二〇一九年一月の時点において、ハザリバーグの工場は移転を完了しておらず、皮なめし工場はいまだに操業を続けていた。

しかも、工場がサバールに移転したことで、政治的な問題や環境上の懸念が解決されたわけでもない。この工業団地の設計には、バングラデシュ初の中央排水処理施設（CETP）が組み込まれている。ところが、以前はブリガンガ川に排出されていた何千リットルもの有毒な化学物質は、今では皮革工業団地の脇を通るダレシュワリ川に流れ込んでいるのだ。

二〇一七〜一九年にかけての最高裁の文書からは、ひたすらに悪化を続ける状況が見てとれる。たとえばこの団地にあるCETPは、実際には処理能力が不足していたことが判明し、また二四時間休まず稼働していたわけでもなかった。さらには建設業者と省庁との間で争いが勃発し、地元の埋め立て地が化学物質の投棄場所として使われ、そうこうするうちにダレシュワリ川の酸素濃度が急激に低下した。[44] 地元住民によると、人目のない夜中に皮なめし工場の廃棄物が川に捨てられることはしょっちゅうだという。[45]

ハサンはこうした状況について、「おぞましい」のひと言だと表現する。「これではハザリバーグと何も変わりません」と彼女は言う。この問題の解決に必要なのはしかし、大規模な科学革命でも多額の投資でもない。バングラデシュは技術者も資金も豊富な国であり、そうしようという政治的な意志さえあれば、問題は一八ヵ月以内に解決できると、ハサンは考えている。にもかかわらず、未処理の排水は今もダレシュワリ川に棄てられ続けている――ブリガンガ川が生物学的な死を宣言されるに至ったのも、これと同じプロセスの結果だ。

EUの規制

バングラデシュの輸出品の上位三品目といえば、衣料品、皮革、ジュートだ。同国の輸出促進局によると、二〇一四～一五年における皮革と革製品の輸出金額は一一億三〇〇〇万ドルにのぼった。[46]二〇二一年までに輸出額が五〇億ドルに達することが見込まれている皮革は、[47]貧しいバングラデシュ経済のなかで強力な役割を担っている。そのパワーの恩恵として、ハザリバーグは、環境法制や労働者の権利に関する厳しい取り締まりを免除されていた。「われわれはハザリバーグに対しては何もしません。皮なめし工場のオーナーたちは非常に裕福で、政治的にも力を持っています」。環境局の部門長マームード・ハサン・カーンは二〇一二年にそう述べている。[48]一方で「千の庭」の住民たちは、公害や虐待から保護されるという憲法上の権利を保障されることなく放置されていた。

国際的な運動団体は、ハザリバーグに皮なめし工場を持つ企業から皮革を調達したり、そうした企業が作った製品を扱ったりしている米国やヨーロッパのブランドに対し、環境を浄化してさらなる破壊を防ぐための資金援助を呼びかけてきた。[49]

こうした呼びかけには、ハサンも賛同している。「［ブランドは］安価な皮革をわれわれから購入していますが、皮革は実際に安いわけではありません」と彼女は言う。「ブランドのために皮革を生産する環境コストを考えれば、バングラデシュが非常に多くのコストを背負っていることは明らかです。彼らが安価な皮革を顧客に与えている一方で、バングラデシュは大きな環境的損失と被害を被っているのです」

公害や有害な化学物質という問題は、ハザリバーグやサバールといった遠い土地にのみ留まっているわけではない。そこで生産される革はいずれ必ず、世界中の工場や店舗に輸出される。ＥＵは、ＥＵ域内で製造される、あるいは域内に輸入される製品に対して厳しい化学物質規制を設けているが、危険をはらんだアイテムを一つ残らず見つけ出すことは不可能だ。

EUには、CMR化学物質（発がん性、遺伝毒性、生殖毒性に分類される物質）への曝露を防止するための規制が存在する。二〇一五年からは六価クロムが規制対象となっており、皮膚に触れる皮革製品は、一キログラムあたり三ミリグラムを超える濃度のクロムを含んでいてはならないとされている。

EU各国にはこの法律を施行する責任があり、危険な化学物質を含む消費者向け製品を発見した場合には、緊急警報システムを通じた報告が義務付けられている。二〇一五年以降、緊急警報システムには、六価クロムを含む危険な革製品の販売に関する報告が二〇〇件以上寄せられており、そのなかには恐ろしいほど高いレベルの化学物質を含む「赤ちゃん用のファーストシューズ」も含まれていた。[50]

皮なめし労働の悲惨

一九四七年に英国からの独立を果たしたのち、インドは自国の皮革産業を、原皮の生産からより収益性の高い革製品の輸出へとアップグレードさせることを目指した。現在、インドの皮なめし工場の七五パーセントは小規模ビジネスであり、その多くは専用に開発された都市型輸出集団住宅に入っている。これらの集団住宅は、その九〇パーセントがタミル・ナードゥ州、西ベンガル州、ウッタル・プラデーシュ州に集中している。[51]

収益性を高めるためのこうしたやり方は、深刻な結果をもたらした。使用される皮の量が以前よりも格段に増え、皮革労働者はより危険な化学物質を使って、より長時間働かなければならなくなった。同時にこれは、ダリットたちによって支えられてきた、農村での伝統的な皮なめし工場の崩壊を招いた。[52]「ダリット」という言葉はサンスクリット語のダルに由来し、「壊された、打ちひしがれた、虐げられた、抑圧された」という意味を持つ。ダリットはその他のカーストから外れた存在であり、「彼らが伝統的に担ってきた職業に関連する極度の不浄と汚染に由来する『不可触性』というスティグマ」を背負って生まれてきたとみなされている。[53]

「不可触性」という概念はすでにインドの憲法によって廃止されているが、ダリットは依然として社会的に排除され、だれもやりたがらない仕事にしか就けない場合が多い。「ダリット人権全国キャンペーン」が行なった調査によると、公立学校の三八パーセントでは、いまだに食事の際、ダリットの子供がほかの子供たちとは別の場所に座らされているという。調査対象となった村の七三パーセントでは、ダリットはダリットではない人々の家に入ることを許されていなかった。二五パーセントの村では、ダリットの賃金はほかの労働者のそれよりも低かった。ダリットたちは、長時間労働、賃金支払いの遅延、言語および肉体的な虐待を経験していた。[54]

皮なめしの仕事——不潔で、不快で、死んだ動物を扱う——は、昔からダリット、そしてインドのイスラム教徒たちが請け負ってきた職業であった。皮なめし工場が産業化・都会化されたとき、ダリットは皮なめし工場のオーナーから、皮なめし工場の労働者へと転落した。彼らには、自ら輸出業を立ち上げるだけのリソースも資本もなかったからだ。ダリットの社会的地位の低さと皮革産業の低賃金とが相まって、劣悪な環境と必要最低限を下回る賃金という現状は、さらに強化された。[55] ダリットとイスラム教徒はまた、牛が殺される責任は皮革労働者にあるという誤った認識を持つ強硬なヒンドゥー教徒牛保護活動家のターゲットとなり、殴られたり、殺害されたりしている。[56] インドの各州は現在、牛の保護について自主的な規制を行なっており、二九州のうち二四州に、牛やその他の家畜の屠殺を制限または禁止する何らかの法律が存在する。[57] グジャラート州では、牛を殺すと終身刑になる可能性さえある。[58] こうした極端な対策の結果、屠殺の大半は無許可の処理場とインフォーマル経済のなかで行なわれることになる。加えて、インドからは毎年二〇〇万頭もの牛がバングラデシュとの国境を越えて密輸され、そこで屠殺されている。[59]

産業化されたインドの皮なめし労働は、バングラデシュと同様、極めて大きな危険をはらんでいる。労働者は日々、保護具もなしに毒性の高い化学物質に接触し、それらは皮膚に染み込み、肺に吸い込まれ、目に飛び込む。発熱、目の炎症、頭痛、骨や筋肉の痛み、喘息、湿疹、皮膚病、肺がんは、もはや当たり前だ。人間は、内側からも外側からも毒に侵食されるのを耐えるしかない。適切な安全訓練も設備も存在しないなか、毒は内蔵や生殖器官の機能を狂わせる。インドの皮なめし工場では児童労働も横行しており、子供たちは助手として雇われて、なめし作業に使われる樽やドラムのなかに入って清掃する仕事などを担っている。▼60

とりわけおぞましい事例としては、タミル・ナードゥ州の廃棄物処理施設で廃液タンクが崩壊し、労働者一〇人が有毒な汚泥によって溺死した事故がある。▼61 二〇一五年一月三一日未明　崩壊したタンクから六〇〇立方メートル分の有毒廃液が一気に流れ出し、隣接する皮なめし工場で就寝していた一〇人を飲み込んだ。

この廃液には、アンモニウム、クロム、硫化水素などの有毒で反応性の高い化学物質が含まれていた。あるエンジニアの証言によると、懸濁液に入っていた化学物質からは、以前から有害なガスが発生し、タンクの壁に圧力をかけていたという。亡くなった労働者は、仕事を求めて皮なめし工場地区に移住してきた農民たちだった。この事件を報じる記事には、懸濁液は労働者が寝ていた宿舎の壁の三メートルの高さにまで達し、その痕跡は二日たってもくっきりと残っていたとある。▼62 現場を写した写真は、皮なめし工場「R・Kレザーズ」にかけつけた救助隊員たちが、一枚のビニールシートの周りに集まる様子をとらえている。シートの上には、硬直した片腕を顔の上に掲げたままの、黒ずんだ小さな遺体が置かれている。*

＊　死亡した人々の氏名：プルベリア村出身のシャー・ジャハン・マリク、クトゥブッディーン・マリク、スクル・アリ・マリク。ハビブ・カーン、彼の息子のアリ・アクバール・カーンとアリ・アスガール・カーン、アシアール・

カーンとアグラム・アリ・カーン兄弟、ピアール・カーンという名の若い労働者――ここまで全員がディンガプール村の出身。工場の警備員K・G・サンパトはタミル・ナードゥ州出身であった。

労働者の非正規化、劣悪な環境、これ以上下げられないほど低い賃金によって、インド製皮革のコストは引き下げられる。その低いコストに惹かれて、多くの国やブランドが顧客として長い列をなす。彼らは革に対する正当な対価を支払わずに済む。なぜなら、そのコストはすでに土地、動物、人間の労働者によって負担されているからだ。インドの皮革製品輸出委員会が発表している、インド製の革と革製品の主要市場は以下の通りだ。シェア一四・六六パーセントの米国、一一パーセントのドイツ、一〇パーセントの英国、七パーセントのイタリア、五パーセントのフランス、五パーセントのUAE、四・六パーセントのスペイン、四・五パーセントの香港、そして三パーセントの中国。

秘密のイタリア

「プレミアム」「ラグジュアリー」「クリーン」、そして「世界最高の皮なめし工場製」。イタリアの革製品を扱う業者は、自分たちの商品にこうしたキャッチフレーズを付けたがる。イタリアが二〇一七年に国外へ輸出した皮革は四〇億ユーロ分にのぼった。[63] イタリアの皮なめし工場は主に三つの地域に分布している。北東部ヴェネト州のアルツィニャーノ、中央部トスカーナ州のフィレンツェとピサの間にあるサンタクローチェ・スル・アルノ、そして南部のソロフラ地方だ。この産業は短期契約の移民労働者によって支えられている。セネガル人労働者がサンタクローチェで初めて仕事を見つけられたのは、彼らが難しくて不潔な、イタリア人がもうやりたがらない仕事を引き受けたためだ。

一方、皮なめし工場のオーナーたちは、セネガル人労働者であれば搾取しても構わないと考えた。長時間労働を強制し、繰り返し無給の残業をさせて、臨時契約のままで雇用し続けるのだ。より公平なフットウェア業界を目指す運動「チェンジ・ユア・シューズ」が行なった調査からは、非EU国籍者が終身雇用契約者に占める割合はわずか一六パーセントであるのに対し、臨時契約者に占める割合は五三パーセントであることがわかっている。海外からやってきた労働者の場合、一〇年以上同じイタリアの皮なめし工場で働き続けたとしても、終身雇用契約にならないこともある。にもかかわらず、彼らはほかの皮なめし工場では働くことができない。なぜなら、彼らは一つの企業の「私有財産」とみなされているからだ。[64]

二〇〇四年、三五歳のセネガル人労働者ティアム・ママドゥ・ラミンが、ドラムから噴き出した硫化水素によって命を落とした。地元の労働組合によると、事故当時は排出システムのスイッチが切られており、またティアムはマスクを着けていなかったという。[65]死亡事故のほかにも、サンタクローチェでは一九九七年から二〇一四年にかけて四九三件の職業性疾病が報告されている。もっとも多かったのは筋骨格系の障害であり、二番目のがんは、特に鼻腔と膀胱に影響が出るケースが多く見られた。このほか、皮なめしの工程で使用される化学物質への曝露が原因となる皮膚疾患の発生率も高い。[66]二〇〇九年から二〇一三年の間に、サンタクローチェでは七二〇件の事故が報告され、そのうち一七六件が重人事例であった。

殺さない靴

年間二四二億足も生産されている靴は、われわれの未来を脅かす強迫観念と化している。靴産業の持続可能性の欠如がもっとも色濃く現れているのが、皮革が生産される現場だ。

死、そしてほかの動物よりもすぐれた存在である人間には殺す権利があるという信念に基づき、皮革産業の中心には、苦痛と略奪とが据えられている。牛の産業的な死という常態化された恐怖が要求するものはいくつもある。それは、われわれにとってもっとも貴重な集団的資源の一つであるアマゾン川流域の破壊だ。それは、人権と人間の健康の果てしない軽視と奴隷制だ。そしてそれは、有毒な化学物質を大量に、われわれが依存している水や土地に送り込むことだ。

靴の消費にまつわる言葉には、個人のエンパワメントや喜びを想起させるものが少なくない。それが革であった場合、喜びやエンパワメントを伝えようとするその言葉は、殺戮を覆い隠す仮面の役割を果たす。一方で、現状を変える選択肢も存在する。それは、われわれが協力して、この破壊的なシステムの共犯者となることからも、動物や地球の破滅が些末なことであるという人間至上主義の考えからも距離を置くことだ。

そうした変化への欲求にとって歓迎すべきニュースとしては、革がもはや靴の素材として唯一の選択肢ではないことが挙げられる。今では持続可能な新しい素材が数多く登場しており、それらの生産には、革の場合に用いられるレベルの暴力は必要とされない。そうした新しい製品は耐久性にすぐれ、毒性はなく、ポリ塩化ビニルやポリウレタンなどの合成皮革よりも持続可能性が高く、さらにはリサイクル可能で土に還るものもある。

たとえばマッシュルームレザーは、丈夫でありながらベルベットのような柔らかさを持つ。加工前は黄褐色をしており、土星を囲む同心円状の輪に似た黄金と栗色の筋が入っている。[67] パイナップルレザーはパイナップルの収穫の副産物を利用するもので、その葉を精錬してフェルトに似たメッシュ素材に加工する。これは現状のパイナップル栽培に用いられている以上の土地、水、農薬、肥料を必要としない、持続可能な素材だ。[68] このほか、動物由来でない植物ベースの代替素材としては、コルク、大豆、リンゴ、紙、ワイン、さらにはお茶（ティーとレザーの組み合わせからティーザーと呼ばれる）などがある。

パイナップルレザーを使用しているブランドの一つが、ＮＡＥビーガンシューズだ。共同設立者のポーラ・ペレスは、一〇年以上前に菜食中心の生活を始めて以来、革とかかわりのある物を欲する気持ちがなくなったと語る。ポーラは自身のブランドを立ち上げ、現在ではリサイクルされたエアバッグ、ペットボトル、タイヤのほか、パイナップルの葉や保護下にあるコルクガシからとったコルクを使った靴を作っている。

革製品で有名なポルトガルに拠点を置くブランドとしては、これは意外な選択に思える。「創業から数年は苦しい時期が続きました」とポーラは言う。「皮革産業は当時大きな力を持っており、工場はビーガン素材を扱うことに慣れていませんでした。最近では、状況は多少変化しています。情報が格段に手に入りやすくなり、人々が以前よりも環境に関心を持つようになりましたから」

ポーラは今、竹やココナツの繊維を用いた靴を試作している。彼女の原動力は今も変わらず、森林破壊から地球を守りたいという思いだ。「ファッション産業では、利益こそが企業にとっての原動力です。動物がひどい死に方をしようが、（バングラデシュのラナプラザのように）人々が労働環境のせいで命を落とそうが関係ありません」とポーラは言う。「大企業は生産だけでなく、物事を正しく行なうという責任もアウトソーシングしているのです」

今後の章で見ていく通り、靴産業の変革を成し遂げるには、個人による買い物の選択を変えるよりもはるかに多くのことが必要となる。しかし、たとえば今後は革製品を買わないという選択をしたとして、すでに所有している靴についてはどう扱うべきだろうか。「それは非常に個人的な判断になります」と、PETAのフランク・シュミットは言う。「もしあなたが持続可能性を重視する人間であれば、捨てることはお勧めしません。しかし、もしあなたが別の生き物の皮膚を身に着けることを不快だと感じるならば、困っている人たちに寄付したうえで、ビーガン素材の靴を買うとよいでしょう。なぜなら、ファッションは社会的・文化的なものであり、あなたは自分が身に着けるものを人々の目に触れさせるからです」

絶滅の時代

この惑星に住む生き物たちと人類との調和を取り戻すため、積極的に活動している人たちは少なくない。たとえば、先住民グループや自然保護活動家も、土地の保全や種の絶滅防止のために奮闘している。人生の大半をオーストラリアのアウトバックで暮らしたデボラ・バード・ローズ教授は、アボリジニの教師、長老、歴史家たちと協力して、人類と、永遠に消え去るかどうかの瀬戸際にいる種との関係の研究を行なった。

死は地球上の生命にとって欠かすことのできない一部だが、バード・ローズ教授は、われわれが生きているこの時代には、どこか大きく間違っているところがあると指摘した。目の前で起こっている種の絶滅にやり切れない思いに駆られた教授はある日、生命と死の間のバランスが今、容赦なく蹂躙されていると書いている。

「何かが起こっている。それはわれわれを参加者として巻き込み、同時にわれわれはそれをどうにか日撃しようとあがいている」。ローズ教授は、われわれの時代を「二重の死」の瞬間と名付けた。それは、あまりに多くのものが失われて、生態系がその多様性を回復することができない瞬間のことだ。それはレジリエンスと再生の死を招き、そのあまりのスピードに進化は追い抜かれてしまう。教授は「二重の死」のことを、略奪者、公然の秘密、塞がらない傷口、そして地球上の生命にとってなくてはならない契約を粉々に砕く何かと呼ぶ。ローズ教授は書いている。「われわれが地球を破壊するためにこれほどのことをしているという事実は、地球上の生物としてのわれわれの存在そのものに対する侮辱である」[69]

二〇一八年一二月、自身が亡くなる前の最後のブログ記事で教授は、絶滅の時代に生きることへの反逆心に満ちた解毒剤を提示している。われわれは生物圏との親族関係、相互共生関係を受け入れなければならないと、教授は主張する。「人類にとって、生命に対してイエスと言うことは極めて倫理的な選択だ。それは生きている世界を情熱的に受け入れることであり、生命という贈り物に対する感謝に満ちた応答であり、地球生命との連帯の誓いであり、相互依存の複雑さに参加するというコミットメントだ」▼70

　われわれはお互いに対する、動物に対する、地球に対するアプローチを徹底的に見直す必要がある。生物圏が、ショッピングの興奮や娯楽や利益をもたらすために存在するという誤った概念は、根本的に改めなければならない。すでに明らかなように、責任を負うべき地位にある人間たちは、われわれの幸福や地球の幸福を念頭に置いて意思決定をしているわけではない。そして、変化を要求するかどうかはわれわれ自身にかかっている。

　ここからは、この破壊において欠くことのできない部分の話へと進む。それは、われわれがあまり深く考えていないにもかかわらず、われわれのだれよりも長く残っていく瞬間、すべてが廃棄される瞬間のことだ。

第七章 廃棄される靴

今から一五〇〇年前、イングランドとウェールズの境界地域には、キリスト教徒の家庭で実践されていた一方で、教会からは異端とみなされていた奇妙な伝統が存在した。もしだれかが死を前にして、懺悔をすることも、最後の秘跡を受けることもせずに亡くなった場合、その人は天国から締め出されると、人々は信じていた。これに対する解決方法は、罪食い人を家に招くことであった。

死者の胸には、当人の罪を吸収するためのひと切れのパンが置かれた。家に到着した罪食い人はそのパンを食べ、罪を自分自身のなかに移動させた。

罪食い人は世間から敬遠される社会的な異端者であり、その多くはパンとわずかな報酬を頼りに生きる貧民であった。この章では、世界的な規模の罪食いについて、廃棄の問題について、責任の放棄について、われわれの代わりにこの世界の組織的な罪に対処しようとしている人々とそのプロセスについて見ていくことにする。

グローバリゼーションが作り出したのは、靴生産のすべての現場を危機に陥れるシステムであった。工場は今、有毒な空気を吸いながら働く搾取された労働者であふれかえり、何百万頭もの牛が喉を切られ、太古の熱帯雨林は壊滅させられ、地球の川は産業が生み出した毒によって流れをさえぎられている。このとてつもない混乱のなかから、毎年二四二億足の靴が生み出され、消費者の眼前に並べられ、そして消費者は、自身の収入を超えた出費をし、必要以上のものを買うよう促されている。

その次にはしかし、いったい何が起こるのだろうか。靴を買うという些末なスリルが通り過ぎたあとには、マメができて治ったあとには、ソールが擦り減ったあとには、ヒールがワードローブの奥に仕舞い込まれたあとには、何が起こるのだろうか。靴——複雑で、ハンドメイドで、いくつもの素材が組み合わされ、その多くが生きものの皮膚からできているアイテム——が廃棄されたあとには、何が起こるのだろうか。それが生産されたときの苦労がすべて水泡に帰したときには、何が起こるのだろうか。

靴のライフサイクルにおけるこの段階は、まだあまり調査が進んでいない、研究資金も著しく不足している分野だ。消費者使用済（ポストコンシューマ）廃棄物という存在はグレーゾーンであり、ブランドは無関心を装って自分たちが生産したものに対してほとんど責任をとらず、グローバルノースはグローバルサウスをゴミ箱として利用し、買い物客は目をつぶって問題を受け流している。

リユース

ロンドン北西部の工業団地に大きな倉庫がある。たくさんの箱で埋め尽くされた金属製の棚は天井まで届き、分別のために色分けされた袋が数メートルもの高さに積み上げられ、配達物でいっぱいの台車が列を成している。これほどの量の廃棄物には、圧倒されると同時にうんざりさせられる——捨てられた服と靴が詰められた袋、袋、袋の山。ここにあるのは世界中で生産されたあと、どこかが破れたから、あるいはサイズが合わなくなったから、もう好きではなくなったから、雑誌に流行遅れだと書いてあったからといった理由から廃棄されたものだ。その光景を見ていると、消費主義をオフにできる「スイッチ」がどこかにないものかという気持ちにさせられる。

この混乱状態に対処すべく、運転を担当するチームがイングランド南部各地にバンを走らせ、寄付された衣料品を週に五〇トン分、倉庫に運び込んでいる。彼らの目的は、衣料品リサイクルNGO「TRAID（トレード）」の活動に資金を提供することだ。寄付の品々は、チャリティショップ、一般家庭、繊維製品のリサイクルバンク〔街角に設置される寄付用の大型ボックス〕などから寄せられる。倉庫の運営を担っているのはホセ・バラドロンだ。スペイン出身のホセは、インディテックス社（ZARAの親会社）のマーケティング部門で働いたあと、鞍替えをしてTRAIDに加わった。彼は現在、倉庫に届けられる寄付の量を増やすための業務を担当している。

新たに持ち込まれる品は、一五人からなるチームによって仕分けが行なわれる。荷を積んだ台車がやってくると、まずは重量が計測され、重さ、回収された地域、回収したドライバーの名前がラベルに記載される。その後、荷物は台車から降ろされ、本、がらくた、DVD、おもちゃなどが取り除かれる。通常、もっとも状態がいいのは一般家庭から回収したものだ。衣類バンクの回収物の奥からは、汚れたおむつや動物の死骸など、嫌な意味での驚きが見つかることも少なくない。

仕分けを担当する人たちの多くは、金属製の狭い階段を上がった先にあるプラットフォームの上で作業をする。ベルトコンベアが寄付品をプラットフォームの上まで運び、そこですべてのアイテムが手作業で仕分けられる。アイテムにはカテゴリーが割り当てられており、また仕分け人は各々が異なるカテゴリーを担当しているため、該当するアイテムが通り過ぎていく際、それをベルトコンベアから取り除いていく。全員がビニールの手袋をはめており、一人か二人、鼻と口をマスクで覆っている人もいる。第一のカテゴリーは「クレム（crème）」だ。これはリセールで高い値がつく高級服を指す。クレムの次に来るのは、ZARAなどの比較的高価なハイストリートブランド、そして最後がプライマーク、ニュールック、ブーフーといったもっとも安価なブランドとなる。

仕分けを監督するローズ・ンコレは、社会によって捨てられたものを扱うことにおいて二〇年の経験がある。服や靴の品質が低下し、ラベルが付いたまま未使用の状態で寄付されるアイテムがどんどん増えていくさまを、彼女は目の当たりにしてきた。「ファストファッションとはすなわち品質の低下のことです」とローズは言う。「なかには新品で、手つかずで、一度も着られていないものもあります。われわれのところには低品質の品々が押し寄せています。低品質のカテゴリーに振り分けられたものは、主にセールにまわされます」

TRAIDの倉庫に届けられる服、靴、小物は、極めて低い確率を勝ち抜いてここまでたどり着いたものだ。英国人は年間およそ三五万トンの中古衣料品をゴミ箱に捨てている。これはロンドン市内を走るバス二万九〇〇〇台分以上に相当する重さだ。[▼1]ゴミ箱に捨てられてしまえば、それらは埋め立てや焼却処分となる。

もう一つの障害となっているのが、ギャングに関連した犯罪の激化だ。衣類バンクから物を盗むというのは驚くほど実入りのよいビジネスであり、二〇一八年夏の時点では、良質な衣料品一トン分は一〇〇〇～一二〇〇ポンド〔一六万六〇〇〇～二〇万円〕の価値があった。TRAIDによると、特にひどいときには同団体の衣類バンクだけで週に二～三トンが盗まれていたという。

スーパーマーケットの駐車場でよく見かけるこうした繊維製品バンクの箱は、頑丈な金属でできているが、犯罪者はいったいどうやって侵入するのだろうか。「たとえば彼らは、子供を使ってなかに入らせるといった手段をとります――うちのドライバーがバンクを開けると、なかから子供が飛び出してきて走り去ったこともありました」とホセは言う。「あるいは、錠を盗んでそれをこじ開け、賄賂を使って合鍵を作らせることもあります」

古着を盗んだギャングは、それを自分たちの仕分け用施設に運ぶ。彼らの狙いは「クレム」級の服を見つけることだ。二〇一六年、追跡装置を仕掛けた一足の靴が、頻繁に強盗被害にあっていた衣類バンクに仕掛けられた。その靴はまず、エセックス州ダゲナムの農場へと運ばれた。ダゲナムのあとは、輸送用コンテナのなかに一週間放置されてから、東欧を横断してポーランドに到着し、最後はクラクフにあるビンテージショップにたどり着いた。

ホセが苛立ちを覚えているのは、慈善事業が強盗の標的にされ、商業店舗に無料で手に入れた品物が並べられるからというだけでなく、窃盗によって無用な汚染が生み出されるからだ。「不必要な二酸化炭素、輸送、ガソリン、燃料のことを考えると、まったく嫌になります。それは倉庫のすぐ近所で売れたかもしれない品です。それなのに世界のあちこちへ運ばれて、あのクラクフの店でなくとも、ウガンダやセネガルの店、あるいはパキスタンの店で売られることもあり得るのです」

ＴＲＡＩＤによると、現在、繊維製品バンクを狙う強盗に対しては以前よりも厳しい対策がとられるようになり、私立探偵事務所や警察がギャングを追跡し、逮捕に至る例も出てきている。それでも中古衣料品が儲かる商売であることに変わりはないため、単に逮捕された者たちが新しい人間に取って代わられるだけだという。

倉庫に戻ろう。ベルトコンベアからはすでに、ＴＲＡＩＤの店舗での販売に適していると判断された品がすべて取り除かれている。「以前は、われわれが一年間に回収する二七〇〜二八〇トンの在庫のうち、靴が一一パーセントを占めていました」とホセは言う。「その割合は、今では六パーセントまで減っています。これは業界全体で同じ傾向にあります。靴の品質が低下したため、皆そのままゴミ箱に捨ててしまうのです。衣料品も同じです。その元凶はファストファッションであり、衣服は三回洗濯すればダメになります。買い換えるのもあまりに簡単で、あまりに安すぎるのです」

また、寄付される品物にはジェンダーによる差もある。「女性用の靴はたくさんありますが、男性は靴を寄付しません」とローズは言う。「男性はそもそもあまり数を買わずに、そろそろ寿命だなと本人が思うまで使ってから、ようやく寄付に回すのでしょう。ですから、男性用の靴は常に不足しています」

英国のチャリティショップでの販売には適さないと判断された服や靴は、第二のベルトコンベア行きとなる。「何一つとして捨てたくないのです」とホセは言う。「二番目のベルトコンベアに載せられる品は、店頭に並べる品質に達していないものです。これらはリサイクル業者に引き渡され、分類されます」

リサイクル業者は、売り物にはならないと判断された寄付の品々を、スタイル、気候、文化的な適正、品質によって分類する。分類が終わったものは、通常は四〇～五〇キロのベール〔布やひもを用いる圧縮梱包〕にまとめられる。ベールは東欧、アフリカ西部、東部、中部、アジア圏のインドやパキスタンに向けて出荷される。市場は地政学的な要因で変動する。たとえばウクライナは、ロシアとの紛争で市場が混乱するまでは、中古衣料品の主要な輸出先であった。

現地に到着した服や靴は問屋に卸され、そこからさらに地元の販売業者に売却される。地元の業者は通常、ベールをばらして五～一〇キロほどの小さいパッケージに作り替える。これらのパッケージは、市場や村に店を出す露天商に売却される。スワヒリ語では、ベールは「束」を意味する「ミトゥンバ」と呼ばれる。

それぞれの束に何が入っているかは、ちょうど福引きのようなものだ。ときには当たりの束を引いた市場の商人が、その月の家賃と食費をまかなえるだけのお金を手に入れることもあれば、そううまくは行かないこともある。ケニアの『デイリーネーション』紙には、中古の靴を売ることを生業とし、週に三回仕入れに行くという二三歳のナイロビの男性の言葉が載っている。「いい週であれば、自分がつぎ込んだ分だけでなく、それ以上取り戻せます。儲けが五〇〇〇シリング〔約四九〇〇円〕弱という週もあれば、まったく儲からない週もあります」▼2

靴を含む中古衣料品の四大輸出国といえば、世界の在庫の一九・五パーセントを輸出する米国、一三・三パーセントの英国、一一・五パーセントのドイツ、そして七・九パーセントの中国だ。残念ながら、データには靴という個別の分類が存在せず、中古衣料品（ＳＨＣ）のカテゴリーに含まれている。[3] 不要になった衣料品や靴は、たとえばウガンダのカンパラにあるオウィノ市場のような場所に押し寄せる。オウィノ市場はアフリカ最大級の中古衣料品ショッピングの拠点であり、そのあまりの巨大さに、地元のサファリ会社がツアーを実施しているほどだ。[4]

こうした東アフリカにおける中古衣料品の大洪水は、一九六〇年代から一九八〇年代にかけて隆盛を誇った、この地域独自の衣料品および靴工場の崩壊を招いた一因と言われている。二〇一六年にはついに、ウガンダ、ケニア、タンザニア、ルワンダ、ブルンジ、南スーダンから構成される東アフリカ共同体（ＥＡＣ）〔二〇二二年にコンゴ民主共和国が加盟〕のリーダーらが対策に乗り出した。アフリカの製造部門を立て直すために、彼らは中古衣料品の輸入を二〇一九年以降禁止すると発表した。

これに腹を立てたリサイクル衣料輸出業者からの強い要請により、米国政府はＥＡＣに対し、中古衣料品の輸入禁止はアフリカ成長機会法（ＡＧＯＡ）の条項に違反する恐れがあると警告した。ＡＧＯＡとは、ＥＡＣ加盟国が米国から特恵を供与されることによって、同国市場への容易なアクセスを可能とする法律だ。こうした米国の対応を受け、ケニアを含む各国は、米国での繊維・衣料品市場を失うことを恐れてボイコットを撤回した。一方、自国経済を農業から脱却させ、「メイド・イン・ルワンダ」製品のための産業基盤を築くことを目指すルワンダ政府は、ケニアには同調せず、米国の中古衣料品と靴にかかる関税を引き上げ、結果としてＡＧＯＡの適用国から除外されることとなった。[5]

東アフリカの工場の発展を妨げているのは、中古衣料品の輸入だけではない。製造業は、アジアからの安価な製品の大量流入に起因する競争にも直面している。中国はすでに一二億ドル分の新品衣料品を東アフリカに輸出しており、専門家らは、中古衣料品の輸入禁止や関税によって市場に少しでも隙間が生まれたとしても、それはまたたく間に中国によって埋められてしまうだろうと警告している。[6]

行方不明の靴

ＴＲＡＩＤの倉庫では、ようやくすべてが品質ごとに分類され、適切な箱に収められた。ホセが一つの大きなビニール袋を指差す。「胸が痛みますが、これは破れたり、ペンキが付いたり、痛みがひどかったりして、使い物にならない服です」。これらの品は四〇〇キロのベールに圧縮され、直接パキスタンに送られる。ＴＲＡＩＤは現地企業と契約を結んでおり、古着は埋め立てに回されることなく、自動車のシートの断熱材や工業用布の製造に使われる。「昨年は、われわれが回収した二五〇〇トンのうち、一五〇トンを送りました」とホセは言う。「ですから、パキスタンに送られるのは全体のごく一部なのです」

次はいよいよ、ベルトコンベアでの最後のタスクに取り掛かる。仕分け一回分の古着がベルトコンベアに流されるたび、最後には必ず行方不明の靴が出てくる。行方不明とはつまり、販売可能な状態の靴の片方だけが、どういうわけかもう片方をともなわずに到着したもののことを指す。寄付する際には、両方の靴をストラップや靴ひもでまとめておくよう呼びかけがなされているが、回収の過程のどこかで離れ離れになってしまう靴は少なくない。ＴＲＡＩＤでは、バラバラになった靴はいったん箱に仕舞われてから、もう一度ベルトコンベアに載せられ、仕分けが行なわれる。

ごちゃまぜになった靴が、プラットフォームまで上がってくる。素早い動きの仕分け人の手が、山積みの靴の上を飛び交い、色と種類で靴を見分け、両方の靴を元通りに揃えていく。このときはラッキーな回だったようで、ほぼすべての靴が正しい組み合わせに戻されたが、鮮やかな赤色のベビーシューズが一つだけ、ベルトコンベアの上に残された。「片方だけになった靴を見るのはつらいものです」とローズは言う。「片方だけで寄付されたはずはないのに、作業のプロセス上、仕方なくもう片方と離れてしまうのです。そのため、最終的には片方だけの靴がたくさん出ることになります」

倉庫の外には、パンパンに膨らんだ大きな白いビニール袋が並んでおり、側面にマーカーで「SINGLE SHOES（片方だけの靴）」との文字が記されている。片方だけでは、片足の人向けのごく小さな市場を除けば、小売市場では売り物にならない。白いビニール袋は、副業で片方だけの靴を扱っている業者に回収される。それらはロンドンから北のバーミンガムやハートフォードシャーへ向かい、そこから東へ進路を変えて、ポーランドやパキスタンを目指す。そうした場所には、片方しかない靴を元通り両方揃えることを専門とする倉庫がある。

片方だけの靴は世界中からこの倉庫に集められ、そこでもう片方を探す作業が開始される。靴は種類、色、ブランド、サイズ別に分けて並べられる。新しいロットが到着すると、靴は可能な限り近いものとマッチングされる。完全に一致するものが見つかることもあれば、よく似たものと組み合わされて、大幅に値段を下げて売りに出されることもある。この作業は、靴をもっとも実用的な状態に戻すことを目的としている――靴の主たる目的は足を保護することであり、その機能を果たすうえで、左右が互いにまったく同じものである必要はないのだ。

リペア

月に一度、イーストロンドンにあるセントジョンズ教会の集会所は、「レイトンストーン・リペア・カフェ」へと変貌する。壁に貼られた大きな紙は、縦に引かれた線で三つの列に区切られている。最初の列には人の名前、二番目にはその人が持ち込んだ品物、三番目には結果が書き込まれ、そこにはたいてい、ニッコリと笑うスマイルマークが添えられる。二番目の列には、たとえばこんな言葉が並ぶ。ブリーフケース、お気に入りのワンピース、携帯電話、ＤＶＤプレーヤー、サンドイッチメーカー、ラグジャケット、扇風機、血糖値測定器。集会所の外では、自転車を引いた人々が列を作り、日差しを浴びながら、大型テントの下で作業をする二人の修理工のうちどちらかの手が空くのを待っている。

ドアのそばに立って混雑する集会所に人々を迎え入れているのは、ウォルサムフォレスト議会で廃棄物とリサイクルを担当しているオリバー・ピートだ。ウォルサムフォレストは過去一〇年の間に、英国の全行政区のなかで貧しい方から数えて一五番目から、現在の三五番目まで順位を上げてきた。ここにはパキスタン人、ポーランド人、ジャマイカ人など多様な人口が暮らしており、その事実は集会所でケーキをかじりながら辛抱強く待っている人たちの顔を見れば一目瞭然だ。

ネコがプリントされたTシャツを着た女性が、何かを手に持ってやってきた。どうやら電池式のネコのおもちゃらしい。オリバーは申し訳なさそうに、電子機器修理の枠はすでに予約で埋まっていることを説明する。女性はため息をつき、来月、故障した冷凍冷蔵庫を持ってきてもいいかと尋ねる。「廃棄物の階層は、上からリデュース、リユース、リサイクルとなっています」。ネコ用おもちゃを持った女性が立ち去ったあとで、オリバーが言う。「しかし、ほんとうはもう少し上の階層、すなわち修理(リペア)に力を入れるべきなのです」

「リペアの方がすぐれているのがなぜかといえば、リサイクルというのは、ほかにもう何もできなくなったときにすることだからです。もし品物をできるだけ長い間生かしておくことができれば、それをゴミ箱行きにせずに済みます」。オリバーによると、リペアカフェのようなイベントに対する注目はますます高まっており、その理由の一つには、お金を節約したいという思いもあるという。「われわれは地元住民との意思疎通に努めており、皆さんよく理解しておられるように思います。『これは思い入れがあるから捨てたくない、ちょっとお金を節約したい、環境に何かいいことをしたい、この間までは問題なく使えたのだから、できれば何とかしたい』。皆さんそんなふうに考えているのです」

予約が殺到している電子機器修理チームを率いるのは、「リスタートプロジェクト」の共同設立者であるジャネット・ガンターだ。リスタートプロジェクトとは、無償で電子機器の修理を行ない、また修理の仕方を教えることによって物が埋め立て地行きにならないようにすることを目的とした活動であり、参加者の規模はますます大きくなりつつある。

「何か問題が起こったからといって、すぐに粉砕機や埋め立て地行きにすべきではありません。まずは問題がどこにあるのかを見極めて、解決策を探るのです」とジャネットは言う。「こうしたイベントがあれば、たとえ持ち込まれる品物が寿命を迎えていたとしても、少なくともやれるだけのことをやり、努力をしてみたということにはなります」

テーブルの奥に置かれている、蓋が開き、なかからワイヤーが長く伸びたファンヒーターを指差しながら、ジャネットは、消費財が修理しやすいように作られていないことに対する不満を顕わにする。テーブルの上にあるさまざまな品物は、その多くが二度と開けられない設計になっており、安全ボルトと接着剤でしっかりと蓋が閉じられている。

また、企業が必要な情報を公開していないことに悩まされる場合もある。ここにある製品はどれも、サービスマニュアルを入手できていないものばかりだ。情報がなければ、素人であれ専門家であれ、修理することは難しい。たとえそれが、非常に価値の高い品物であったとしてもだ。こういう場合ジャネットたちは、回路基板上のどの部品を交換する必要があるのかを何時間もかけて調べる羽目になる。「設計に原因がある場合もあれば、メーカーがコストを絞っているせいということもあります」とジャネットは言う。「ここにある製品の多くは非常に安価で、捨てることを前提に作られているのです」

一般の人々と同じ水を飲み、同じ空気を吸わなければならないメーカーが、そうした無責任なやり方を採用しているのはなぜなのだろうか。「その理由は利益であり、株主資本主義です」とジャネットは言う。「多くの企業は、いわばトレッドミルの上で動いているようなもので、彼らは四半期ごとに、自分の会社が株主に利益をもたらしている事実を示さなければならないのです」

たとえ一人の工業デザイナーが、三年がかりで作ってきた製品を環境に配慮したものにしたいと考えたとしても、そこには常に、より小さく、よりおしゃれで、より人目を引く製品を求めるマーケティング部門や、とにかく価格を安くしたいと考える生産管理者からのプレッシャーがある。では、修理をしやすくするにはどうしたらよいのだろうか。「修理のための障壁が減ってくれるとありがたいですね」とジャネットは言う。「資料へのアクセスやスペアパーツへのアクセスを改善し、また接着剤を使うといった、最悪の設計判断が違法になることを望みます。小型の電子機器には、接着剤が使われることがますます増えています」

二〇〇七年、フランスは拡大生産者責任（ERP）制度を導入した。これは衣料品、リネン、フットウェアのメーカーに、自社製品についてその最後の段階まで責任を負わせることを目的としたものだ。こうした枠組みには、より環境に配慮した設計を奨励し、またブランドに社会的責任を与える効果が期待される。ERP制度によって、フランスでは二〇一一〜一六年の間に、使用済み繊維・ファッション・フットウェア（TCF）の回収量が三倍に増加し、また回収されたすべての製品のうち九〇パーセントがリユースあるいはリサイクルに回された。[7] 一方英国では、これほど緊急性が高い問題であるにもかかわらず、廃棄システムの徹底的な見直し、生産者責任制度の拡大と施行、デポジット返金制度は実現に至らず、協議段階に留まっている。

レイトンストーン・リペア・カフェは、衣料品の修理は行なっているものの、靴はその対象ではなく、またどこかに地域密着型の靴の修理工房があるという話も聞かない。今のところ、靴の修理は民間企業の守備範囲に留まっているようだ。

高級靴と修理

一九五〇年代末、キプロスにある小さな街で、コスタス・クセノフォントスの祖父は息子を目の前に座らせて、どんなところに徒弟に入りたいかと尋ねた。自分がまともな靴を一足も持った経験がないことが気になっていたコスタスの父親は、靴職人になりたいと答えた。資格をとったのち、お金を稼いだら帰国するつもりで、彼はイングランド行きの船に乗り込んだ。

しかし実際には、彼は一九六三年に修理工房「クラシック・シュー・リペアーズ」を設立し、息子たちにはよい教育を受けさせ、二度とキプロスには戻らなかった。開業当初こそ苦労したものの、クラシック・シュー・リペアーズは今や、高級靴ブランドであるジミーチュウの公式修理業者だ。鍵のかけられた戸棚には、完璧な修理を施すために使われる、ジミーチュウの自社ブランドの革が仕舞い込まれている。ロンドンのケンティッシュタウンにある店舗では、ダイアナ妃のバッグを修理したこともあるという。

店を訪れる顧客たちは、まるで高級スパにでも来たかのような接客を受ける。ホワイエは広々として明るく、一方の壁には何百個もの小さな木の引き出しが並び、その一つひとつには引き取りを待つ靴が一足ずつ収められている。ピカピカのカウンターの奥には階段があり、まるで洞窟のような、天井の低い工房へと続いている。

工房のラジオからはスポーツニュースが流れ、空調機器が空気を清浄に保っている。すべての棚には靴箱、工具、革のサンプルがぎっしりと詰め込まれている。ジッパー、糸、接着剤、塗料、ヒールチップ、釘を入れた容器もある。クラシック・シュー・リペアーズには二四人の従業員がいる。「昔、会社が少しずつ成長を続けていた時期には、ここの修理工は全員がギリシャ人でした」とコスタスは言う。「もしあなたがわたしの結婚式に出席したなら、ギリシャの靴職人の大会でも開かれているのだろうかと思ったはずです。父はこの業界にいる人間はだれであれ、一人残らず知っていましたから」。今では事情は大きく変わった。数年前、コスタスの兄弟が全員に母国語で「おはよう」と言ってもらって数えたところ、ここの従業員は約一二ヵ国から集まってきていることがわかったという。

通路を歩きながら、コスタスが紳士用の革靴を手に取る。「これは大きな穴が開いていたので、ソールを張り替えました。アッパーは状態がよく、これから磨きをかけて仕上げれば、お客さまのところに戻ったときには、靴の寿命は以前の二倍になっているでしょう」。コスタスは靴のベロを持ち上げながら、靴の内側の薄くなったり、色があせたりしている部分を指差す。「お客さまのなかには、内側から靴をすり減らす方もいらっしゃいます。色が変わっているのがわかりますか。この方は足の温度が高いので、インソールを交換する必要があります」

さらに奥へ進むと、工房の一角に、新しいヒールを作るための作業に特化した部署がある。ヒールチップがとれたものや、鉄格子や石畳でヒールが傷ついたもの、折れたものなど、いくつものハイヒールが置かれている。ある箱のなかには、ヴァレンティノの黒のスウェードのハイヒールが入っており、バラバラになったその様子は、とうてい手の施しようがないように見える。

この部署では、ヨンという名のインドネシア人の若者が働いている。彼は二〇〇五年に靴修理工として働き始め、この工房に来てからは五年になる。ここまでボロボロになった靴を、なぜ修理に出すのだろうかと、彼に尋ねてみる。「こうしたスタイルの靴は、もう店頭で手に入らないことが多いのです。気に入っているスタイルであれば、修理に出すしかありません」とヨンは説明する。「また、靴がすでに馴染んでいるということもあります。革の場合は、伸ばして自分の足の形に合わせていく必要があります。新しい靴を買えば、水ぶくれができてしまうかもしれません」

人々が靴に対して抱く強い愛着について尋ねると、ヨンはシンプルにこう答える。「一つは感傷的なもの、もう一つは快適性です。それはとても個人的なものです。大好きな靴のためであれば、人はいくらでもお金を払います。たとえば祖母から譲り受けたものだとか、結婚式で履いたもの。そういったものには値段以上の価値があるのです」

数十年にわたり、どうかお気に入りの靴を直してほしいという人々の声を聞いてきたコスタスも、これに同意する。「背景は実にさまざまです。母親からのお下がりの靴や、古い結婚式用の靴、一生涯の恋人と初めてキスをしたときに履いていた靴など、だれもが意外なこだわりを持っています。それは身体的なものというよりも精神的なものです。それに疑問を差し挟む資格などだれにもありません」

このとき見せてもらった靴の持ち主は、いずれ新品同様のヴァレンティノのヒールを手にすることができるだろう。しかし、だれもがそこまで強く自分の靴を復活させたいと思っているわけではなく、またコスタスのところに持ち込まれる靴には修理できないものも少なくない。その理由は、コスタスによれば、そもそも多くの靴が修理できるように作られていないからだという。たとえば服装のカジュアル化にともなって広く普及したスニーカーの場合、成形されたソールが接着剤で取り付けられているせいで、修復や交換が特に難しい。地下工房のチームはスニーカーの直しも手掛けており、たいていはうまくいくが、修理にかかる費用は一般的なスニーカーの新品価格よりも高くつくことが多いため、彼らが手がけるのはデザイノーブランドのものが中心となる。

「正直に言わせてもらえるなら、この社会では使い捨てがあまりにも当たり前に行なわれるようになってしまいました。特にファッションに関しては、年を追うごとにその傾向が強くなっています」とコスタスは言う。「スニーカー人気が高まった八〇年代には、高齢者までがスニーカーで街を走りまわり、一足買っては捨てる態度が横行しました」

靴メーカーもまた、積極的に修理をしようとはしない。工場は一方通行の生産ラインであり、靴を分解して作り直すようにはできていない。工場に修理をする能力があるとしても、修理を始めるというのは、生産ラインを大混乱に陥れるのに等しい。

これは逆説的な状況だ——コスタスは自分の商売が、メーカーが本来やるべきことをやらないという事実の上に成り立っていることを自覚している。修理することができない靴がますます増えていくのを目の当たりにしつつ、コスタスは、もし実際に基準が改善されたなら、自分の商売はどうなってしまうのだろうかとも考える。彼にとって望ましいのは、学校を終えた若者が、修理業界にもっと大勢入ってきてくれることだ。「ロンドンのファッションスクールなどに入る若者たちは、デザイナーになりたい、メーカーを立ち上げたいという希望を持っていますが、業界のサービス方面を目指す人はそう多くありません」。こうした英国の労働力不足、またブレグジット以降、工房で働く多様な文化圏のスタッフの未来が不透明になったことが、最近のコスタスの悩みだ。

人々が履く靴は、ひどく痛めつけられる。ときには「投資」と呼ばれることもある靴だが、これほどひどい扱いを受ける投資もほかにないだろう。「ブラウス、ジーンズ、靴など、人が身に着けるすべての服装のなかで、もっとも激しく摩耗するのが靴です」とコスタスは言う。「靴は人の全体重をかけられ、通りを歩き、酸性雨を浴びせかけられます。健康面から言っても、足がどれほど清潔かによって、靴を履き続けられる時間は限られてきます。すべての衣服のなかで、靴こそが衝撃を受け止める主体なのです」

しかし、靴がリユースもリペアもできないほど摩耗してしまった場合、そのあとはほんとうにもう、ゴミ箱に入れるしかないのだろうか。

リサイクル

もし靴のリサイクルについてのありとあらゆる知識が詰まっている頭脳が存在するとしたら、それはシャヒン・ラヒミファード教授のものだろう。話題が豊富で、話し好きで、熱意あふれる人柄の教授は、その一方で、自らの研究を、通常営業を続けるための煙幕として利用しようとする靴ブランドと長年議論を戦わせてきた百戦錬磨の人物でもある。

ラヒミファード教授が靴のリサイクルという厄介な問題に取り組み始めたのは一五年前、英ラフバラー大学にいたときのことで、そのきっかけは、彼の妻（同じく尊敬を集める学者）から、大量の靴を処分したいがどうしたらいいか考えてほしいと言われたことだったという。

教授の研究室において、靴のリサイクルは「ゴールデンプロジェクト」であり、自動車や携帯電話、ノートパソコンなどの高額な製品のリサイクルよりも高い関心を集めている。ラヒミファード教授は靴に対する感情的な思い入れは持っておらず、靴のことは、ファッション製品になったことで制御不能に陥った実用品とみなしている。教授にとって靴の課題と魅力は、素材的には非常に価値が低い品物（回路基板から金を取り出せるわけでもない）でありながら、極めて複雑な作りをしていることにある。

そのため問題は、どのようにしたら靴をできるかぎり細かいところまで効率よく分解し、さまざまな素材を分離し、廃棄物から何らかの価値を生み出し、同時に地球の生態系の破壊を防ぐことができるだろうか、ということになる。

「持続可能な製造およびリサイクル技術センター（SMART）」（ラフバラー大学内の研究施設）において、ラヒミファード教授のチームが最初に検討し、そして破棄したアイデアは、古い靴から新しい靴を作るというものであった。靴の一部だけが壊れたのなら、単にアッパーやソールを交換して新しい靴を作り出せばいいのではないか、と考えたわけだ。しかし、このアップサイクリング（廃棄物を新たな価値を持つ品として再生すること）は失敗に終わった。問題は工学や技術ではなく、消費者と商業的な認知にあった。

廃棄された部品から靴を作るというのは、ディストピア的な環境になった未来でなら実現可能かもしれないが、現代社会においては、靴がリサイクルされるころにはスタイルが流行遅れになってしまう。また、品質管理や統一性、さらには細菌感染をどう防ぐかといった問題もある。つまるところ、捨てられた靴を買ってまで履きたいという人間はほとんど存在しないのだ。

次に採用されたのが、「分解」と「分解後の分類」という方法だ。「分解」とは、靴を構成部品にまで解体すること、「分解後の分類」は、部品を素材のタイプごとに分けることを意味する。

これは容易な作業ではない。革、ゴム、スチール、ブロンズ、重さや密度もさまざまなプラスチック、ポリエステル、アクリル、ナイロン糸など、一つの靴には四〇種類もの素材が使われている。さらには規模の問題もある。これは一足の靴を時間をかけて解体するという話ではなく、何百万トンにものぼる、それぞれが異なる方法で組み立てられたのち廃棄された靴を、いかに効率よく処理できるかという問題だ。ドイツのヴォルフェンにあるSOEX社のリサイクル工場には、使用済みの靴が毎日三万五〇〇〇足持ち込まれ、そのうち八七五〇足（二五パーセント）が分解される。[▼8]

「ものによっては、一つの靴に一〇〜一五種類の素材が使われており、そのうち四つが違う種類のプラスチックということもあります」とラヒミファード教授は言う。「企業はインソールや靴の部品を別々の企業から買い入れます。別々の企業が別々のプラスチックを使用していても、そんなことは気にしないというメーカーもあります。自社の基準を満たしている限り、それで構わないというわけです」

現代の靴のデザインにとって欠かせない主要な要素の数々が、リサイクルを極めて煩雑なものにしている——異なる素材を組み合わせて使うことは巨大なハードルを作り出し、色を混ぜ合わせて使うこともまた大きな困難を生み、シャンク（土踏まずの部分に入れる芯材）や飾りとして金属を靴に加えることは災難を引き起こす。なぜなら、硬い金属は粉砕するのが非常に難しいからだ。「現在設計・製造されている靴は、寿命が来たときのことが考慮に入れられていません」と教授は続ける。「靴に金属部品を使えば、リサイクルははるかに難しくなります。われわれはフットウェアの製造における金属の使用禁止を求めています」

ブランドによって生み出される数々の問題は、緊急性が高くかつ深刻だ。衝撃吸収性の高いミッドソールとしてスニーカーに多用されるエチレン酢酸ビニルを、ほんの小さな切れ端でも埋め立て地に入れたなら、それは一〇〇〇年の時が過ぎてもまだ、そこにそのまま残っているだろう。[9] これが数十億倍の規模になったらと考えれば、今まさにどのような環境遺産が築かれつつあるのかがはっきりと見えてくる。ランニングシューズのような品物は、われわれを自然のなかへと連れ帰り、幸福をもたらすと約束しながら、実際には、われわれが触れ合うはずだった自然そのものを破壊しているのだ。

靴と循環性

ラヒミファード教授の研究室で開発中の最新の工学的プロセスは、現在はまだ資金調達方法の関係で秘密保持契約の対象となっているが、大まかなところを説明するならば、空気、水、振動テーブルを使って、その重量をもとに異なる素材を分離する、というものだ。

研究室のテーブルには、このプロセスを実施した成果物が置かれている――小さなビニール製のサンプルバッグのなかには、ゴム製のチップがいっぱいに詰まっており、一部、樹脂で互いに接着されているものもある。このゴム製チップはスポンジのような性質を持っており、バスケットボールコートの下張りや、自動車のホイールアーチの断熱・防音材、陸上競技場の路面材に適しているという。

ただし、陸上競技場に生まれ変わることを、決して最終的なゴールとみなしてはならない。なぜなら、競技場の路面もいずれは摩耗し、取り除かなければならない日が来るからだ。「どんな物を作るにせよ、それはいつか廃棄物となり、それもまたリサイクルしなければならないということを忘れるべきではありません」とラヒミファード教授は言う。「下手なやり方をすれば、次にそれがリサイクルされる順番が回ってきたときに打つ手がなく、埋め立て地に送るしかないということになりかねないのです」

こうした理由から、ラヒミファード教授は「循環型経済」という言葉を好ましく思っていない。循環型経済とはつまり、資源をできる限り長い期間、埋め立て地送りにせずに済むよう、閉じた循環型の生産を行なうという考え方だ。問題は、循環型経済のアプローチにおいては、廃棄物を「可能な限り最善の方法で利用」することが推奨されるが、それが環境的に最善なのか、経済的に最善なのかが定義されていないという点だ。もっとも経済的なアプローチが、何かを焼却処分にすることであるという場合もあるだろうが、それはもしかすると、環境的には何の整合性もないかもしれない。

「この言葉は誤用されていることがあると感じます。問題が生じるのは、再生やリサイクルにおいて、経済的配慮が主要な焦点になるときです」。「循環型経済」について、ラヒミファード教授はそう語る。「『いい考えがある。廃棄物を燃やしてエネルギーを作れば、これをわざわざリサイクル素材として使うよりも儲かるぞ』などと言う企業もあります。このように経済を何よりも優先していると、人は環境にとって何が最善かという視点ではなく、お金に基づいた誤った判断を下してしまうようになるのです」

ラヒミファード教授の研究が焦点を当てるのは、経済ではなく、「材料と資源使用の循環性」だ。これはすなわち、人は常に資源を「資源の銀行」から借りるだけで、その機能性を正しく活用したあとは銀行に戻して、再び利用できる状態にしなければならない、という考え方だ。この『資源を利用する』というアプローチは、「資源を消費する」ことへのアンチテーゼとして設計されている。

靴を食べる

同研究室で進められているもう一つの計画は、おそらくは過激な消費主義に対する、これ以上ないほどふさわしい答えと言えるのではないだろうか。ラヒミファード教授の同僚であるリチャード・ヒース博士の望みは、人々が自分の靴を食べることだ。博士は現在、ポストコンシューマの革を動物の皮として扱い、ゼラチンや繊維に分解して食べられる状態にできないかどうかを研究している。*

＊ドイツの著名な映画監督ヴェルナー・ヘルツォークは、映画監督仲間との賭けに負けて自分の靴を食べたことがある。カリフォルニアの一流レストランの厨房に、彼は粛々と自分の靴を持ち込み、それをたっぷりの調味料とともに五時間煮込んでから、バークレーの劇場USシアターの舞台上で食してみせた。一方、チャーリー・チャップリンは、映画『黄金狂時代』のなかで靴を食べる演技をしているが、こちらの靴は実際には甘草で作られたものであった。靴はまた、料理を盛りつけるプレートとしても使われてきた。ビーチサンダル、スニーカー、クロッグサンダルなどは、レストランで通常の皿の代わりに使用されている。日本の安倍晋三元首相はかつて、イスラエルの有名シェフから、ほんものそっくりの金属製の靴にチョコレートトリュフをのせたものを供された。

日々の食事の一環として廃棄された靴を食べるよう、一般市民を説得することができるのかどうか、また、このアイデアが、気候変動によって実際に世界がディストピアとなり、人々が埋め立て地を掘り返して食べ物を探すようになったときのための備えなのかといった疑問については、答えが出るのはまだ先のことだろう。

数々のブランドが、毎年何億足もの靴を生産しておきながら、それらの行く末にはほとんどかかわろうとしない様子を目の当たりにしてきたラヒミファード教授は、ポストコンシューマの廃棄物に対し、業界は「ごくわずかな」反応しか見せていないと述べている。世界のフットウェア製造業の市場規模は、二〇二〇年に二〇四九億ドルに達している。[10] ラヒミファード教授の研究室はそう広い空間ではないが、最近、中央に仕切りを設けて、より多くのプロジェクトに対応できるようにした。教授が今すぐに起こることを望む変化とは、ブランドが研究を資金面で支援することによって、靴の廃棄という問題の解決に寄与することだ。

以前SMARTが計算したところによると、世界の靴のうちリサイクルされているのはわずか五パーセントであったという。この数字は今もあまり変わっていないと、教授は考えている。「リサイクルされる用途が何であろうと、その割合は三パーセントか五パーセント程度でした」と教授は言う。「新しい研究は存在しませんが、その数字は二倍にもなっていないと思われます。われわれが今も靴の九〇パーセントを埋め立て地に送っていることは確実でしょう」

もし五〜一〇パーセントの靴しかリサイクルされていないのであれば、毎年何十億足もの靴がそのまま埋め立て地に直行していることになる。「埋め立てに関しては、それが英国にある埋め立て地であろうが、バングラデシュやパキスタンにある埋め立て地であろうが同じことです——どこに持ち込まれようと、監視が行き届かないのですから、埋め立てはいい選択肢とは言えません」とラヒミファード教授は言う。「われわれはグローバリゼーションではなく、物事をグローバルな視野で見ることを考えなければなりません。われわれが何をしようとも、そこはどこかにあるだれかの埋め立て地であり、人類の埋め立て地なのですから」

リデュースとリシンク

もし状況を改善するための方法の一つが、われわれが地球とのかかわり方を変えることだとしたらどうだろうか。二酸化炭素の排出量という大規模な話だけではなく、われわれが地球の表面を歩く一歩一歩によって変えていけるのだとしたら？

ケイト・フレッチャー博士は、再考（リシンク）について考えることに多くの時間を費やしている。その予言をだれにも信じてもらえなかったトロイの祭司カッサンドラのように、フレッチャー博士の言葉もまた、ひどく突飛に聞こえるかもしれない。ファッション産業に対する彼女のアプローチは、「より少なくすることこそが唯一の前進」というものだ。

フレッチャー博士はこれまでの仕事のなかで、ブランドに対し、どうすれば環境フットプリントを削減できるのかについての指導を行なってきた。彼女が出した結論は、一つのアイテムの影響を軽減しようとする試みは、果てしなく続けられる商品の生産の前には何の役にも立たない、というものだ。「小規模な削減をいくら効率化したところで、消費の累積効果を上回るにはとうてい足りません」と博士は言う。必要なのはむしろ「スイッチを切り替えること」であり、われわれの世界を別のやり方で想像することだ。

駅構内のコーヒーショップに腰掛け、変化の必要性について熱弁を振るいながら、フレッチャー博士は、われわれは自分の歩き方さえも根本的に再考すべきだと主張する。スポーツメーカーは、体の保護と強化に役立つものであるとしてスニーカーを販売する。そうしたメッセージには、靴はそこに組み込まれた保護効果を維持するために定期的に買い替えなければならないという意味が含まれており、ランニング用のシューズは、そのサポート効果は五〇〇マイルまでしか継続しないものとして売られている。ナイキがかつて販売していたMayflyというスニーカーは、わずか一〇〇キロ走っただけで擦り切れるように設計されていた。

フレッチャー博士は、靴は体を保護するというよりも、むしろ体を弱く、柔らかくするものであると主張する。エリック・トリンカウスは、人間の足指が四万年前にもろく、薄くなったのを発見したが、これと同様に現代人の足もまた、自らを支えてくれる補強材に頼るようになった。「このビジネスモデルの特徴はある意味、交換を強制することにあります。その方法の一つが、人々を靴のパッドに依存させるようにすることです」とフレッチャー博士は説明する。「新しい靴を買わないようにするには、ただ裸足で歩けばよいのです――靴を脱いでしまうんです。もしくは、靭帯、足首、膝を鍛えて、補助構造なしに歩いても足を守れるようにすれば、靴を買い替える必要もなくなります」

現在、さまざまな企業がわずか三ミリという最低限の厚みのソールの靴を提供している。この靴を履くことにより、人は以前とは違った動き方をするようになり、それが物理的な世界とのより大きなつながりをもたらすと、企業は主張する。廃棄物を減らすために歩き方を変えること、あるいは単に靴を買う回数を減らすことを人々に納得してもらうというのは、ひと筋縄ではいかない挑戦だ。その最大の理由は、ファッションと安い生産額が力を持つ世界では、大半の靴、特に安価なものは、そもそも長持ちするように作られていないからだ。さらに問題を複雑にしている要素としては、靴にまつわる知識のギャップが挙げられる。フットウェアの製造過程は謎に包まれており、買い物客には、どの靴が長持ちするのか、どの靴が修理可能なのかについて、十分な情報をもとに判断することができない。そうなれば人々は、多国籍企業が作る靴への信頼感に頼るようになる。

フレッチャー博士は、われわれが購入するものについて、もっと教育が必要だと考えているが、同時に彼女は、より陰湿なもう一つの問題に言及し、それが消費財の回転を速めていると指摘する。「これは、商品がどの程度長持ちするべきかについての期待感が低下させられているという問題でもあるのです。そうした意識は、ソーシャルメディアや、常に違う物を持たなければならないというプレッシャーなど、多くの社会的・文化的な圧力によって増大します」

消費に対する博士のアプローチは、経済史家のアヴナー・オファ教授による「自己破滅的な選択」をめぐる研究を参考にしている。自己破滅的な選択とは、たとえば喫煙、ギャンブル、戦争などのことであり、いずれにおいても現在の優先順位と将来の優先順位の対立が起こる。ルーレット台で味わう一瞬のスリルが、長期的な経済的安定の可能性を失わせる。また、残酷な復讐を望む欲望が、国や地域を数十年の混乱に陥れることもある。オファ教授は、そういった瞬間には、短期と長期の優先順位が一致しない「分裂した自己」が現れると述べている。▼11

社会的な規模で見た場合、これと同じ仕組みは消費にも当てはまる。われわれはきれいな水や空気の供給、さらには地球の安定性よりも、靴を選ぶよう教えられている。これは、快楽主義、個人主義、ナルシシズムを助長する市場競争のシステムに巻き込まれた結果だ。快楽主義は容易にパッケージ化して市場に売り出すことが可能であり、個人主義は他者や集団的未来との社会契約を排除し、ナルシシズムは自己に対する過剰な関心を生む。[12]

タバコ、速い車、ファストフードの場合と同じように、新しい靴が絶え間なく供給されることによる長期的な危害のリスクは、最初のうちは目に見えない。[13] それは長く尾を引く被害であり、その原因は構造的な特徴、天然資源の過剰使用と使用の過小報告、消費を燃料とする経済成長という破壊的モデル、規制および企業の説明責任の欠如などだ。

この罠から抜け出す道を見つけることとはつまり、今日のわれわれの判断に、未来のニーズをより適切に反映させる方法を見つけることを意味する。それはまた、単なる目先の買い物が生み出す快感に人生の意味を求めることをやめ、われわれの集団的な未来に焦点を当てることを意味する。そうすることによってわれわれは、希望ある未来、そしてわれわれや、われわれの住む地球が五〇年後に必要とするものは必ずそこにあると、約束することができる。

人々が力を結集して企業の過剰生産と過剰消費に抵抗することができなければ、また、利益目当てに所有権を奪い合う欲望ではなく、社会的責務としての敬意を持って地球を扱う力を取り戻すことができなければ、われわれは皆、揃って暗い運命に直面することになるかもしれない。

ゴミ

ラボニは一二歳で結婚した。一六歳のとき、サイクロンによって家が破壊され、村人たちが生活の糧を得ていた農地も水浸しになった。ラボニの家族は家を建て直したが、二年後にもう一度同じことが起こると、彼女は夫とともにバングラデシュ北部ラルモニルハット県の家を出て、仕事を探すことにした。三歳半の息子は村に残し、祖母に世話を頼んだ。

ラボニと夫は、仕事があるという噂を頼りに国中をめぐり、やがて首都ダッカにやってきた。二人がたどり着いた郊外のスラムで、ラボニは近所の人たちが衣料品工場で縫い物の仕事があると話しているのを耳にした。しかし、ラボニが問い合わせた工場では人を募集しておらず、また新しい隣人たちとは違って、彼女にはミシンを扱った経験がなかった。

近所の女性たちは彼女に、マトワイルへ行くように言った。そこなら確実に仕事があるというのだ。マトワイルとはどうやら、廃棄物で埋め尽くされた広大な土地のことらしかった。ダッカで一日に出る八〇〇〇トンの廃棄物のうち、半分を受け入れているゴミ捨て場だ。

ゴミの山から立ちのぼる臭いは強烈で、吐き気をもよおさずにはいられない。上空ではワシの大群が円を描いて飛び交いつつ、急降下しては食べものを拾い上げていく。ゴミを積んだトラックが到着すると、女性や子供たちが我先にと駆け寄る――人々はすべてのゴミを一つひとつ手で拾って確かめながら、プラスチック、ガラス、布、ブリキ、動物の骨などを探す。そうした素材をまとめたベールは、崖のような高さにまで積み上げられる。こうしておけば、やがてゴミ捨て場から運び出されて、産業利用に回されるのだ。

ラボニは来る日も来る日も、ゴミの山から乾燥した動物の骨を選り分けては積み上げていった。その骨は中国に送られたあと、すり潰されてゼラチンを抽出される。医薬品のカプセルを作るためだ。ヒマラヤの氷が解けて発生した川の増水で家が流されたというガイバンダ県から来た女性や、沿岸部の島に住んでいたが、海面上昇によって島の半分が失われたという女性と一緒に、ラボニは働いた。

このゴミ捨て場は、さまざまな女性たちに仕事を提供している。子供を三～四人抱えているせいで、衣料品工場で要求される一二時間のシフトでは働くことができない女性もいれば、ハウスメイドとして働きたくとも、使用人が自分の子供を敷地内に入れるのを金持ちが嫌がるという理由で雇ってもらえない女性もいた。ゴミ拾いは、雇い主の存在しない融通のきく仕事だった。ゴミ捨て場には慈善団体がブリキ小屋で運営する小さな学校まであり、授業が終われば子供たちも仕事に加わることができた。

スラムにいるほかの住人たちは、ゴミ拾いをする人間を見下していた。ラボニは既婚だったことが幸いして、仕事から帰る途中、こちらを見て鼻をつまんだり、冗談を言ったりするリキシャの車夫や、軽蔑の眼差しを向けてくる工場労働者の侮辱的な態度を無視することができた。

骨の臭いにも慣れたころ、ラボニは腹部に痛みを覚えるようになった。以前にも一度、同じような痛みに襲われたことがあり、そのときは虫垂炎だと言われたが、仕事を中断する余裕はなく、痛みを和らげるために、彼女は長い布を何重にもおなかに巻きつけた。

ラボニが作業に勤しんでいると、ゴミ収集車がすごいスピードでゴミ捨て場に入ってくる。荷台に積み上げられたゴミの上にはたいてい、十代の少年が二、三人腰を下ろしている。彼らの足やサンダルは真っ黒に汚れ、手はトラックの側面をしっかりと摑んでいる。ゴミがあっという間に降ろされ、さらにシャベルでかきだされると、トラックはまたダッカの通りや工場へ戻っていく。道路脇に一人の老人が座り、家やオフィス、ホテルから廃棄されたカーペットを集めてパッチワークの敷物を作っている。幼い子供が、プラスチックやココナツの殻でできたボタンを大量に集めている。切り傷ができた足や腕は化膿し、日中の暑さのなかで、ワシたちとズフル〔正午過ぎの礼拝〕の声がゴミの上を漂っていく。

ときおり、ゴミ捨て場には死が訪れた。傷が化膿した男性。回転するクレーンに頭を強打され、ぐちゃぐちゃに潰された体がゴミに紛れて見分けがつかなくなった女性。そして、ゴミの上を歩いていて陥没穴に落ち、そのまま生き埋めになった子供。

ゴミと未来

マトワイルは果たして、われわれ全員に訪れる陰鬱な未来の前兆なのだろうか。巨大なゴミ捨て場しか残らなかったその世界では、大半の人々が廃品をあさって暮らしており、着るものも住む家もすべて、ひたすら買い物をしながら絶滅に突き進んだ社会の残骸から作られている。あたりにはさまざまな臭いが蔓延し、ゴミは山と積み上げられ、手袋もブーツもないまま、足を引きずりながら狭く埃っぽい道を歩いて家路につく人々の横を、金属の刃をむき出しにした重機が猛スピードでかすめるように通り過ぎていく。

マトワイルがわれわれ全員を待つ運命なのかどうかはわからないが、その可能性は低くはないだろう。ラボニのような気候難民は、環境災害によって人生を大きく狂わされ、もうすでに、世界が作り出した混乱の後始末に追われている。マトワイルは広大で、醜悪で、危険な場所――ディストピアの未来が現実となった場所だ。

ラボニがマトワイルに到着して以降、世界はパリ、コペンハーゲン、カトヴィツェで気候変動に関する会議を開催し、たくさんの写真が撮られ、スーツを着た人々によって、何をすべきかという議論が交わされてきた。石油王たちは、気候崩壊は現実ではないと主張するために、「シンクタンク」に資金を提供し続けている。科学者たちは北極圏の火災を嘆く。ガスのパイプラインが神聖な土地に通される計画が持ち上がった際には、抗議運動が巻き起こった（ダコタ・アクセス・パイプラインなど、米のパイプライン計画に先住民の聖地が含まれていたことに対する反発）。世界でもっとも強大な権力を持つ男性が、気候変動は中国が流布する作り話だとツイートした（二〇一二年一一月、当時の米大統領ドナルド・トランプは「気候変動は中国によるでっち上げである」とツイートしている）。ラボニが気候難民になったころから、われわれは、この惑星の居住可能性が試される気候の転換点までは、あと一一年ほどしかないと聞かされてきた[▼14]。いったいわれわれはいつになったら耳を傾け、行動に出るのだろうか。

第八章　ロボットがやってくる

こんな状況を想像してみてほしい。六人の人間が、布製の覆面で顔をしっかりと覆って物陰にうずくまっている。暗闇のなかでマッチの火が灯り、次いでまた別の火が灯る。夜警も、兵士もあたりにはいない。

一行は身を寄せ合いながら、できるだけ低い姿勢を保って車線の向こう側へ走る。工場に着くと、ザラついたレンガの壁にぴたりと体を張りつかせる。万が一姿を見られれば、吊るされるかもしれない。小声で何かささやいて、肩幅の広い女性が前に進み出る。大きなハンマーを頭上に掲げると、彼女はそれを木製の扉に叩きつける。さらに二回叩いたところで、鍵のところから割れた扉が蹴り開けられる。六人がなかに駆け込むと、ランプが一つだけ灯され、高く掲げられる。

機械式編み機の四角い木枠が、薄暗い灯りのなかにどっしりと立っている。ひと言も発することなく、六本のハンマーが持ち上げられては振り下ろされ、木枠を砕き、金属の歯車や針を打ち壊していく。数分のうちに作業は完了する。六人のうち一人が布袋からメモを取り出し、扉にナイフを突き立ててそれを留めると、彼らはその場からするりと抜け出して野原の向こうへと走り去る。注意深い筆致の走り書きで記されているのは、「KING LUDD（キング・ラッド）」のサインだ〔後述の繊維労働者たちによる暴動の指導者の呼び名〕。*

＊ 史実に基づいているが、登場人物は架空のもの。

サボタージュ

一八一一～一三年にかけて起こった「ラッダイトの反乱」とは、ノッティンガムシャー、ランカシャー、ヨークシャー、ランカシャーの繊維労働者たちによる暴動のことを指す。一般に流布している俗説に反して、本来のラッダイトたちは反技術革新を掲げていたわけではなく、むしろそのなかには高度な機械を扱うことができる者も多かった。彼らが反対したのは、自分たちの仕事が臨時雇用となること、賃金が引き下げられること、粗悪な布を生産することによって自分たちの産業が衰退することであった。裕福な工場主たちに反旗を翻す自分たちのことを、貧しいラッダイトたちがロビン・フッドになぞらえたのも自然な成り行きと言えるだろう。[▼1]こうした抗議運動により、彼らは自分たちが振るったものよりもはるかに激しい暴力にさらされ、殴られ、銃で撃たれ、絞首刑に処された。

ラッダイトは、機械化の影響に対して大規模な反対運動を組織した最初のグループでも、また最後のグループでもなかった。フランス革命時には、機械に対する同様の抗議運動が勃発し、またそれをきっかけとして、今ではだれもがよく知るある言葉が生まれている。「サボ」とは、フランスをはじめとするヨーロッパ各地で、昔から労働者や農民が履いていた手作りの木靴のことを指す。サボは重量があり、これを履いて板の上や道を歩くとカタカタと音が鳴った。産業革命期、労働者がストライキや、意図的に作業速度を低下させる抗議運動によって仕事を中断させるようになると、生産ラインの中断を意味する「サボタージュ」という言葉が誕生した。[▼2]

それから二〇〇年がたった今、われわれは再び産業が急速に変化するときを迎えている。これを「第四次産業革命」と呼ぼうが、われわれ自身をひと続きの長い技術発展の過程の一部としてとらえようが、今が変化の真っ最中であることは間違いない。これを歓迎する人々は、人類は肉体的・精神的労働の苦役から解放されつつあるのだと言い、これを非難する人々は、こうした変化は利益重視によってもたらされたものであり、その痛みはグローバル社会のもっとも貧しい人々が負うことになると主張する。

靴をもっと早く組み立てろと工場長が労働者を急き立て、また、生産力の限界を定める基準は、人間の忍耐力と、労働組合が勝ち取った申し訳程度の安全衛生規則のみという世界において、もし生産ラインの労働者が休憩も睡眠も休日も必要としなくなったとしたら、何が起こるだろうか。人間の労働力がロボットに置き換えられることは、人と地球の両方にとって何を意味するのだろうか。

自動化

綿花を収穫するコンバインから、巨大な機械式織機、印刷機に至るまで、さまざまな機械の登場によって、靴のサプライチェーンはその長い歴史のなかで劇的な変化を遂げてきた。[3] とはいえ、脱穀機や、今では広く普及しているミシンは、どちらもロボットではない。なぜなら、それらは人間による継続的な監視を必要とするからだ。[4]

自動化とは、機械が人間の代わりに作業を行なうプロセスであり、不断の監視を必要としない。[5] たとえばそれが靴工場であれば、一つの靴を作るうえでは、革やゴムを型紙に合わせて切る、部品を接着する、アッパーとソールを貼り合わせるなど、場合によっては一〇〇種類以上の異なるタスクが存在する。今始まろうとしているのは、何千年もの間、人の手によって行なわれてきたそうした工程を、別の形に変化させるための競争だ。

自動化の世界には、互いに重なり合う部分がありながらも、明確に異なる二つのタイプの技術が存在する。それは人工知能とロボット工学だ。本章では、ロボット工学の世界に飛び込み、それが靴産業にどんな影響を与えるのかを探っていく。話をいたずらに複雑にしないために、この章ではＲＳＡ（王立技芸協会）によるロボットの定義を採用している。その定義とはすなわち、「ある程度の自律性を持って環境内を移動する物理的機械」というものだ。同じ分野に属するものではあるが、ここで取り上げるロボットは人工知能を扱う能力を持たない。人工知能とは、大まかに言えば、「本来は人間の知性を必要とするタスクをコンピュータソフトウェアが実行する」分野ということになる。[6]

われわれの身のまわりの世界はすでに自動化された世界であり、人間の介入なしに反復的かつ定期的なタスクをこなすために機械が利用されている。[7] ロボットは、組立ラインで電子機器のはんだ付けをしたり、地下深くに閉じ込められた鉱山労働者を探したり、寝たきりの患者を持ち上げたりといった仕事を任されている。[8] 靴産業の場合、ロボットの勢力範囲に入るまでに多少時間がかかってはいるものの、それでも衣料品産業よりは先を行っている。

デジタルプラットフォーム

ロボットに服を縫わせるというのは、昔から困難な課題として知られてきた。柔らかい生地の扱いは、ロボットが得意とするところではないからだ。この難題を解決するために、北米の発明家ジョナサン・ゾーノウは、ファッション産業の変革を目的とする自動化システム「Sewbo（ソーボ）」を生み出した。ソーボの仕組みは、ポリビニルアルコールと呼ばれる合成樹脂に布を浸して硬化させることによってロボットがこれを扱えるようにし、その後すすぎ洗いをするというものだ。[9]

ジョナサンは、ロボットにとって靴の方が服よりも組み立てやすい理由をこう説明する。「［靴の場合は］使われる素材が機械によるハンドリングにずっと向いているのです——分厚い革やプラスチックをはじめ、独自の構造を持っているさまざまな素材は、ニット素材のようにそれ自体が歪んだり丸まったりしません。そういった素材は機械にとっては扱いが格段に楽です。持ち上げればどこにあるかがわかるというのは、ロボットの観点から見れば非常に単純で把握しやすいわけです」

ロボットにとって靴の方が服よりも扱いやすいもう一つの理由は幾何学だ。ギネス世界記録によると、史上もっとも大きな足は四七センチであり、その持ち主であるロバート・ワドローは、一九四〇年に二二歳で亡くなっている。一般的な赤ん坊であれば、足の大きさは一〇センチ程度になる。これはつまり、たとえ大きな男性用の靴からベビーシューズまでをたった一台のロボットが作るとしても、その靴は予測可能な形をしており、また作業範囲も五〇センチ以下に収まっていることを意味する。これを衣料品におけるサイズの違いと比較してみてほしい――靴下からジーンズまで、また下着からXXLのジャケットまで、その形はまったく異なり、また素材の大きさもさまざまなバリエーションが必要になるだろう。

こうした要因から、靴は衣料品よりもはるかに早く自動化が見込める分野となった。実際のところ、フットウェア産業が自動化されるのは、そう遠い話ではないかもしれない。「今後三〜五年のうちに靴産業は変化し、もう人間が手作業で靴を縫い合わせることはなくなるでしょう」。そう予測するのは、米アイダホ州ナンパを拠点とするカスタムオートメーション企業、ハウスオブデザインのCEOシェーン・ディートリックだ。

シェーンに話を聞いたのはちょうど、彼が米国の靴ブランド、キーンの靴を生産するロボットの開発を終えたタイミングだった。ハウスオブデザイン社はいわゆる「バリュープロバイダ」であり、彼らは製造済みのロボット（この場合はABBロボティクスによって製造されたロボット）を使って、個々のクライアントの特定の製造工程に合わせた設計とプログラミングを行なう。キーンからの依頼は、同社のUNEEKシリーズのスニーカーの製造工程を自動化してほしいというものだった。UNEEKシリーズのアッパーは、二本の長いコードが互いに絡み合い、織り布のようになることで構成されている。

ハウスオブデザイン社が採用したのは、二台の「ABB IRB 一二〇」ロボットであった。六軸の産業用ロボットＡＢＢ ＩＲＢ 一二〇は、石油・ガス産業から倉庫、パン屋、さらには医療に至るまで、さまざまな分野において組立デバイスとして活用されている。

簡単に技術的な話をしておくと、ＡＢＢ ＩＲＢ 一二〇の特別な点は、これが一〇ミクロンの繰り返し精度を持つことだ。ロボットの仕様は「正確さ」ではなく「繰り返し精度」に基づいている。たとえば、ロボットにボード上の特定地点に行けと命令した場合、それは行ってもらいたい場所にぴたりと正確に到達するかもしれないし、しないかもしれない。一方、ロボットをあなたが行ってもらいたい場所に置き、しばらくののち、さっきの場所に戻るよう指示をすれば、ＡＢＢ ＩＲＢ 一二〇は〇・〇一ミリ、すなわち一〇ミクロン以内の誤差で同じ場所に戻っていくことができる。

そうした能力を持っているからこそ、キーンの工場に設置された機械は、二本のロボットアームが互いにタンゴを踊りながら、編み針を動かして、既製品のゴム製ソールにコードを絡ませていくことができる。ロボットアームはかかとからスタートして、機械的に行ったり来たりを繰り返しつつつま先に到達し、ぎくしゃくとダンスしながら反対側を編み上げて戻ってくる。この靴は、繰り返しが非常に多いパターンに基づいてデザインされているため、ロボット工学への適性が高い[10]。

シェーンがキーンからの要望に挑戦したのは、一つには靴産業を破壊するためでもあった。「フットウェアは自動化することができないと言われている産業の一つです。なぜなら、たいていはスタイルがすぐに変わってしまうため、製造工程を考案したとしても、半年で流行遅れになってしまうからです」とシェーンは説明する。「今回の件は、『どうだ見たか。靴産業は参入することも、自動化することも、要望に合わせてカスタマイズすることも可能だぞ』と言える絶好の機会となりました」。彼らが発見したのは、ロボットアームはコードを編み上げる作業を、人が手作業でやる場合の二倍の速さで完了できるということであった[11]。

裕福な靴ブランドにとって、工場の自動化には多くのアドバンテージがある。速さと優秀さが約束されているロボットは、大きな宣伝効果を発揮することができるうえ、きらびやかな広告の素材となり、また、店頭で人目を引くウィンドウディスプレイにもうってつけだ。ラナプラザ工場の崩壊、アリエンタープライズの火災、バングラデシュ、カンボジア、中国での大規模なストライキといった大惨事に注目が集まる産業において、ロボット工場は悪評というリスクを確実に軽減してくれる――ロボットを使う限り、ブランドを暴力的な死や奴隷労働と結びつける記事が出ることはないからだ。[12] 加えて、経済面でのメリットもある。初期投資さえ行なえば、ロボット工場は賃金、産休、保険、年金といった人件費のかからない、より安価な生産を約束する。しかも、生産品質の一貫性も確保されるのだ。

ロボットが動かす世界

たとえば、ナイキは二〇一五年、テック企業のフレックス社（ウェアラブルデバイスFitbitのメーカー）と協力して、生産工程の一部を自動化する試みに着手している。メキシコのグアダラハラにある自社施設において、フレックス社は従来手作業で行なわれていたスニーカーの接着工程を自動化してみせた。『フィナンシャルタイムズ』紙は、ナイキは自動化によって、二〇一七年のAir Maxの生産にかかる人件費を五〇パーセント、材料費を二〇パーセント削減できるだろうと報じた。ナイキが北米で販売するフットウェアのうち、フレックス社が生産を担うのは三〇パーセント分であることから、コスト削減は四億ドルに達すると見込まれた。[13] ところが、同プロジェクトは二〇一八年に終了し、これについてフレックス社は、「ナイキとの間で、商業的かつ実行可能なソリューションに到達できなかった」とコメントしている。[14]

このパートナーシップの失敗は、自動化への道は世界最大のブランドにとってさえ平坦ではないことを示すものだが、いずれこれが実現される日には、真の意味でグローバルな問題が勃発することになるだろう。ナイキは巨大な雇用主だ。同社のフットウェア生産ラインでは、一三ヵ国で六一万一一二〇人の労働者が働いている。あらゆるナイキ製品を考慮に入れた場合、その数字は四一ヵ国の契約労働者一〇七万人にのぼる。[15]

アディダスもまた、自動化の活用を試みたブランドの一つだ。アジアの安い労働コストを追い求めるなかで、アディダスは一九九三年までに、ドイツに一〇ヵ所あった靴工場のうち九つを閉鎖している。[16] 現在のアディダスの主要な調達先は、カンボジア、インドネシア、フィリピン、ベトナムを含む一〇ヵ国からなるASEAN（東南アジア諸国連合）経済圏だ。

先述の四ヵ国は、合計でアディダスの調達先市場全体の五五パーセントを担っている。[17] アディダスの発表によると、二〇一五年、同社は世界中から三億一〇〇万足の靴を調達したという。同社の二〇二〇年までの戦略的事業計画には、追加で年間三〇〇〇万足の靴を生産することが含まれていた。

二〇一六年、アディダスはドイツにロボット工場を開設すると宣言した。この「スピードファクトリー」がアンスバッハの街に大々的にオープンしたのは二〇一七年のことであった。工場の内部では、一本の生産ラインでソールを、また別のラインでアッパーを作っていた。ただし靴ひもをかける作業については、まだロボットアームの手には負えないようだった。[18]

さらに米アトランタにも追加で自動化工場を立ち上げたアディダスは、これは「真のゲームチェンジャー」であると大いに喧伝した。[19]「靴自体の生産には、現在のところ、製品にもよりますが、数週間という時間がかかっています。なぜなら、すべての部品が同じ場所で作られているわけではないからです」。二〇一六年、アディダスの広報担当カティア・シュライバーはそう述べている。

そこへさらにデザイン、開発、小売パートナーへの販売、出荷の時間を加えると、アディダスの一般的なスニーカーの生産には、アイデアとして出されたものが店の棚に並ぶまでに一八ヵ月が必要という計算になる。アディダスの目論見は、生産を分散化し、消費者の近くにロボット工場を置くことによって、これを五時間にまで短縮するというものであった。

ところが二〇一九年、アディダスはこれら二つのスピードファクトリーの閉鎖を発表したうえで、そうした技術の一部は「より経済的で柔軟性の高い」アジアで展開する予定であると、歯切れの悪いコメントを残している。[20] この発表があった当時、テック系ニュースサイト『テッククランチ』はこう指摘した。「自動化を急ぐなかでほかの産業がすでに気づいていたように、技術がまだ十分なレベルに達していないときには、目標を高く設定し過ぎて、とうてい無理な約束をしてしまいがちなものだ[21]」

ゾッとするような警告

アディダスがロボット工学への参入を発表する一方で、国際労働機関（ILO）は、ASEANにおける繊維・衣料・フットウェア（TCF）製造部門への依存度の高さに関して、ゾッとするような警告を発していた。今後靴や衣服を製造できるロボットが登場すれば、ASEAN全体で九〇〇万人の衣料品およびフットウェア部門の労働者が職を失う危険があるというのだ。

ILOはこの脅威を深刻に受け止めており、ASEAN各国に対し、衣料品とフットウェア以外の産業への多角化に着手することで、開発が大きく後退することを避けるよう助言している。産業革命と同様、ロボットという技術革新は極めて資本集約的であり、中小企業にとっての選択肢にはなり得ない。ロボットの登場は、ごく少数の者たちの手にさらに多くの権力を集中させる。靴工場の労働者たちにとって、それは破滅的な事態になりかねない。

イラー・ヌールバフシュは、米ペンシルバニア州ピッツバーグにあるカーネギーメロン大学ロボット工学研究所の教授だ。自動化は諸刃の剣であると、彼は言う。自動化された企業のオーナーは、二つの理由から今よりもはるかに多くの富を得ることになる。一つ目の理由は人件費を減らせること。もう一つの理由は、人間関係の軋轢が減って生産量が増えることにより、システム効率が上がることだ。

靴企業のオーナーはかつて、労働力にお金をつぎ込むことで生産性を上げていた。すなわち、自分の工場で働く人々に賃金を支払っていたわけだ。自動化された工場であれば、お金は人ではなく生産性を高めるための資本、つまりこの場合はロボット化された工場設備につぎ込まれることになる。

一方で、労働による富(賃金)を資本生産性(ロボット)に変えてしまうことには、所得の不平等の悪化を招くという問題がある。靴の製造コストがほんの少し下がったとしても、資本を所有する人間が減るため、恩恵を受ける人の数は以前よりも少なくなる。「資本はそれ自体が富を蓄積し、そのスピードは労働の富によるそれとは比べものになりません」とヌールバフシュ教授は言う。「つまり、裕福な人々は、いくらかの賃金を得ている貧しい人々よりも速いスピードで裕福になります。だからこそ、これは富の不平等を二重に加速させるのです」

ＩＬＯのバンコク事務所に所属するチャン・ジェイヒーは、共同執筆者の一人として、自動化に関する報告書「繊維、衣料品、フットウェア――未来を作り直す」を発表している。ＡＳＥＡＮの労働集約的な衣料品・靴の製造方法が、いずれテクノロジーによって破壊されることは避けがたいと、彼女は考えている。「この分野の仕事が多少は残るにせよ、その大半、特に自動化が可能な低技能の仕事は必要とされなくなるでしょう」。報告書の発表にあたり、彼女はそう述べている。

もう一つの問題は、ソーボットの工場がアジアではなく、ヨーロッパや米国などの目的地市場に設置される恐れがあることだ。生産拠点を目的地市場に戻すというのはリショアリングと呼ばれる行為だが、これはグローバリゼーションに逆行する流れではあるものの、ドナルド・トランプ元大統領らがかつて約束したような、製造業の雇用回復の兆しというわけではない。アディダスのＣＥＯは、米国で大規模なリショアリングが起こることはないと断言し、その理由を、財政的に「きわめて非論理的」であるためと述べている。[22] 閉鎖された「スピードファクトリー」で雇われていた従業員は、それぞれわずか一六〇人であった。[23]

雇用の喪失

すでに見てきたように、靴のサプライチェーンで働く労働者たちは、そもそもが低賃金で、過重労働で、怪我や病気にさらされる傾向にあり、そのうえ火災、がん、工場崩壊といった死亡リスクをともなう労働条件に直面している。この悪条件のリストに今度は、より速く、より安く、より反抗的でないソーボットによって居場所を奪われるリスクが加わった。TCF部門の労働者に今後何が起こるのかという問題は、何千万人もの人々が不確かな未来に直面するなか、年々緊急性を増している。もう一度強調しておくが、これは性差がかかわる問題だ。

ASEAN各国のこのデータを見てほしい。TCF労働者のうち女性が占める割合は、カンボジアで八一パーセント、ラオスで八六パーセント、タイで七六パーセント、ベトナムで七七パーセント、フィリピンで七一パーセントだ。圧倒的多数を女性が占めるこの労働力は、平均年齢が三一歳と非常に若い。カンボジアではさらに二五歳まで年齢が下がるが、同国のこうした労働力は現在、一掃されるかどうかの瀬戸際にある。衣料品とフットウェアの仕事の九〇パーセント近くが、自動化された組立ラインによって消滅する危機にさらされているからだ。[24]

未来の工場においては、エンジニア、監督者、ロボットプログラマーには需要があるだろうが、女性工場労働者がそうした役割を担ううえでは、政府や利害関係者による教育や訓練への投資が不可欠だ。そのためには、女性がその役割を手に入れるのを妨げている、性差別的なシステムを解体する必要がある。多様化を急ぎ、訓練を提供しなければ、何百万人もの女性たちが家庭内で隷属的に働く状態に戻されることになるだろう。

アジアの至るところで、若い女性たちが、高度な教育を受けるチャンスもほとんどないまま、工場労働に従事している。労働とは賃金を意味し、賃金は食料、住居、交通手段を意味する。労働はまた、より大きな自律性を獲得する機会を意味する——すなわち、若いうちに結婚しなくてもいい、子供はそれほどたくさん、いやひとりも産まなくてもいい、虐待するパートナーと一緒に暮らさなくてもいい、学校に通ったり、年老いた両親を支えたりするためにお金を使ってもいいということだ。これはなにも、賃金を与えているのだから、ブランドや工場オーナーの責任は免除されると言いたいわけではない——TCF産業の特徴である醜悪な搾取は、決して許されるものではない。しかし、もしロボットにほんとうに仕事を奪われたとき、こうした女性たちがどこへ行けばいいのかを、われわれは考える必要がある。

では、世界でもっとも貧しい人々の雇用を何百万件も一掃する機械を発明するというのは、いったいどういう思いからなのだろうか。ジョナサン・ゾーノウは、雇用の喪失という脅威が自動化にとって大きな問題であることを明確に認識しており、本人の弁によると、彼はこれについて思い悩み、自分の良心と仕事との折り合いをつける作業に過度に長い時間を割いているという。

それでもなお自動化の実現を目指す理由を、ジョナサンは三つ挙げてみせる。一つ目の理由については、自動化と過去にあった技術的飛躍とを比較してみればわかると、彼は主張する。これまでにも、織機やミシンのような、雇用喪失の恐れと抗議運動を引き起こした例は存在する。では今の人たちは、ミシンを禁止せよと主張するでしょうかと、ジョナサンは問いかける。「種としての人間がそういう性質を持っているとは、わたしは思いません。われわれは道具を作り、前進していく種です。労働力を節約できるようになれば、最終的にはそれがすべての人にとってよい結果を生むでしょう」

一つ目として、ジョナサンは工場労働の問題を指摘する。「こうした仕事は発展途上国においては重要であり、人々は何らかの理由から、また、ほかの選択肢よりはましだからと考えてこれを選びます。それでも、それがひどい仕事であることに変わりはありません」

「自分の子供にも同じ仕事をさせたいと考える衣料品労働者は一人もいないでしょう。彼らがこの仕事をしているのは、子供たちがこれをせずに済むようにするためです」とジョナサンは続ける。「一方では、その機会を奪うことに良心の呵責がありますが、しかしもう一方では、これを決していい仕事だとは思いません。信じがたいほど退屈で、賃金は低く、しかも人権侵害や労働者の安全問題、環境損害が蔓延しているのですから」

多くの時間を費やして世界各地を飛び回り、ソーボットの可能性を伝えているジョナサンは、インドやバングラデシュにも頻繁に足を運んでいる。これから起こることに、そうした国の人々が備えられるよう促しているのだという。「われわれの服を作っている人たち、すなわちこうした動きからもっとも多くを得る、あるいは失うはずの人たちが、実務的な意味において自動化にもっとも強い関心を寄せているというのは、当然ではないでしょうか。実務的とはつまり、コストはどのくらいかかるのか、いつ入手できるのかといったことです」

三つ目の理由の説明として、ジョナサンはバングラデシュを例に挙げ、グローバルサウスの経済が直面している最大の問題は自動化ではないと語る。ロボット工場の影響を受けるだろうミシンを使った仕事は、この技術が実用化されるころにはすでに存在しないと、彼は主張する。

彼が指摘しているのはすなわち、ロボット工場が稼働するころには、バングラデシュの縫製の仕事はすでに減少しているか、なくなっているだろうということだ。バングラデシュの人件費が上昇するにつれ、工場はアジアのほかの国々や、最近ではアフリカにも設置されるようになっている。にもかかわらず、バングラデシュはたった一つの産業への極端かつ危険な依存を続けており、繊維および衣料品は常に全輸出の八〇パーセントを占めている。多角化を目指すどころか、バングラデシュは、五〇〇億ドルのＴＣＦ産業で世界のリーダーになろうという国の試みに、一億人の人々の生活を賭けているのだ。[25]

ロボットと倫理

長い間ロボット工学に携わってきたヌールバフシュ教授によると、かつてこれは抽象的な分野、すなわち理論的数学のような、魅力的ではあるが日常生活にはほとんど影響を与えない学問だったという。そうした状況は徐々に変わり始め、やがて二〇〇〇年代初頭には、ロボットが人々を職場から追い出したり、戦争の戦い方を変えたりするようになった。教授が懸念を抱いたのは、このテクノロジーの役割や、これが社会をどのように変えるかについて、広い議論がなされていないことであった。

そうした状況への対応として、教授は『Robot Futures（ロボットがある未来）』という本を執筆し、また現在、カーネギーメロン大学でロボット倫理学を教えている。われわれは、進歩を続ける技術が社会におよぼす影響という現実に向き合う必要があり、技術は常によいものであるとの考えのもとで軽率に前進するべきではないと、教授は言う。これはある意味、雇用の喪失に関してもっともらしく言われている説明をそのまま受け入れないということでもある。

「一般的なロボット消費者やロボットメーカーの意見として、人間は、汚くて、退屈で、危険な仕事をするべきではないというものがありますが、皮肉なことに、そう語る人たちの多くは億万長者であり、移動にビジネスジェット機を使うような人たちです」とヌールバフシュ教授は言う。「彼らがこういった意見を述べる際、その前提とされている世界は、ロボットが退屈で不潔な仕事をすべてやってくれるおかげで、だれもが必要なものを手にできる場所です。通常、そうした人たちが理解していないのは、人類のうちかなりの割合の人たちが、ほかの人たちが汚い、退屈だ、危険だと思うような仕事をすることによって人生の道を切り開き、ある種の威厳と、そしてもちろん何かしらの暮らしの手段を得ているということです」

早過ぎる脱工業化

グローバリゼーションによって、靴のような組み立ての容易なアイテムの生産が世界中に拡散されるなか、ブランドはより安価な製造拠点を必死に追い求めた。それが、グローバルサウスに何千もの新しい工場が作られるという事態をもたらした。その道の先にはしかし、不平等の解消という結末はなく、トリクルダウン経済学も単なるペテンに過ぎなかった。経済協力開発機構（ＯＥＣＤ）に所属する高所得国でさえ、三六ヵ国〔原書刊行時。現在は三八ヵ国が加盟〕のうちの大半が過去三〇年間でもっとも極端な富の不平等に直面しており、しかもその一方で、彼らは巨大なエコロジカル・フットプリントを生み出し続けている。[26]にもかかわらず、工業化を望む国々がとるべきアプローチ方法として、常にその中心にあったのは製造業であった。[27]特にＴＣＦセクターは、インフォーマルな農業の仕事からフォーマルな賃金雇用に移行するための主要手段となってきた。[28]

世界の工業化の促進を助けてきた要因は三つある。一つ目は、技術は移動が容易であることだ。自動車や靴は、そこが米国であれタイであれ、まったく同じように工場のラインで製造することができる。二つ目は、製造業という分野が、技術を持たない何百万人もの人々を吸収し、彼らを経済に膨大な付加価値をもたらすことができる非常に生産性の高い労働者に変えられるものであることだ。中国で起こったことはまさしくこれであり、同国の靴工場は、農民の労働力を利用して立ち上げられた。工場の仕事を始めるには、基本的な視覚と手の協調さえあれば十分だったからだ。畑から工場へと場所を変えることにより、人々の生産性は飛躍的に向上した。[29]

三つ目は、そうした新しい工場労働者たちによって作られた靴は、世界市場へ輸出することが可能であることだ。輸出することができれば、靴の国内市場や国内需要は、この部門が利益を上げるうえで不可欠なものではなくなり、理論的には、国は一種類の製造業をマスターするだけで十分ということになる。国内市場に依存することの問題点は、国境の内側に裕福な市民が大勢いなければならないことだ。そうした裕福な市民を作り出すには、経済のあらゆる部門を同時に成長させなければならない[30]。そのうえ、国際ブランドよりも国内で製造された靴を買いたいと市民に思ってもらう必要もあるが、それは達成が確実に見込める条件ではない。

経済学者のダニ・ロドリックは、自動化が一つの要因となって、工業化が成長の選択肢から消え去ろうとしていることを懸念する。彼が「早過ぎる脱工業化」と呼ぶこのプロセスは、歴史上、比較的早く工業化した国々と比べて、国がより早期に、より低い所得水準で工業化の機会を失うことと定義される[31]。低スキルだが低コストの労働力を大量に提供する能力は、自動化の世界ではさほどの重要性を持たない。自動化の世界においては、タスクに少ない人数しか必要とされない一方で、高いスキルが要求される。ロドリックは、ラテンアメリカとアフリカの経済について、目の前で跳ね橋が引き上げられる可能性があると指摘している[32]。

地球の許容範囲内で

しかし、さらなる工業化と成長こそが答えなのだろうか。われわれがそのもとで暮らしている、株主の利益とGDP成長率（市場で販売されるすべての商品とサービスのコスト）を優先する経済システムは、すでにこの惑星社会を限界まで追い込んでいる。

こうした事態が起こるのは、統計において考慮される要因に、ビジネスを実施するためのコストが含まれていないためだ。GDPからGPI（公害やその他の生産コストを考慮に入れた真の進歩指標）へ移行することにより、実際に何が起こっているのかをより明確に把握することができるようになるだろう。それはつまり、経済学者ケイト・ラワースの言葉を借りるなら、「地球の許容範囲内ですべての人の必要を満たす新たな目標を持つ」ことを意味する。[33]

しかし、もしわれわれが地球の許容範囲内で生活しなければならないことを受け入れるとして、それは国家間または国内における膨大な経済的不平等を受け入れなければならないということなのだろうか。もしある地域社会が今の時点で貧しいなら、それが彼らの運命ということなのか、それともこれは、成長の向こうにあるより平等な社会への移行を意味しているのだろうか。

二〇〇八年の金融危機以降、経済学者たちは「グリーンニューディール」と呼ばれる計画に取り組んできた。急進的な変革を目指すこの計画は、ニューヨークの下院議員アレクサンドリア・オカシオ＝コルテスを中心に進められており、その内容には、生活水準の向上とグリーン雇用の創出を進めつつ、急速な脱炭素化を図ることも含まれている。グリーンニューディールとは根本的に、新自由主義的な経済と従来通りの生活を否定することを意味する。経済成長への依存に終止符を打つには、まずは豊かな国々が、進歩とは単に去年よりも多くの物を生産・販売することではないということを受け入れるところから始めなければならない。一部の部門、すなわちもっとも大きな害を生み出している部門は、縮小と変革を余儀なくされるだろう。これは、生活が悪化することを意味するものではない。幸運なことに、われわれには、全員にとって十分過ぎるほどの食料と資源を提供してくれる惑星がある――そう見えないとすれば、それは資源の分配が公平になされていないからだ。[34]

グリーンニューディールを、グローバルかつグローバルサウスを中心としたものとすることが、成功の鍵となるだろう。靴産業は、植民地主義や奴隷制度と同じ道をたどっている――世界でもっとも裕福な国々が、労働力と資源をグローバルサウスから略奪しているからだ。世界経済の脱炭素化に同じ轍を踏ませてはならない。そのために避けるべきは、鉱物資源の採掘をさらに増やしたり、グリーン雇用や富の創出の機会をすべてグローバルノースに集中させたりすることだ。

この意味において、われわれはすべての問題をロボットや自動化のせいにすべきではない[35]。われわれが抱えている真の問題は構造的なものであり、具体的に挙げるならば、生産手段の所有権の独占、利益のため込み、企業を所有する者たちとサプライチェーンで働く者たちとの間の記録的なレベルの賃金格差、億万長者や企業に対するおぞましいほどに低い税率、環境保護に対する政治的コミットメントの欠如などだ。

これはしかし、ロボットが自動的に事態を好転させてくれると言っているわけでもない。現在に至るまで、技術力というものが、道徳的・文化的な障壁によって、すなわち年間二四二億足の靴を生産することは何らかの悪影響を生むかもしれないなどの主張によって、抑制された試しはない。もしロボット工学によって生産のスピードがさらに上がるのであれば、そこにはもう、われわれの未来を守るものも、あまりにもやり過ぎだ、もうやめようと言える余地も存在しなくなるだろう。ただ一つ、生産を止める力を持つ、そして実際に止めるだろうものとは、地球の生態系があまりに乏しくなり、もはやそれを利用することのコストを負担しきれない地点に到達することだ。しかし、われわれが望むのはほんとうにそれなのだろうか。それとも、われわれの技術が向かうべき、よりよい道がどこかにあるのだろうか。

考慮に入れられていないコストが山ほどかかっている靴の生産は、GPIの考え方からはほど遠いものだ。ある層に属する人々全員が、最低限の工場賃金で生き延びているというのに、彼らの真の生活コストは無視されている。地球は無料の資源としてカウントされ、新鮮な水、熱帯雨林、動物、われわれが呼吸する空気、社会の幸福は、すべて消費してよいものとして扱われている。唯一重視されるものといえば、企業とその株主が得る利益だけだ。

ノーベル賞経済学者のジョセフ・スティグリッツは、生産における効率は必ずしもシステムの効率、つまり消費における効率とは一致しないと書いている。これまでの靴の歴史において、より速い生産方法は、単によりたくさんの靴が作られることを意味し、その品質はおおむね劣化することになった。資本主義のもとにおいてロボット工場のような技術が登場した場合、それによって製造される靴の量が減少する、あるいは靴がより持続可能なものになるとは、とうてい思えない。現在のような状況においてはむしろ、ごく一部で過剰生産と過剰消費が拡大する一方、その他すべての場所では所得格差が広がり、貧困の深刻化が進むだろう。

それでもロボットは進化を続け、より安く、より有能になっていく。「今日ロボットに何ができるにせよ、明日にはさらに多くのことができるようになっているでしょう」とヌールバフシュ教授は言う。「われわれの足元にある道は一方通行であり、ときにはそこを歩き、ときには走っているというだけなのです」

今われわれが直面しているのは、どうやってグローバル市民を守るかという問題だと、教授は考えている。「公共の利益が守られるかどうかはこの場合、政府が提供する保護に依存しています。この問題に関して、企業が自己統治を実現できているとは、わたしにはとうてい思えません」。われわれが共有する環境の未来の鍵を握るのは、企業が独自の基準を実施するという幻想を信じることでは決してなく、経済の脱炭素化と脱大企業化を図るためのグローバルな計画を策定し、一方で富の再分配とグリーンジョブの創出を進めることだ。

トランプのアメリカ、トランプの世界？

アイダホに話を戻そう。シェーン・ディートリックは、米国やヨーロッパにおける自動化の成り行きについて、さほど心配はしていない。「わたしは多くの製造施設を訪問しており、そのうち九〇パーセント、いや九五パーセント以上は労働力が不足していると断言できます」とシェーンは言う。「以前は、直接的な労働力削減という名目のもとで自動化が正当化されていました。つまり、われわれが工場へ行って、では三人分の雇用を削りましょう、自動化の費用は三年で取り戻せますから、三年たったらあとはお金が入ってくるばかりになります、もう労働者はいないのですから、といった話をするわけです。昔はそういう具合に、コストの正当化が行なわれていました」。米国企業は今や、従業員の確保と維持に苦労しており、その労働力不足が彼らを自動化に向かわせるのだと、シェーンは主張する。

アメリカ合衆国の第四五代大統領を務めたドナルド・トランプは、グローバリゼーションに反対する立場であることを公言し、国内市場を規制緩和する一方で、国際市場には進んで規制や関税を課した。二〇一六年の選挙運動では、「メイク・アメリカ・グレート・アゲイン（アメリカ合衆国を再び偉大な国に）」を公約に掲げ、その手段の一つとして、雇用の国外流出によって自分たちがじわじわと弱体化させられているという意識を持つ人々が住む地域に、高賃金の製造業の雇用を取り戻すことを提案した。

さほど現実味のない話ではあったが、自動化によって雇用がリスクにさらされるのはグローバルサウスだけではないという状況のなかで、こうした物言いの効果は絶大だった。二〇一八年、英オックスフォード大学の学者三人が「政治的な機械――ロボットは二〇一六年米大統領選の行方を変えたのか？」と題する論文を発表した。この論文が提示する仮説は、「テクノロジーに居場所を奪われた有権者は、急進的な政治的変化を選ぶ可能性が高い」というものであった。ここを出発点として、研究者らは、ホワイトハウスをめぐるトランプとクリントンの争いにロボットが与えた影響を検証している。その結果判明したのは、自動化の影響を強く受けている地域の労働市場では、トランプの支持率が高かったということだ。

論文の著者の一人であるチンチー・チェン博士は、産業用ロボットが政情不安の引き金になる可能性に大いに興味を引かれていると語る。政治的行動が信念ではなく、自動化によって引き起こされることなど、果たしてあり得るのだろうか。データ分析の結果は驚くべきものだった。選挙直前の数年間において、もしロボットの影響を直接的に受ける機会が増加していなかったとしたら、ミシガン、ペンシルバニア、ウィスコンシンの三州は、ヒラリー・クリントン優勢に傾いていただろうと、論文は結論づけている。そうなれば、選挙人団票の過半数を民主党が占めて、大統領に選ばれるのはクリントンになっていたことだろう。

自動化が政情不安を引き起こすという問題は、二〇五〇年までに二五歳から五四歳の米国人男性の二四パーセントが職を失う可能性があることを示唆する調査結果と照らし合わせると、その恐ろしさがさらに際立つ。[36]こうした不気味な予測に、ドロシア・ラングの作品を思い浮かべる人もいるだろう。ドロシアは、大量失業、移住、苦悩にあえぐ一九三〇年代の米国の姿をとらえた写真家だ。彼女のモノクロ写真には、大恐慌時代のダストボウル〔一九三〇年代、激しい砂嵐に見舞われた米中南部の平原地帯〕で暮らしていた移住農民たちの苦難が垣間見える。

変化のスピードに追いつくには、お金とスキルを手に入れることが不可欠だ。自動化という変化において、これはかつてないほど重要な要素となる。米国での研究からは、教育の欠如が仕事の自動化によるリスクを高めることがわかっており、職場自動化の影響をもっとも受けやすいのは、ヒスパニック、アフリカ系アメリカ人、若者といった特定の人口集団であるとされる。[37]

タイミングの悪い時代

自動化は「創造的破壊」のカテゴリーに分類されることが少なくない——労働者は解雇されるかもしれないが、一方で新しい雇用機会が生まれるというのだ。しかし、その道のりは平坦でも平等でもない。たとえば、一七八〇～一八四〇年にかけて進められた工場の機械化を見てみるといい。それは何万人もの人々が職を失った、英国の労働者にとって非常に厳しい激動の時代であった。

裕福な実業家たちが山と積み上げた金塊の上に腰掛けている間に、失業による影響は、労働者の健康状態の悪化として顕わになっていった。一八五〇年の英国人男性の身長は、一七六〇年のそれよりも低かった。食べる量が少なかったからだ。オックスフォード大学の論文は、「どのような尺度に照らしてみても、一般的なイングランド人の物質的水準と生活条件は、一八四〇年以前には改善されていなかった」と指摘している。[38] ようやく新しい雇用が登場したとき、そこには以前とは明らかな違いがあった。最初期の機械は子供でも扱えるほどシンプルであったため、一八三〇年代には、繊維労働者の半分をまたたく間に子供たちが占めるようになったのだ。

今日の自動化という課題において、チェン博士が問題だと感じているのは、技術的な変化という思想そのものではない。「古来より技術とは、短期的にはわれわれを苦しめる一方で、長期的、つまり一〇〇年、二〇〇年というタイムスケールで測れば、われわれに恩恵をもたらすものです」。しかし、「タイミングの悪い時代」に生まれてしまった現代の人々はどうなるのだろうか。もし自動化によって仕事を奪われたなら、カンボジアの三〇歳の靴工場労働者は、残りの労働人生をどう過ごせばいいのだろう。進歩はなぜ、またしてももっとも貧しい人間の苦しみを必要とするのだろうか。

大量失業の苛烈さを緩和するためには、グローバルな規模での政治的計画が必要となる。そのなかにはたとえば、世代レベルでのスキルの切り替えも含まれる。これはつまり、組立ラインでの作業以上のことができるように、人々を再トレーニングすることを意味する。今後の課題は、グリーンな世界経済の姿をもう一度描き直し、仕事を有意義で、賃金が高く、自然界と調和したものにすることだ。[39]

これは実現が急がれる課題だ。賃金が上昇し、ロボットが約束する利益幅に企業がますます大きな魅力を感じるようになっていくなか、労働集約型の靴産業における自動化は、気候変動とともに間近まで迫ってきている。

グリーンなグローバル経済への移行は、その要求や経済計画が国家の境界線の内側に留まっていては、うまくいかないだろう。世界を変えるには、グローバルな規模での努力が必要となる。これが意味するところはすなわち、もっとも裕福な国々が、もっとも貧しい国々の再生可能エネルギーへの移行を支援するということだ――慈善事業としてではなく、何世紀にもわたる植民地主義、搾取、不公正な貿易取引に対する賠償として、これを行なうのだ。それが実現して初めて、人や地球のためになるグローバルな取引――より明るく、より公平な新世界への正当な移行が見えてくるだろう。

機械のペース

オンラインでは毎年数十億点のアイテムが販売されており、そのなかでも靴は、ウェブ通販大手のアマゾンにとって大きなビジネスとなっている。二〇一六年には、プロモーション割引が実施されていたわずか一日の間に、アマゾンは世界中の買い物客を相手に一〇〇万足以上の靴を売り上げた。▼40 実店舗は存在しないため、在庫はすべて、アマゾンがあえて「フルフィルメントセンター」という名称で呼んでいる巨大な倉庫から出荷される。この倉庫に配備されている労働力は、一部は人間、一部はロボットだ。

サプライチェーンにおけるこの部分へのロボットの導入は、雇用の喪失という結果にはつながっていない。人間たちと一緒に、数千台もの、自動掃除機によく似たオレンジ色の小さなフロアロボットが、アマゾンの倉庫内をめぐって在庫を集めたり、また、アームのついた大型のロボットが高い棚から物を下ろしたりしている。

ナイジェル・フラナガンは、世界規模の労働組合である「ＵＮＩグローバルユニオン」で七年間、上級組合オーガナイザーを務めていた。何百人ものアマゾンの労働者にインタビューを行なったナイジェルは、ポーランドにあるアマゾンのフルフィルメントセンターを訪問し、そこで目にしたものに大いに驚かされた。「『ドクター・フー』のダーレクが出てくるエピソードを思い出しましたよ。そこは想像していたようなピカピカの倉庫でも、未来的な空間でもなく、まだ人間がいて、あまり丈夫そうにも洗練されているようにも見えないフロアロボットが動き回っており、基本的にはそのロボットがすべての仕事を主導しているのです」

アマゾンは以前より、問題のある労働慣行が指摘されてきた。二〇一三年、『フィナンシャルタイムズ』紙は、アマゾンの過酷な「スリーストライク制〔三回の規則違反で解雇される制度〕」や、従業員が倉庫内で私語を交わすことを禁じる規則について報じている。[41] また、二〇一五年に実施された詳細な調査をもとにした『ニューヨークタイムズ』紙の記事によると、アマゾンでは、作業のスピードを上げるために従業員の動きを電子的に監視しているという。[42] アマゾン側はただひたすら、「すべての従業員が尊厳と敬意をもって公平に扱われるよう、日々懸命な努力を重ねている」と主張するばかりだ。[43]

ロボットの導入にともない、この管理体制にはさらにもう一層の監視が加えられた。カメラを搭載したロボットが従業員をモニターし、彼らがきちんと仕事をしているかどうかを撮影するのだ。「いったいなぜ労働者はロボットを叩き壊さないのかと不思議になりました」とナイジェルは言う。「そんなことはとうていできない、ロボットには監視装置が搭載されていると、彼らは言うのです。ロボットを破損させたり、作業を妨害したりした場合、アマゾンは録画データにアクセスして、何が起こったのかを知ることができるわけです」

絶え間ない監視に加えて、ロボットはもう一つ別の変化を倉庫にもたらした。それは、文字通りの意味での機械的なペースだ。充電をする必要こそあれど、ロボットには疲れるということがなく、長時間のシフトの間、作業のペースは変わらない。タスクを完了するうえで人間の「同僚」を必要としているにもかかわらず、ロボットは「スピードを落としてほしい」や「ひと休みしよう」といった要求を受け付けない。「これは非常に疲れます。ロボットに対しては『ちょっと止まって。トイレに行きたいから』とも、『うわっ、膝を怪我しちゃったよ』とも言えません」とナイジェルは言う。「あなたはただロボットのあとを追いかけて走り続けることを要求され、もしあなたがついてこなければ、ロボットはあなたが仕事をしていないという証拠を経営陣に提供することができるのです」

こうした体制が作り出すのは、ロボットが作業員の助手になるのではなく、作業員がロボットの助手になるシステムだ。「そこには自律性が欠如しており、自由に体を動かすことも、意思決定することもできません」とナイジェルは続ける。「ロボットは、労働者の職場での生活を向上させることに、あらゆる面で、これっぽっちも寄与していません。ただ単に仕事をよりきついものにし、そのスピードを上げ、休憩を取りにくくしているだけです」

アマゾンのシステムが人間と機械の間の従来的な関係を逆転させているという事実に鑑みて、ある作家は、人間のことを「肉のアルゴリズム」と表現し、その能力は動くこと、指示に従うことだけとなり、「雇うのも、解雇するのも、虐待するのも」容易な存在に成り下がると書いている。[44]

ロボットに合わせたこうした作業ペースは深刻な結果をもたらしており、さまざまな方面、特に労働者を代表する立場にある人々からの懸念を呼んでいる。「GMB労働組合（英国の大手労組）」が実施した、英アマゾンの倉庫での負傷率についての調査によると、救急車が呼ばれたのは三年間で六〇〇回、拠点数にして一四ヵ所であったという。うち一一六回はスタッフォードシャー州にあるルージリー拠点からの通報であり、そのなかには妊婦三人、重度の外傷三人が含まれていた。また、意識を失って倒れたり、電気的な衝撃を受けたりして治療が必要となる人たちもいた。一方、近隣にあるスーパーマーケットの倉庫の場合、同じ期間の通報はわずか八回であった。[45]これについてアマゾンは、「このデータや根拠のない噂に基づいて、われわれの労働環境が安全でないと示唆するのはまったく正しいことではない」と述べ、そうした主張が自社の倉庫での活動を正確に描写しているとは認められないと付け加えた。[46]

ラスト

アマゾンの倉庫においては、テクノロジーは人々の生活をよくするためではなく、利益をより大きくするために使われている。一方で、生活水準を向上させるために活用できる技術も存在する。足の形はさまざまな要素から決定される。かかとからつま先までの長さ、甲の高さ、足首まわりの長さ、さらには甲、母指球、かかとの幅と周囲の長さなどだ。複雑であるからこそ、人の足の形はまるで指紋のように、その人独自のものとなる。そうした複雑さは、大量生産のブランドにおいては反映されず、足はただ数字で表されるサイズにまで貶められており、その結果、同じサイズ表記の靴でもブランドによってサイズが最大四つ分異なるという、重大な欠陥を抱えたシステムとなっている。[47]

人の足はそれぞれ独特であるという事実から生じる問題は、伝統的にはラストを使うことによって解決されてきた。ラストとは、顧客一人ひとりの足に合わせて作られた木型のことで、これを使うことで完璧にフィットする靴を作ることができる。今日、そうしたオーダーメイドの靴を注文すれば、一足で数千ポンドという値段になりかねない。しかし、テクノロジーはこのプロセスを民主化する可能性を秘めている。レーザースキャンや特殊なトレッドミルを使えば、一人ひとりの足に対して完璧にフィットする靴の形を割り出せる。そうして得られた計測数値をもとに、靴を3Dプリントしたり、生産を行なったりすればよいのだ。靴がすり減る原因となる歩き方や、体重のかけ方を考慮に入れて、個々の靴にさらに修正を加えることもできる。[48] こうした技術の活用は、個人に合わせてカスタマイズした最高品質の製品へのアクセスを提供することによって、靴の消費量の削減につながる可能性を持つ。ただしこの場合、技術が公共の利益を生むことにつながっていないという問題はある。

ポスト労働社会

発明家でロボット工学者のフランシス・ゲイブにとって、自動化は女性を単調な労働から解放するための具体的な手段であった。一九一五年生まれのゲイブは、大胆な想像力に恵まれた女性であり、自動で部屋の清掃を行なう家を設計して、オレゴン州ニューバーグに実際にこれを建築した。「女性の解放について何を言おうと自由ですが、結局のところ家は、女性たちが膝をついたり、穴に頭を突っ込んだりして、自分の時間の半分を費やさなければならないように設計されているのです」。一九八一年、『ボルチモアサン』紙に、彼女はそう語っている。[49]

自ら清掃を行なう家では、食器棚が食器洗い機を兼ねていたため、果てしない皿の出し入れを繰り返す必要がなかった。服は収納されている棚のなかで洗濯も乾燥も行なわれ、ボタンを押せばスプリンクラーが壁や床を洗い流し、最後は温風がすべてを乾かした。これは、見事な発明品の形に仕上げられた政治的な主張であり、感謝もされず、終わりもない家事から女性たちを解放するための活動であった。

これと同じような自由を思い描くことは、靴産業においても可能だ。自動化と靴の未来について、ＩＬＯの経済学者チャン・ジェイヒーはこう述べている。最良のシナリオは、「アパレルと靴の製造過程のなかで、ロボットがもっとも反復的で、代わり映えのしない、非認知的な作業を担うことです。また、人間の労働者にとっては有害な化学物質の調合など、危険で不潔な作業もロボットが行なえばよいのです」

しかし、どうすればそんな未来に到達できるのだろうか。産業の歴史が示しているのは、ロボットは人間の幸福を念頭に置いて設計されておらず、そのうえ、ロボット工学が何を重視するのかについても、ロボットがだれにどんな利益をもたらすのかについての決定においても、そこに民主的な制御は存在しないということだ。アーティストのリリー・ベンソンが、二〇〇七年にフランシス・ケイブのセルフクリーニングの家を訪れたとき、そこはひどく荒れ果てた状態にあった。ゲイブへの支援がなかったという事実を思い返し、ベンソンは、このプロジェクトに投資が集まらなかった理由は、「ベンチャーキャピタリストが、女性たちを家事から解放することに何の興味も持っていなかったから」だと書いている。時代を先取りした女性であったゲイブは、自分だけの力で道を切り開いた。「資金援助がなくとも、彼女は諦めることなく突き進み、自らの資金と自らの手で家一軒を作り上げた。この試作品は完璧には機能しなかったが、そこは彼女にとってのシェルターとなり、そこにはまた、彼女のビジョンと夢の実物大のモデルがあった」[50]

では、いったいどうすれば、すべての人が自動化の恩恵を受けられるようにできるのだろうか。ロボットはわれわれを、果てしない成長と大きな不平等の殿堂から救うことができるのだろうか。もし自動化を、より公平な方法で仕事を再配分するために活用することができ、働き過ぎの人は仕事を減らし、失業者は有意義な職業を見つけられるようにできるとしたらどうだろうか。人々が賃金以外にも収入を得られる方法を生み出すために、ロボットを使うことはできるだろうか。

すでに検討が開始されているアイデアとしては、労働を週五日から四日に減らし、給料の額を据え置いたまま週休三日にするというものがある。これは英労働組合会議（TUC）が支持し、英国の労働党が採用しているアイデアだ。米国では、アレクサンドリア・オカシオ＝コルテス下院議員が、ロボットや自動化による生産性の向上に九〇パーセントの税金をかけるという選択肢を提唱している。人々が自動化を歓迎しないのは、「われわれの住む社会が、仕事がなければ死ぬまで放置されるようなところだからです」という彼女の意見は正しい。「そしてそれは、根本的には、われわれの問題なのです」[51]

ロボットへの課税は、貧困を経済的な安定に置き換えることを目指すユニバーサルベーシックインカムの資金源として利用することもできるだろう。この仕組みは、生きていくために必要な最低限のお金を、国がすべての人に無条件で支給するというものだ。ベーシックインカムのアイデアはカナダ、米国、インド、ナミビアで試行され、また最近ではフィンランドにおいて、二〇〇〇人の参加者が二年間にわたって月五六〇ユーロ（約七万九〇〇〇円）を受け取る実験が行なわれている。[52]

貧困への対策に留まらず、ユニバーサルベーシックインカムは、人々が人生において仕事以上のものを得られるようにするための重要な手段となる。それは市場ベースの生産に従事するだけの生活に変化をもたらし、人々がより多くの芸術、文学、音楽、演劇、スポーツ、政治、旅行、コミュニティにアクセスすることを可能にする。

フィックスフェスト（物の修理にかかわる人々が集い講演や会議を行なう国際イベント）のような組織や、ニコ・ペイヒのような経済学者は、市民主導型の変化が担う役割、すなわち、「消費者」を「生産消費者（プロシューマー）（生産者と消費者を組み合わせた造語）」へと変える役割の重要性を訴えている。その世界では、人々は週二〇時間働き、さらに週二〇時間を、工業化生産システムから完全に独立した形での物の修理、生産、共有にあてることができる。何より重要なのは、こうしたすべてのアイデアを世界中で実現することだ――グローバルノースだけでなく、グローバルサウスの市民にも、それらが適用され、利用されるようにしなければならない。

そんな計画のための資金はどこから出るのかと不思議に思う人もいるかもしれないが、ＴＵＣの推測によると、人工知能、ロボット工学、自動化によって、英国の経済生産高は今後一〇年間で二〇〇〇億ポンド押し上げられる可能性がある。問題は、現時点ではそのお金が公平に分配されずに、シリコンバレーにいるひと握りの億万長者の手に渡っていることだ。つまり課題は、富が公平に分配されるようにすることにある。また、グリーンニューディールの支持者がよく口にする通り、これはわれわれにとって、やらずにいられる余裕がない事柄なのだ。

公平な分配という課題は、給料を変えずに労働時間を少なくするという課題と同じように、二つの力の戦いの上に成り立っている。すなわち、公平な分配から利益を得る人々と、富をため込む方が利益になるごく少数の人々の間の戦いだ。ハンドメイドの製品、グローバルサウスの労働、ジェンダーの不平等を内包する靴産業は、近い将来、大々的な変化を迎えることになるだろう。経済活動と、人間の搾取や生態系の破壊とを切り離すことは可能であると証明するのに、これ以上ふさわしい分野はない。ロボットは機会を生み出す。そしてわれわれは、その利益を企業だけが独占することを許してはならない。

第九章　靴と法律

灰色の空の下、ロンドンのポーランド大使館前に二〇〇〇人の人々が集まっている。カトヴィツェで開催される第二四回国連気候変動会議の前日にあたるこの日、マグダ・オウイェヨルが仮設のステージに上がり、ポーランドの活動家たちが寄せたメッセージを読み上げる。

「われわれはこれまで繰り返し、もっとも重要なのはビジネスとお金であると言われてきました」とオウイェヨルは言う。「それが人間よりも重要なのだと、環境よりも、健康、愛、友情よりも重要なのだと、われわれの未来よりも重要なのだというのです。今こそあの人たちは理解すべきです。自分たちのやっていることが、われわれの存在を脅かしているのだということを」

「ちょっとお願いがあるのですが」。スピーチの締めくくりに、オウイェヨルはそう呼びかける。「ポーランド語を話す方が皆さんのなかにいたら、手伝ってくれるとうれしいです。一緒に唱えてください。ラーゼム・ドゥラ・クリマートゥ！　ラーゼム・ドゥラ・クリマートゥ！」。聴衆は寒さに負けじと足を踏み鳴らしながら、そのチャントを繰り返す。人々が掲げる青いプラカードにも、同じスローガンが書かれている。「ラーゼム・ドゥラ・クリマートゥ＝気候のために力を合わせよう」


ステージに上がったクライブ・ルイス議員は聴衆に向かって、最初に工業化した国として、英国には気候変動対策の最前線に立つ義務があると語りかける。英国の工業化は、征服と奴隷制度によって勢いを得た。彼らはアフリカの人々を西インド諸島へ連れていき、砂糖を作らせた。気候変動の皮肉とは、自分の父親の出身地である西インド諸島の人々が、今では産業と気候の崩壊が引き起こしたハリケーンによって大きな被害を被っていることだと、議員は言う。

人々が手作りのプラカードを振る。「地球の未来はわれわれの未来」、「母なる自然を殺すのをやめろ」、「気候変動ではなくシステムの変動を」。寒風にはためくピンク、オレンジ、ブルーの旗には、環境保護団体「エクスティンクション・レベリオン（絶滅への反逆）」の黒いシンボルが記されている。

「われわれはシステムのなかにいます」。「貧困との戦い」のアサド・リーマンが声を張り上げる。「それは黒人、褐色人種、貧しい人々は、利潤追求のために犠牲になってもいいとされる経済システムです。われわれは、一般の人々の利益よりも、企業や巨大産業の利益の方が優先されるシステムのなかにいるのです」

スピーチと歓声のあと、デモはポーランド大使館を離れ、オックスフォードサーカスに向かった。ロンドンでもっとも有名なショッピング街だ。ナイキタウン、H&M、バーバリー、トップショップなど、びっしりと軒を連ねる小売店の前を進み、クリスマスプレゼントを探す困惑顔の買い物客、ストレスで疲れ切ったショップ店員、見せかけの選択肢、企業の銀行口座に果てしなく流れ込む何十億ポンドものお金の前を通り過ぎる。リージェントストリートを下り、クラークス、カンペール、アップル、また別のH&Mの前を通って、デモはトラファルガー広場に入り、英国の政治権力の中心であるダウニング街を目指した。

失われた世界

今後一〇年の間に下される決断が、人間も含めて、地球上に住む幾万もの種の運命を左右することになるだろう。

靴は決して、このシステムのなかにある唯一の破壊的なアイテムというわけではない。しかし、これほど基本的な必需品が、これほどの大混乱を引き起こすのはなぜなのだろうか。人間と地球を守るためのチェックアンドバランスは存在しないのだろうか。説明責任はどこへ行ったのだろうか。これらの疑問に答えるためには、靴産業の範疇を出て、なぜ世界がこれほどの混乱状態にあるのか、その理由を明らかにする問題の数々を解きほぐしていく必要がある。この章では、企業権力の台頭とそれに対応する力のない法制度、企業の社会的責任プログラムが進歩をいかに阻害してきたのか、労働組合が力を持つことができない理由と性差のある搾取の影響、抗議行動の犯罪化などを解明していく。そしてもちろん、われわれがそのなかで暮らしている資本主義経済システムが、進歩をいかに制限しているかについても検証を行う。

本書で取り上げている環境および労働の権利に関する犯罪の多くは、企業によって行なわれてきたものだ。企業は国よりも強大な力を持っていることも多く、その振る舞いを咎められることがない。問題の一つは、グローバリゼーションが恐ろしいほどの力の不均衡を特徴としていることだ。そうした力の不均衡はさまざまなところに存在する。その一つ目が、国家と企業の間の不均衡だ。

国内総生産（GDP）は、特定の期間内に国内で生産されたすべての商品と提供されたサービスの総価値を測ることによって算出される。この計算に基づいた二〇一九年年初時点での世界の経済大国上位五ヵ国は、米国、中国、日本、ドイツ、英国であった。GDPランキングは現在、国家にしか適用されていないが、もしこれに企業を含めたとしたらどうなるだろうか。国としてランク付けされた場合、ナイキは経済規模でカメルーンよりも上位の世界第九六位となる。ウォルマートのGDPは四八五八億七三〇〇万ドルであり、ベルギーよりも上位に位置する。[1]

にもかかわらず、企業は国と同じ責任は負ってはいない。巨大企業は単に多国籍であるのみならず、「ポスト国家的、超国家的、さらには反国家的」な存在だ。なぜなら企業は、ビジネスを遂行する自分たちの能力を制限するものに対しては、それが何であれ反対の立場を取るからだ。[2]

互いにグリーンピース国際法務ユニットの同僚であるダニエル・シモンズとチャーリー・ホルトは、企業と環境の戦いには常に気を配ってきたと語る。「ここ数十年間で、企業の力は大きく拡大しました」とチャーリーは説明する。「しかし国際社会では、説明責任に関する仕組みづくりが追いついていません。力に見合った責任を課すということが、遅々として進んでこなかったのです」

チェックアンドバランスが存在しなければ、特にグローバルサウスにおいては、企業が国家を支配することも可能になる。「国が雇用を必要とするときには、企業が大きな影響力を持ちます」とダニエルは言う。「企業には自分たちに税金をかけないように要求することも、労働条件や環境規則を自分たちの好みに合わせて調整するよう働きかけたりすることもできるのです」

そして当然ながら、グローバルノースの企業から流れ込む資金は腐敗を助長し、企業はどんなものであれ自分たちが望む基準を金で買えるようになる。そうした不当な影響力はまた、国の内部にも存在する。

これを禁じる法があるべきではないのか

それにしても、国際法で正式な環境基準を定めることはできないのだろうか。そしてその法律を根拠として、裕福な国や企業が貧しい国を開放させてそこをゴミ箱として利用しておきながら、その責任を一切引き受けないという行為を禁ずるのだ。

現在の国際法では、どの協定に参加し、どの協定を拒否するかはそれぞれの国が決めることができる。経済が成長し、ビジネスが活気づくのではないかという期待のもと、各国は自由貿易協定への署名を急ぐが、一方で環境や労働者の権利に関する協定は回避される傾向にある。こうしたことはいまだに国家主権の問題とされており、強制力を持つ仕組みを国に押しつけることはできない。究極の政治権力と法的権限は、自国内で独自の規則や規制を設定する各国政府に委ねられるべきであるとされているのだ。

外国からの投資を呼び込みたいとの思惑から、各国は基本的な環境基準や労働者保護の協定に署名をするのを嫌う。石油精製工場とは異なり、靴の工場は場所を変えることが可能であり、ほかの国やほかの大陸に移動させることができる。工場を作る際、企業は儲けのもっとも大きい選択肢を求めるため、人件費がもっとも安く、利益を出すうえで環境基準がもっとも有利な場所を選ぶ。

これこそが、本書を通して見てきた「底辺への競争」だ。グローバリゼーションと不平等の衝突は、貧困から抜け出そうと努める貧しい国々が、ビジネスのために自らを開放しなければならないことを意味し、そして国を開放することは、虐待に対して脆弱になることを意味する。

グローバルな貿易は、大なり小なり国家による介入を特徴とする。国境を越える商品に対して国が厳しい規制や関税を課すこともあれば、いわゆる「自由貿易」型のアプローチを採用して、規制や関税を最小限に抑えたり、完全に撤廃したりすることもある。[3]「問題は、貿易を自由化した場合、国が自国の環境基準を引き下げることに魅力が生じることです。そうすればより多くの投資を呼び込み、より多くの物を輸出できるからです」とダニエルは言う。「経済活動は、環境法、税法、労働権などに関してもっとも抵抗の少ない国へ移っていきます」。労働および環境基準の保護に関する協定を結ばないまま貿易を自由化することは、悲惨な結果につながる。

ＥＵのような経済圏では、環境、労働者の権利、消費者の権利に関する保護の整備が進んだことにより、危険な慣習の減少が促された。しかし、汚染産業は地球上から消滅することなく、保護規制が緩い国々へと輸出された。その典型例と言えるのが、皮革産業によってバングラデシュにもたらされた惨状だ。

ケイマン諸島から裁判所へ

国際的なシステムは従来、国連の「ビジネスと人権に関する指導原則」のような自主的な取り組みをその拠り所として成り立ってきた。二〇一一年に策定されたこの合意は一般に、「歴史上画期的なものである」、あるいは「人権に責任を持つべきはもはや政府のみではないと世界が認めた瞬間である」と喧伝されている。同原則には、どのように行動すべきであるのかについて、企業に対して期待される内容が記されているが、これが自主的な取り組みを促すものであることから、民間企業は以前とまるで変わらない非倫理的な行動を取り続けている。

国連の政府間作業部会は、企業の人権義務を管理するための拘束力のある条約のオプションを検討することによって、この状況を変えることを望んでいる。しかし、そうした条約はグローバルサウスの国々から圧倒的に支持される一方で、先進国やグローバルノース、特に米国とEUから反対されているため、話は遅々として進まない。

だからといって、企業というものは法的拘束力のある協定を嫌うと考えるのは間違いだ――それが自分たちに有利に働く限り、彼らはむしろ協定を歓迎する。多国籍化を目指す企業は、国境を越えて流れる資本に対する規制が撤廃されたことによって恩恵を受けた。その過程においては、「北米自由貿易協定（NAFTA）」や今はなき「大西洋横断貿易投資パートナーシップ（TTIP）」をはじめ、何千もの投資協定が世界中で作られていった。

数々の投資協定と自由貿易協定の裏には、「投資家対国家の紛争解決（ISDS）」制度が潜んでいる。この制度があれば、企業は投資受入国を訴えることが可能になる。たとえば、投資受入国が自国内の自然生息地を保護しようとしたり、危険な鉱業権を停止したりした場合、そうした行為が自社の投資に損害を与えたとして、企業は国を訴えることができるのだ。ISDS制度は、国同士が対立することを避けるのを目的に設けられた――ISDSがなければ、投資家が海外にいる自国民を保護し、法の支配を高めようと考えた場合、自国政府の介入に頼ることになるからだ。企業による資産保護を可能にするために、今では貿易・投資協定にはこの制度が組み込まれるのが当たり前になっている。ただし、協定によっては、企業がその国の法律に違反した場合に、受入国側にも同じように企業を訴える選択肢が与えられていないものもある。

「ＩＳＤＳ制度のもとで攻撃の対象にされる法律や措置は、そのほとんどが人の健康の保護、労働基準への対応、環境の保護などのために作られたものばかりです」。ＮＧＯ「国際環境法センター（ＣＩＥＬ）」の所長兼ＣＥＯのキャロル・マフェットはそう説明する。そうした協定は、今や何千という数が存在する。ニューヨークのＣＩＥＬが扱った最新の事例からは、裕福なグローバルノースの企業が子会社を設立している場所は、租税回避に役立つケイマン諸島や、自社に都合のいい調査を行なうことができるグローバルサウスの国のほか、何らかの自由貿易協定に基づいて訴訟を起こすうえでもっとも有利な国であるという傾向が見えてくる。人間や政府とは異なり、企業はある国に存在するか、しないかを自ら選択することができるのだ。

グローバリゼーションの支持者たちはよく、成功の秘訣は自己調整的でグローバルな自由市場であると主張するが、現在われわれが手にしているのは自由市場ではなく、企業の利益を優先する形で規制された市場だ。経済学者のジョセフ・スティグリッツはこう言っている。「ここにあるのは、グローバルな政府をともなわないグローバルな統治とでも呼ぶべきシステムである」[4]。それは金融機関と商業的利益によって支配されるシステムであり、そのなかにおいては、もっとも大きな影響を受ける人々の声はなきに等しいものとされる。グローバルなメカニズムがない状態では、人や環境の保護は国内法に委ねられ、企業にとってそれを圧倒することはあまりにも容易い。

「そのせいで、今や多国籍企業は多くの国で法の制約をほとんど受けないシステムができあがっています」と、キャロルは言う。「ＩＳＤＳのプロセスにおいて、われわれは同様の例を何度も見てきました。

こうした協定が設定されているせいで、新しい環境規制の適用や、協定に反する労働基準の導入が気に入らない、あるいは特定の健康基準の保護に同意できない多国籍企業は、態度を一変させて、投資受入国の政府を訴えるのです。協定の条項は、通常の司法や政治のプロセスを経ずに、企業自体に非常に有利な非公開の環境で訴訟を進められるよう設計されています」

ＩＳＤＳを廃止する作業は、何千もの貿易条約の取り消しや再交渉をともなう。新たな協定にＩＳＤＳ制度が盛り込まれるのを防ぐには、世論の圧力が不可欠だ。ＩＳＤＳ制度の恩恵を享受している企業のなかには、米国やヨーロッパで設立されたのち、その後海外に進出している例が非常に多い。キャロルが提案する根本的な解決策は、企業を「里帰り」させることだ。すべての企業が自社の拠点とする一つの国や州、すなわち自分たちがどこに存在するのかを、必ず明らかにしなければならないシステムを導入するのだ。これを実現できれば、その企業を訴えたい人はだれであれ、それを実行に移すことができる。なぜなら、その企業がたった一つの特定の場所に存在しているからだ。

エコサイド

英国の弁護士で運動家の故ポリー・ヒギンズは、気候変動によるエコサイド（重大な環境破壊行為）のことを、「行方不明になっている現代の国際犯罪」と呼んだ。エコサイドは、国際刑事裁判所（ＩＣＣ）の設立規程の対象から土壇場で除外されたのだと、彼女は主張した。[5] もしそこにエコサイドが含まれていたなら、それは果たして、国家や企業の責任を追及する手段となり得ただろうか。

エコサイドとは、「住民による平和的な享受が著しく損なわれた、あるいは今後損なわれるような」形での生態系や領域の損失、損傷、破壊と定義される。今では多くの活動家が、エコサイドをローマ規程に含めるべきであると主張するようになっている。ローマ規程とはＩＣＣの設立規程のことであり、最悪の国際犯罪とされるもの、すなわちジェノサイド、人道に対する犯罪、侵略犯罪、戦争犯罪を扱うとする、同裁判所の任務を定めたものだ。

しかしここでも再度、環境保護の前に立ちはだかるのが、自主的な合意や定義をめぐる議論だ。「ローマ規程において現在管轄の対象とされているのは、四つの中核犯罪のみです。その一つに侵略がありますし」と、チャーリー・ホルトは説明する。「安全保障理事会の付託があれば、すべての国に対して強制的に捜査を行なうことができますが、国による付託や自己付託、あるいは検察官独自の権限による場合は、一部の国に対してしか強制力をもちません」

「侵略」をどう定義するかについて、国によって意見の相違が見られることを踏まえると、国際的に合意を得たエコサイドの定義を作成することは極めて困難であると思われる。一方で、ローマ規程を現在の文言のまま利用することで、エコサイドを訴追することができると考える陣営も増えている。

二〇一六年、国際刑事裁判所（ICC）の検察官ファトゥ・ベンソーダは、ICCは環境破壊を手段とする、あるいは環境破壊をもたらした犯罪に対して特別の注意を払うと述べた政策文書を公開した。同文書には、ICCがどんな事件を優先的に訴追するかが示されており、そのなかには天然資源の違法な開発、環境破壊の事例、投資家が貧困国の広大な土地を買い占める土地収奪の事例などが含まれている。

これは、環境破壊をともなう残虐行為で告発された個人の訴追を可能とし、企業幹部や政治家たちを戦争犯罪人と同じICCの被告席に立たせる道を開くものだ。▼6 人権を脅かす力というのは、歴史においては主に政府が持つものと考えられてきたが、こうした動きには、企業のことも同様の存在として認識すべきであるとの市民圧力の高まりが見てとれる。

審判が下る

直接的な行動による抗議や、学生による毎週金曜日の気候ストライキ〔二〇一八年、当時一五歳だったスウェーデンの少女グレタ・トゥーンベリが始めた抗議行動をきっかけとして世界中に広まった草の根運動〕を通じて、気候崩壊に対して行動を起こすよう政府に求める圧力は高められてきた。また、気候運動に希望と活気をもたらしているもう一つの要因として、気候変動関連の責任訴訟の増加が挙げられる。こうした人権訴訟を起こすことにより、多くのグループが、自らの権利の保護を要求したり、企業や政府が何らかの行動をしたことによって、あるいは何も行動しなかったことによって、自分たちの権利が侵害されたと訴えたりしている。

「気候変動が抽象的な問題から、人間の生活に直接的、具体的な影響を与える問題になっていくほど、それは単なる環境保護主義や自然保護の問題ではなく、正義の問題にもなっていきます」と、チャーリーは言う。科学が進歩するにつれ、具体的にどんな被害があったのかが正しく判断されるようになり、不法行為や刑法というツールの活用が可能になる。結果として、すでに世界各地で訴訟が起こされており、この流れは今後も続くと予想される。

「これらの訴訟は、『平常運転』的な思考を止めるうえで非常に重要です」とダニエル・シモンズは言う。「これまでは大半の企業が、どうにかやり過ごすことができるだろうという考えでしたが、今がいわゆる『タバコ産業の瞬間』であることが明らかになってきたのだと、わたしは思っています」

一九九〇年代から二〇〇〇年代にかけての訴訟において米国の大手タバコ会社が最終的に責任を問われたのと同じように、化石燃料企業もまた、自らがもたらしている深刻な被害への責任を否認する権利を失ったことにより、いずれは被告席に立つことになる可能性がある。たとえ現在の訴訟に対処できたとしても、何も行動を起こさないという態度を見せれば、企業が自分の身を守ることはますます難しくなっていくだろうと、ダニエルは言う。「タバコ会社の場合と非常によく似たパターンです。おそらく企業は、科学的に何が正しいのかを、政策立案者や一般大衆が知るよりもはるかに前から知っていたのでしょう。彼らはそれを隠そうとして悲惨な結果を招きました。それが明らかになった今、もうあと戻りはできません。自分たちのやり方を変えなければ、彼らは自分のビジネスが引き起こした損害についての責任を問われることになるでしょう」

一部の環境保護団体だけでなく、いくつかの国までが、自然そのものにも権利があるという考え方に基づく試みに着手している。世界中の多様な団体によって採用されていることも多いそうした戦略は、チリからインドまで、各国のさまざまな先住民の信仰をヒントに立案されている。たとえば、川に法的な人間性を持たせることは可能だろうか。ブリガンガ川が権利を持っていると認めることはできるだろうか。二〇〇八年には、エクアドルの憲法に「パチャママ（母なる大地）」の権利が明記され、ボリビアもすぐにこれに続いた。[7]

しかし、トランプやボルソナロのような指導者が、人類史上もっとも重要と思われる瞬間に君臨している場合、どうやって希望を持ち続ければいいのだろうか。米国、ロシア、サウジアラビア、オーストラリアなどの強大な国々が、環境の改善に積極的に反対する政権によって運営されている時代に、できることとは何だろうか。

チャーリーとダニエルは、世論の圧力こそが変革の鍵だと主張する。「人は国を一枚岩であるとみなして、だれもが同じように行動すると考えがちですが、実際はそうではありません」とチャーリーは言う。たとえ大統領個人がどんな圧力にもまったく動じないように見えたとしても、政府はより下位の政治家や官僚から構成されており、彼らは比較的世論の圧力を受けやすい。

また、企業に対しても影響力をおよぼすことは可能だ。彼らは社会的な契約に依存しており、世論の圧力を敏感に感じとっている。企業がグローバルな規模での活動を増やしていけば、その店舗やオフィスは運動や抗議の対象になり得る。ただし、今から見ていくように、そうした影響力によって実際に行動が促されたとしても、必ずしも最良の結果がもたらされるとは限らない。

CSRの功罪

労働および環境の権利が少ない国に製造拠点を移し、最悪の搾取を行なう工場と契約したことによって、有名ブランドは苦境に陥った。移動や通信の発達は同時に、人権団体やジャーナリストもまたグローバル化し、不正行為を追及できるようになったことを意味していた。児童労働、暴力、不衛生な環境、そして非人道的な賃金。これらはすべて、世界有数のブランドのサプライチェーンから発見された問題だ。

そうした不名誉な評判に対するブランドの対応は、「企業の社会的責任（CSR）」プログラムの策定であった。このトレンドは一九九〇年代に始まり、今日もなお続いている。企業のCSR部門は、社会的、人間的、環境的な懸念に配慮した倫理的なビジネス慣行を約束した。それは、各工場ベースで条件を改善することを約束するという戦略であり、実行は自主性に任され、拘束力のある協定や法律とはまったくかかわりがない。数十年という歳月と何十億ドルもの資金が費やされてきたにもかかわらず、CSRプログラムは、サプライチェーンで働く人々の生活の改善に、職場においても社会においてもいっさい貢献していないとの批判があることは、驚くにあたらないだろう。▼8

ベス・ローゼンバーグ教授は、米タフツ大学の職業・環境衛生学の専門家だ。マサチューセッツ州の靴工場オーナーの子孫であり、米国化学品安全性危険性調査委員会の元メンバーでもある。二〇〇五年夏、ローゼンバーグ教授は、複数の大手靴ブランドによる自社工場の基準を改善する試みの一環として、中国とベトナムでいくつもの工場を視察している。このときの経験から、教授はCSRの前提そのものに深く疑問を抱くようになり、その思いは今も変わらないと語る。

工場の状況は千差万別ではあったものの、最悪のそれは目も当てられない惨状であった。韓国人が経営する中国北部の工場では、一六人の若い女性たちが家具も何もない寮で共同生活を送っており、屋外にあるトイレからは、一五メートル離れたところまでひどい臭いが漂ってきた。工場のオーナーたちは、安全衛生について何の知識も持たない美大生を雇って、CSR要件の監視を任せていた。[9]

ローゼンバーグ教授はまた、こんなばかげた状況にも遭遇したという。彼女が見学した工場のなかには、一つのブランドの靴しか生産していないところもあった一方で、非常に大規模で、各生産ラインが三つの異なるブランドの靴を生産しているところもあった。「三つのブランドはどれも、それぞれに異なる行動規範を持っており、あるブランドのCSRプログラムが溶剤系接着剤を禁止し、より安全な水系接着剤を採用していても、また別のブランドは溶剤系接着剤を使い続けていました。前者の企業による善意は何の意味もなさず、だれもが同じ有害な空気を吸っていたのです。なにしろ、生産ラインは互いに六メートルも離れていないのですから」

「この例からは、CSRプログラムがいかに馬鹿げたものであるかがわかります」とローゼンバーグ教授は続ける。「CSRは自主的な取り組みであり、強制力や監視は、たとえあったとしてもごくわずかで、しかも監視を行なうのはブランドから報酬をもらっている人間なのですから、そこに深刻な利害の対立が発生するのです」

負傷者の数を減らすという一見シンプルな目標の裏に、邪悪な慣習が隠れていることさえある。ローゼンバーグ教授によると、労働者やその監督者が自らの負傷に対する責任を負わされ、一日の給料の三分の二近い罰金を科せられていた事例もあったという。負傷を報告させないようにするうえで、このやり方は確実に効果を発揮する。これは米国で「血だらけのポケット症候群（出血している手をポケットに入れて隠すことから」」と呼ばれている慣習であり、たとえ負傷率の低さが高く評価されている職場であっても、実際のところそれは報告数が過少になっている結果であり、危険な状況が改善されることなく残されるという事態を招く。[10]

隠された危険

もう一つの大きな問題は、CSRプログラムでは、世論の影響を受けやすい消費者向けの企業しかカバーされない傾向にあることだ。これでは、靴生産にかかわる工場の大半が、その対象からはずれることになる。ローゼンバーグ教授は、ベトナムのホーチミン市郊外にある大規模な国営工場の敷地に足を踏み入れたときの経験を語っている。敷地内の大半の建物では、CSRの枠組みのもと、有名スポーツブランドのスニーカーが生産されていた。残業、保護具、長時間の立ち仕事などの問題はあったものの、少なくとも建物はよく換気がされて照明もついていた。

その同じ敷地内に、スリッパメーカーに貸し出されている建物があった。有名ブランドの顧客を持たないその工場の状況は悲惨なものだった。「換気はなく、室温は三〇度を超え、ひどい湿気だった」とローゼンバーグ教授は書いている。「窓は材料を仕舞ってある棚で塞がれ、扇風機もなく、めまいがするほど接着剤の臭いが充満し、二つある部屋にはそれぞれ薄暗い電球が一つずつぶら下がり、労働者の顔には不安げな表情が浮かんでいた[11]」

基準を管理するものが、ブランド主導による、また企業によってばらつきのあるCSR協定のみという状態では、隣り合って立っている工場の環境が、互いにまるで異なるということも起こり得る。CSR協定によってごく少数の工場の基準が改善されたとしても、労働者の権利をこうした偶然に委ね、残された大多数の労働者を見捨てることがあってはならない。たとえば、だれも名前を聞いたことのない企業が作った靴の構成部品についてはどうだろうか。そうした工場は、いったいだれが監視しているのだろうか。「職場をほんとうに安全にしたいなら、ブランドに個別に規制をかけるのは悪手です」とローゼンバーグ教授は言う。「消費者にボイコットされたり、消費者の注目を浴びたりしやすいのは、サプライチェーンの末端にある工場だけです。たとえば、一足のスポーツシューズがあるとして、そのなかには何が含まれているでしょうか。接着剤の工場や靴ひもの工場、鳩目を作る工場の労働環境については、消費者によるボイコットが起こることはありません」

有名ブランドのサプライヤーである接着剤工場からの排出ガスに抗議して、だれかがボイコットをするようなことにはならないのだと、彼女は主張する。だからこそ、靴と、靴の陰に隠れてその存在があまり知られていない構成部品は、政府によって規制され、監視される必要があるのだ。

見せかけの言葉

ＣＳＲプログラムを打ち出す企業はこれまでに、どれも似たりよったりのウェブサイトや見栄えのいいパンフレット、高給の仕事、高尚なスローガンなどを、山のように生み出してきた。

しかし結局のところ、ＣＳＲは失敗だったのだろうか。単なる見せかけだけの存在だったのだろうか。それとも、ほんの一時の流行だったのだろうか。

あるコンサルタントは、ＣＳＲ業界で一〇年働いた経験についての記事のなかでこう語っている。「ブランドは「たとえば『サステナビリティ』とか――あるいは人権、企業市民、企業責任など、何であれそういった流行語を冠した部署を作るわけですが、彼らの仕事は実のところ、ＮＧＯを寄せつけないことなのです。[8]……その一方で、社内にあるその他一五の部門では、それ以前とまったく同じように仕事が進められています。変わった点といえば、今では会社のなかに、すべてを『サステナビリティ』という言葉で飾り立て、それを消費者に売り込むことを仕事にしている人間がいるということだけです」[12]

もう一つ別の例を見てみよう。二〇一二年五月、英国のある企業調査会社が、プーマをサステナビリティにおいて第一位のブランドに選んだ。その報告書には、人権侵害のリスクが高い部門で事業を展開しているにもかかわらず、プーマは環境に関する強力な実績を有し、サプライチェーンの労働基準にも改善が見られるとある。[13] 皮肉なことに、そのわずか三ヵ月前の二〇一二年二月には、プーマの重役がカンボジアに急行したというニュースをロイターが伝えていた。同社のサプライヤー工場で起きた抗議運動の最中に、女性が銃で撃たれたためだ。抗議運動に参加した人々が求めていたのは、労働条件の改善と賃上げであった。その前年には、カンボジアにあるまた別のプーマのサプライヤーにおいて、当時各地で頻発していた集団失神が起こり（第二章で詳述）、詳しい調査が行なわれていた。[14] 一方、プーマは二〇一七年、『ガーディアン』紙に対し、集団失神への対策としては、エナジーバーの支給、メディカルチェック、換気設備のメンテナンス、労働者管理委員会の設置などが有効であると述べている。プーマの言い分はこうだ。「集団失神の原因はおそらく複数存在し、複雑に絡み合っている場合が多いと思われる。ブランド、工場、労働者、政府の間で協力的な取り組みが行なわれて初めて、状況は改善されるだろう」

破滅的な間違い

ドイツのボンを走る鉄道線路に隣接するオフィスビルに、ズュートヴィント研究所の事務所は入っている。ズュートヴィントは、世界の靴産業についてどこよりも粘り強く詳細な調査を実施し、ブランドとそのCSRの内容に対する監視役としての役割を果たしている機関だ。アントン・ピーパーは、二〇一五年からズュートヴィントのために靴産業の調査を続けている。情熱を持ってこの仕事に取り組んでいるアントンが常に苛立ちを覚えるのは、大手スポーツウェアブランドのイメージとリアリティの格差だ。

「業界が言っていることと、人々がそうしたブランドについて知っていること、工場での労働者の現実との間には、とてつもなく大きなギャップがあります」とアントンは言う。「それはすべての大手ブランドについて言えることです。有名ブランドに供給しているティア1工場へ行けば、大規模な労働権の侵害はほとんど見られません。しかし、サプライチェーンのずっと下にある下請け企業まで詳しく調べてみたときに、その部門全体が国際的な労働法や環境規制を遵守していないことが判明するというのは珍しいことではありません」

大手ブランドの大半は、完全に透明ではないサプライヤー市場に依存していると、アントンは言う。革などの原材料は、小規模な皮なめし工場が生産しているものについては追跡できない場合が多い。そのせいで、サプライチェーン全体として捉えた場合、ブランド自体によって提示されたものとはまったく異なる状況が浮き彫りになるのだ。アントンは、ブランドへのプレッシャーが高まるにつれて、CSR産業が急激に成長していくのを目の当たりにしてきた。「CSR部門を設ける企業や、少なくともそのために担当者を一人雇用する企業の数は増えつつあります」とアントンは言う。「まだ非常にまれではありますが、比較的大きな企業はそういう状況になっています。ですから、これは成功していると言えるでしょうし、企業の内部にわれわれが連絡を取ることができる人がいるというのは、明らかによいことです」

しかしその反面、CSR部門に連絡を取れる担当者を置いたとしても、対策はそこで終わりという企業もあるのだという。ブランドは、ズュートヴィント研究所のような機関に対して話をすることには熱心だが、実際には何もしていない場合が多い。

アントンは、この破綻したシステムのさらなる問題点を指摘する――それは、CSRを担当するチームの地位が、企業内の階層においてマネージャーやバイヤーよりもはるかに下であるということだ。そのため、倫理的な問題を取り上げる消費者団体から送られてくるアンケートには、各部署によって、高い評価を得るための体裁のいい答えが記入されてしまう。アントンは、ＣＳＲを専門に担当するスタッフを大勢抱えているというだけで、「エシカルランキング」で上位につけている大手靴ブランドの名前を挙げてみせた。

ＣＳＲは、すでにすぐれたグリーンウォッシングの手段と成り果てており、責任ある企業というイメージを提示することによって、生産の実態を覆い隠す役割を果たしている。ＣＳＲコンサルタントが何か善い行ないをした程度では、悪影響の方がはるかに大きい[15]。しかし、もしＣＳＲがそもそも業界を変えることを意図したものではなく、企業の見栄えをよくするための戦略であったのなら、それは大成功と言えるだろう。そうでなければ、石油、プラスチック、綿花、ゴム、金属、化学物質を大量に消費する巨大企業のナイキが、人々にサステナブルなブランドを挙げてもらうアンケートにおいて、一位を取れるはずがないではないか。

ＣＳＲというシステムは、消費者の注意をそらすのみならず、基準を調査・強制する力を持つ機関と直接競合する機能を持たされている。過去数十年にわたり、裁判所や立法者が介入すべきタイミングにおいて、政府機関や法の支配そのものが、ＣＳＲによって脇に追いやられてきた。

二〇一三年、ラナプラザ工場の崩壊によって一一三八人が死亡した際に明らかになったのは、この工場に対しては一度ならず二度までも、プライマーク社の監査システムによって問題なしとの判断が下されていたことだった。命を落とした労働者に必要だったのは、企業による無意味な点検作業ではなく、政府が派遣する厳格な工場検査官と独立した労働組合であった。プライマーク側は、二〇一三年以前には、建物の構造的な安全性を確認することは監査プロセスに含まれていなかったと主張している[16]。

その昔、靴の生産は、労働と環境を管理する強固な条約がある国々で行なわれていたが、今や産業はそうした場所を離れて、グローバルサウスの安価な生産拠点に移っている。

多国籍企業は、工場の基準について最終的な決定権を持つべきではない。その理由は、彼らにはその資格がないからというだけでなく、あらゆる企業の目的は常に利益であるためだ。だからこそ、企業の自主規制を信用することは、これまで何度となく示されてきたとおり、破滅的な間違いなのだ。

機会と課題

「グローバリゼーションのおかげで、伝統的かつ歴史的に過小評価され、賃金をもらえる雇用にアクセスすることができなかった労働者たちは、雇用機会に恵まれました」と、国際労働機関（ＩＬＯ）のアリアナ・ロッシは言う。「これはおそらく若い女性労働者において特に顕著であり、こうした輸出志向の生産が発展途上国で盛んになるまでは、彼女たちには、正規の労働力に加わる機会がありませんでした。これはまた、移民労働者や非熟練労働者など、そのほか多くのグループにも当てはまります――そしてもちろん、そうしたグループのなかには多くの交差性（インターセクショナリティ）が存在します」

一方で、機会があるところには必ず課題もあったと、アリアナは指摘する。それがもっとも明確に現れたのは衣料品およびフットウェア部門であり、雇用の機会は多くの場合、搾取的な労働条件と同義であった。

アリアナは現在、ＩＬＯと国際金融公社が共同で実施している「ベターワーク」プログラムに取り組んでいる。ベターワークは、世界の衣料品・フットウェア産業の労働条件と競争力の改善を目指すものであり、その目的のために、労働組合、雇用者、製造業者、政府、ブランド、小売業者の間の橋渡しを行なっている。同プログラムはバングラデシュ、カンボジア、ベトナム、インドネシア、ヨルダン、ニカラグア、ハイチ、エチオピアを対象としており、二〇一七～一八年にはエジプトでも試験的に実施された。

しかし、労働者の権利を擁護する大手機関によって、人々を守るための努力が続けられているにもかかわらず、世界の労働市場はいまだに未開の地のような様相を呈している。普通の人々を守るための仕組みや、労働組合の権利を確保し、企業の権力に対抗できるようなチェックアンドバランスは、いったいどこにあるのだろうか。

「労働規制の観点から言えば、グローバリゼーションは本質的な課題を抱えています。なぜなら、グローバリゼーションはその定義からして国境を越えるものですが、労働規制は昔から国家の境界の内側に存在するものだからです」とアリアナは説明する。というのも、彼らは自国の枠を超えて法律を守らせる法的手段を持たないからです」。「グローバルなサプライチェーンは、各国政府に難題を突き付けてきました。

英国では近年、「現代奴隷法二〇一五」が制定された。こうした透明性に関する法律は、サプライチェーンは今や複雑でグローバルになっているという事実に、世界が気づき始めている証左であると、アリアナは言う。それでも、企業には国から国へと渡り歩く自由があり、また彼らが、もっとも安く、もっとも近く、もっとも融通の利く生産拠点をどこまでも追い求めることができるという事実に変わりはない。そうした企業の行ないにより、消費者市場は超高速で回り続ける渦へと変貌し、人々は新たな商品ラインが次々に登場することを待ちわびるようになった。

たくさんの専門家

こうした搾取的な状況に終止符を打ち、監視の目を光らせる専門家をサプライチェーンのあらゆる地点に配置して、安全、衛生、賃金、労働時間に関する基準を確実に守らせることは十分に可能だ。そうした仕事にうってつけの専門家とは、今まさに搾取され、本来の力を発揮できずにいる労働者自身だ。工場で一日中働き、機械の手入れをし、建物にまで目を配る彼らは、そこで起こるすべてを目撃している。そうした意味においては、工場でのトラブルを防ぐうえで必要なこととは、目新しい対策ではなく、企業がすでに持っている最高のリソース、すなわち従業員が、適切なモチベーションを保てるよう配慮すること、そして彼らに敬意を払うことだ。

そのために必要となるのは、労働者が声を上げられるようにすることであり、歴史上、そうした声は労働組合主義のなかに見いだされてきた。英国における産業革命の最悪の搾取を終わらせたのは、まさにその声を労働者たちが手に入れたためであった。多くの声を結集しない限り、サプライチェーンの労働者は孤立し、脆弱な状態に置かれたままになる。「労働組合は一般に、労働者たちに議論の場に届く声を与えます。CSRプログラムには、そうした機能は含まれていません」と、ローゼンバーグ教授は言う。「CSRが極めて不均衡な力関係を変えることはありませんが、労働組合にはそれが可能なのです」

「わたしは労働者がより大きな力を持ち、労働条件についてより多く発言できるようになってほしいと思っています。職場において民主主義がより多く実現されることを望みます」。ローゼンバーグ教授はそう語り、労働組合による交渉の対象になり得るものとして、靴産業を蝕んでいる要素の数々を列挙してみせる。労働時間、労働条件、賃金、使用される材料、その材料の有害性、製品のリサイクル可能性、仕事のペース、作られる製品の量、各製造作業を実施するもっとも安全な方法。よりよい条件を求めるための労働者の闘争は、常に成功するわけではないものの、少なくとも交渉や議論の場を確立することはできる。

女性たちの声

このような職場における民主主義の欠如は、女性たちにとって特にネガティブな影響をおよぼす。ここまで見てきた通り、衣料品労働者の約八〇パーセント、また不確かな推定ではあるが、靴労働者の四六パーセントは女性が占めている。女性の正確な雇用データを持っている国はごくわずかであるため、こうしたデータには多少のゆらぎがあるものの、女性の賃金が一般に男性よりも低いことはわかっている。

ＩＬＯが行なったアジアの繊維・衣料・フットウェア（ＴＣＦ）労働者の賃金に関する地域調査からは、最低賃金規制の不履行が広く見られるのみならず、女性の場合は、最低賃金を下回る額しか支払われない可能性が男性よりも高いことが判明している。男女間の賃金格差が最も大きいのはパキスタンであり、同部門の女性の八六・九パーセントが最低賃金を下回っているのに対し、男性ではその数字は二六・五パーセントに留まる。[17]

女性が搾取されているのは賃金だけではない。#MeToo運動は、二〇〇六年に米国の活動家タラナ・バークが性的虐待のサバイバーたちに声を上げるよう呼びかけたことをきっかけに始まり、全世界を席巻した。この運動の名前は、ハリウッドにおける権力の不均衡が白日のもとにさらされたことによって広く知らしめられ、ハーヴェイ・ワインスタインのような大物による数十年にわたる女性虐待が告発された。ファッション産業もまた批判を浴び、特にファッションモデルの扱いについては多くの問題が指摘された。同様に、#MeTooの波がナイキに押し寄せた際には、差別、いじめ、セクシャルハラスメントといった企業文化が広く批判されるなか、大勢の幹部が同社を去った。[18] ナイキは終始、わが社は差別に反対し、多様性とインクルージョンにコミットしていると主張し続けた。ナイキ社員の大多数は、尊厳と他者への敬意という価値観に従って生活しているというのが、彼らの言い分だった。

男女間の力の不均衡は、企業の重役が集う会議室にあるだけではまったくなく、サプライチェーンの至るところに存在する。職場におけるセクシャルハラスメントや虐待は、男性たちが、すでに手にしている権力を女性に対して利己的に振りかざすことによって起こる。その権力の行使によって、加害者は自身の行動の結果から身を守り、一方で虐待を告発した女性たちは、職を失ったり、公の場で辱めを受けたりするリスクを背負うことになる。職場における性的虐待とはすなわち、女性に屈辱を与えることを通して、男性支配を改めて主張する行為と言える。[19]

工場内のみを対象としたセクシャルハラスメントに関する研究は、明確な結論を出すに至っていない。サプライチェーンに何人の女性が存在するのかもわからないのだから、彼女たちがどんな経験をしているのかに関する正確なデータなどあるはずもない。「フェアウェア財団」は、バングラデシュの衣料品労働者の六〇パーセントが何らかのハラスメントを経験していると推測しているが、おそらくこれよりも正確だろうと思われるのは、バングラデシュのBRAC大学による研究が示す数字だ。この研究からは、バングラデシュの公共交通機関で通勤する女性の九四パーセントがセクシャルハラスメントの被害経験を持ち、加害者の大半を四一歳から六〇歳の男性が占めていることが判明している。[20]

TCF部門の女性たちが働く工場は、男性によって所有・管理されている。彼女たちは、女性を劣等とみなす社会的背景に取り囲まれ、性別による不平等と、階級、人種、民族、年齢、移民といった立場の不平等とが交錯する場所に囚われて、身動きが取れずにいる。[21]加えて、歴史的な経緯として、ファッションと靴は重要なものとはみなされず、むしろ女性の関心事として軽んじられてきたという事実もある。そうした態度が、ファッションと靴の生産を「女の仕事」としてさらに軽視することにつながり、工房や生産ラインでの女性の仕事の価値を貶め、変化を求める声が真剣に受け止められる機会をつぶしている。

性差による搾取がなければ靴産業は成り立たないというのは、悲しい現実だ。フットウェアは有り余るほどのお金がある産業であるにもかかわらず、靴を作る労働者は極度に貧しく、搾取されている。これは偶然などではなく、性差と深いかかわりのある問題であり、性差別は人種差別や階級的搾取と分かちがたく結びついている。女性が男性よりも少ない賃金しかもらえず、劣悪な扱いを受ける世界に、われわれは住んでいる。そこは、グローバルサウスの人々の暮らしは裕福な白人の暮らしよりも価値が低いものであり、貧しい人々はいくらでも搾取してよい対象であるとみなされる世界だ。これほどの苛烈な状況を靴産業が増大させているというのもまた、偶然ではない。

産業闘争というのは女性にとって、自らの職場での条件だけでなく、社会での立場も変えることが可能になる場だ。一九一〇年のメアリー・マッカーサー率いる鎖労働者から、一九六〇年代のダゲナム工場の労働者、一九七〇年代の二年間にわたるグランウィック争議、さらには現在のインドの衣料労働組合の女性たちに至るまで、その実例は豊富に存在する。しかし、性差による搾取を終わらせて社会変革を起こすために不可欠な産業闘争という経路は、権利向上を求める労働者の声が封じ込められれば、ほぼ間違いなく閉ざされてしまう。

変化を阻むこうした障壁は、自由貿易ゾーン（FTZ）とも呼ばれる輸出加工ゾーン（EPZ）のなかで、特にその力を増大させる。そうした場所は世界に三五〇〇ヵ所以上存在し、そのうち九〇〇ヵ所以上がアジアにある。[22] もっとも古いEPZはラテンアメリカのもので、衣服、靴、玩具を生産するために設立された。[23] EPZが作られた目的は、輸出志向の産業および外国からの直接投資を誘致することであった。EPZ内において、多国籍企業は多くの場合、通常よりもさらに多くの特権と支配権を与えられる。たとえばそれは、優遇税制措置、規制緩和、「見習い」制度によって最低賃金を回避する手段などであり、そして何より重大な意味を持つのが、労働組合権の制限だ。

EPZで働く労働者は、場合によっては組合の結成を完全に禁じられたり、組合の指導者がEPZに入ることができなくなったりといった事態に直面する。ストライキは違法とされ、団体交渉は抑圧され、現状に異を唱える者はその場で解雇されるリスクを背負う。[24] 社会的進歩への道が閉ざされるなか、グローバリゼーションは利益を上げ続けるために、工場労働者に不利なシステムを作り、それを維持してきた。

抗議行動の犯罪化

『ガーディアン』紙のウェブサイトに掲載されている記事のなかで、特に沈んだ気持ちにさせられるのが、

「The Defenders（守り手たち）」という特集ページだ。そこには、自分たちのコミュニティの土地や天然資源を守ろうと運動するなかで殺害された人々の名前が並んでいる（二〇一七～一八年の企画）。この記事によると、今後一週間のうちに、そうした守り手たちが四人、地球上のどこかで殺害されることが見込まれるという。▼25

環境を守ろうとする人間にとってもっとも危険な場所は、ブラジル、フィリピン、ホンジュラスだ。殺害は一般に、貧困、先住民、社会的に阻害された人々、採掘資源のある場所などの要素が、互いに深く交差する場所で起こる。

「紛争が起こったとき、自分たちの土地とコミュニティを守るために活動している人々は多くの場合、その国でもっとも脆弱な人々という定義に当てはまる存在なのです」と、国際環境法センターの所長キャロル・マフェットは言う。「そのため、彼らは大きな危険にさらされます。そうした国はそもそも、役人が罰せられないという問題を抱えていることが少なくありません。だからこそ、何度も繰り返し、そして近年ではより深刻さを増した形で、人権や環境の擁護者に対する攻撃が確認されているのです。企業側から見れば、何度も繰り返し、自分たちが逃げ切れた事例を確認していることになります」

暴力の危険にさらされている人々を守るためには、国際的な連帯運動を構築することが不可欠だ。環境保護活動家の背後には、世界規模の支援基盤があるのだということを目に見える形で示す必要がある。しかし、これを実現するのは徐々に難しくなりつつある。グローバルノースの運動家が、ハラスメントや逮捕の対象となることが増えているからだ。

「民主主義や言論の自由の導き手であるはずの国々においてさえ、環境と人権の擁護者に対し、同様の敵意が渦巻いているのがわかります」と、キャロル・マフェットは言う。「抗議運動の犯罪化が進み、警察活動が軍隊化されていることは、米国でのキーストーンXL、ダコタ・アクセス、バイユーブリッジなどのパイプライン建設への反対運動に見てとれます。平和的に抗議をしている者たちが、米国で歴史的に保障されてきたもっとも基本的な自由の一つを行使していることについて、厳しく罪を問われているのです。その自由とはすなわち、自国の政府を批判する自由です」

グリーンピースによると、同団体は現在「市民参加に対する戦略的訴訟」、いわゆるスラップ訴訟への対応に取り組んでいるという。スラップ訴訟においては、民事訴訟が環境保護活動家に嫌がらせをするための手段として利用される。グローバルノースでのこうしたバックラッシュは、#ProtectTheProtest（抗議を守れ）運動の盛り上がりにつながった。しかしその結果、運動はいくつもの戦線を張ることになる。すなわち、気候崩壊への抗議、民主的であるはずの国々で基本的な自由を維持するための戦い、さらには、抵抗への代償が死となり得る国々にいる活動家の保護強化に向けた提言などだ。

金持ちはタイタニックの甲板に、貧乏人は船倉で溺死する

一二月の風がポーランド大使館前にいるデモ隊に吹きつけるなか、アサド・リーマンは聴衆に向かって、過去の気候変動会議に参加した経験を語った。「ああいった気候変動会議の出席者のなかに、以前わたしに向かってこんなふうに言ってきた人たちがいます。『あなたは過激すぎる、われわれはシステムのなかで生きていかなければならない、システムのなかで活動しなければならない』。わたしはこう言い返しました。『システムのせいで死ぬことのない人がそう言うのは簡単だ』」

それは、アサドが言うところの、利益のために「黒人、褐色人種、貧しい人々」を犠牲にするシステムだ。それは、一般市民の利益よりも、企業や巨大ビジネスの利益が優先されるシステムだ。それは、ただの資本主義ではなく、グローバル化された新自由主義的資本主義の経済システムだ。だからこそ靴産業は今、これほどの惨状に陥っている。

資本主義は一八世紀の英国において支配的な経済システムおよび階級構造として確立され、すぐに世界中に広まった。それは、生産手段、すなわち工場や土地などの資源を個人が所有するシステムだ。それは、人々が生き延びるために自分の労働力を売らなければならず、その労働が生み出す富の量よりも低い賃金しかもらうことができないシステムだ。労働者が低賃金であること、また地球が無料の資源として扱われているという事実が、生産手段を所有するごく少数の人たちの懐に余剰を生じさせる。

靴は、このシナリオを見事に再現している。封建制度や初期の資本主義制度のもとでは、独立した靴職人は、一足の靴を作るごとにわずかな利益を手にしていた。利益となる余剰分は、靴の製造コストよりもわずかに高い値段をつけて売ることによって得られた。これとは対象的に、現在の工場制度における生産施設は、何万人もの人々を雇用することで成り立っている。

そのゲームの目的は、製造コストと靴の販売額との間に、できるだけ大きなマージンを加えることだ。これは二つのことを意味する。一つは人件費をできるだけ安く抑えること、そしてもう一つは材料をできるだけ安く調達することだ。奴隷労働者を使うのでない限り、人々への賃金の支払いは必須となるが、靴産業の特徴とは、できるだけ低い賃金を追い求め、それを維持し続けることだ。だからこそグローバリゼーションは、グローバルサウスの工場の稼働とともに、人件費削減のまったく新しい可能性を切り開いたのだ。

利益に加えて、資本主義のもう一つの特徴は競争だ。ヨーロッパや米国の昔ながらの生産拠点からほんの一社か二社が逃げ出せば、その時点で産業は終わりを迎えた。他者との競争にさらされることにより、自社工場の閉鎖に消極的だったブランドでさえも、競合他社が大幅なコスト削減の手段を見いだしたのであれば、もはや自分たちに選択の余地はないと考えた。グローバル化していく資本主義は、極端なリベラリズムに捧げる犠牲を要求した。それを邪魔するものは、何であろうと許されない。

新自由主義的資本主義、そして利益よりも人間を優先することは、気候崩壊と切っても切れない関係にある。すでにわれわれは、水、石油、動物、空気、熱帯雨林を、無料あるいは取るに足らない資源であるかのように扱う新自由主義的かつ超破壊的な短期主義の特徴が、靴産業においていかに体現されているかを見てきた。「究極的には、新自由主義を始めとして、何の制限も受けない企業権力、規制緩和、小さな国家や企業権力という概念など、そういったものが生み出されたことで、気候危機が引き起こされてきたのです」とアサドは言う。

新自由主義のもと、とりわけ緊縮財政のもとで、われわれは貧困層から富裕層へと富が移転し、もっとも責任のない者たちがもっとも強い影響を被るのを目の当たりにしてきた。炭素格差もまた非常に大きく、世界の富裕層の上位一〇パーセントが排出量の五〇パーセントの責任を負っているのに対し、下位五〇パーセントの人々に責任があるのはわずか一〇パーセントだ。[26] ロンドンにある「貧困との戦い」の事務所で取材に応じたアサドは、気候崩壊のことを最大の不平等と表現し、それは「貧しい人々から富める人々への命の移転」であると断じる。

「気候変動はすべての人々に影響するものであり、われわれはタイタニックに乗っていて、すでに氷山にぶつかったのだと言われています」とアサドは言う。「たしかに、われわれは皆タイタニックに乗っています。しかしそこには違いがあります。金持ちはタイタニックの甲板にいて、まだオーケストラの演奏を聴き、カクテルを飲み、どこかに奇跡的な答えがあるのではないかと期待しています。船倉にいるのは貧しい人々で、彼らはすでに死を迎えつつあり、水から逃れようとしてもそれを阻まれて、上に上がることができずにいるのです」

グローバルな法制度は企業権力の実態に追いつくことを許されず、企業は地球を破壊しながら、自分たちの見栄えをよくするためのまやかしの対策を差し出し、労働者は結社の自由を否定され、女性たちは地球村（グローバルビレッジ）であるはずのこの場所で、平等を見いだすことを阻まれている。

なぜ靴がこれほどの大混乱を引き起こすのか、その理由とは、資本主義のなかでも、規制を緩められ、下請けに出された部分こそがフットウェア産業であるからだ。グローバルサウスの人々、そして地球に対する過剰搾取に基づく大規模な過剰生産によって、フットウェア産業は何十億ドルもの利益を生み出している。この制御不能の生産と分かちがたく結びついているのは、目新しさが消えた時点で埋め立て地に行く運命にある短命な商品の過剰消費だ。こうした騒乱を育むゆりかごは資本主義であり、また、今日われわれがそのもとで暮らしているグローバル化された資本主義だ。今問われているのは、それにどう対処するのかということだ。

第一〇章　反撃

二〇歳になったときにはもう、クリスティーナ・アンペバはとっくの昔に学校をやめ、暴力的で不幸な結婚に耐え、まだ赤ん坊だった娘の親権争いに巻き込まれていた。ライターに手を伸ばしながら、クリスティーナは、娘の面倒を見たいなら職が必要だと裁判所から言われたのだと語る。クリスティーナの電話が鳴り、彼女はそれに出ると、立ち上がってリビングをうろうろと歩き回る。電話の相手は、元雇用主を訴えている最中の労働者だ。彼女の助言を求めている。

クリスティーナの家のバルコニーからは、シュティップの街が見える。赤い屋根が連なる街並みが、緑豊かな山あいの峡谷に沿ってカーブを描いている。鮮やかな色彩の小学校は、子供たちの活気にあふれ、通りには並木が植えられている。この街で学ぶ一万六〇〇〇人の大学生は川沿いの遊歩道をそぞろ歩き、カフェにたむろする。

シュティップを見下ろす丘の上には、金属製の梁を組み合わせて作られた巨大な十字架がある。丘をのぼる小道の勾配のきつい階段は、記念碑としての役割も果たしており、第二次世界大戦で戦死した若者たちの名前が刻まれた大理石のブロックで縁取られている。丘は若者のたまり場になっている。大理石の戦没者記念碑は、セックス、ドラッグ、感情を持たないことの見せかけの利点についての落書きで覆われている。赤い文字で、だれかが書いている。「俺がBO$$（ボス）でおまえは労働者のクソ野郎だ」

産業で栄えた歴史を持つシュティップは、「マケドニアのマンチェスター」との異名で呼ばれる。約八〇軒ある繊維工場では、それぞれ一五～二〇〇人の労働者が雇われている。丘の上から見えるこの街の工場地区には、ユーゴスラビアの好景気時代に建てられた平屋や二階建ての建物が並んでいる。

もう何年も前のこと、クリスティーナが仕事を見つけたのは、そうした工場の一つだった。電話を切りながら、彼女は、健康保険、年金、そして毎月一五日にもらえる給与が一気に手に入ったときの気持ちを振り返る。「いいことづくめでした。わたしには仕事があり、子供を育てることができ、裁判所にもそう言ってやれるんですから」とクリスティーナは言う。「けれどほんの数日で、わたしはこう自問していました。お前はいったいここで何をやってるんだって。とにかく怒鳴られてばかりなんです。『このバカ女、裁縫もできない、何も知らない、そのうえ機械も使えないときた』といった具合です」

四ヵ月間、クリスティーナは六〇ユーロにも満たないわずかな研修生向けの給与を家に持ち帰った。仕事を続けていくために、言われたことを黙々とこなした。笑みを浮かべながら次のタバコに火をつけ、クリスティーナは、それから四年のうちに夫のデニスと出会い、二人目の子供を妊娠したのだと語る。状況は好転したものの、仕事は過酷だった。彼女は一緒に働く女性たちに向かって、残業や土曜出勤を拒否すべきだと主張した。

「ストライキを起こそう、わたしたちの勤務時間は朝七時から午後三時までなんだから、ここから出ていこうと言いました」とクリスティーナは言う。「けれど、わたしの隣にいた女性たちは言うんです。『解雇されてしまうよ。そうしたらどこで働けばいいの。わたしたちはもう年がいってるし、繊維会社の仕事はこんなものでしょう。あなたが妊娠中で若いのは気の毒だけど、これが現実だし、そのうち慣れるよ』

「けれど、慣れる日など来ませんでした」

また電話が鳴り、クリスティーナはそれに出て、興奮気味にまくし立ててから、また過去の話に戻る。

次女を出産した夏、年上の同僚たちが高血圧から失神するようになった。「わたしたちは三〇日間、休憩も休暇もなしに働き続けていました。ヨーロッパのパートナー企業が注文の品を待っているからと言われて、土日も祝日も出勤しました。九月に給与明細が届いて、一〇〇ユーロちょっとの給料を受け取ったとき、思ったんです。もうたくさんだって」

彼女の次の職場は、五〇人の従業員が一日に五〇〇個のチャイルドシートを生産している工場だった。給料の面では大きく改善されたが、仕事は過酷で、常に怒鳴られっぱなしなのがつらいのは変わらなかった。

自分の子供たちの医療や学校教育の場で、身近な不公平をさらに数多く経験するうちに、クリスティーナは地域の活動家になっていった。「まるで一気に目が覚めたような気分でした」。自分の身のまわりに、沈黙に包まれている社会問題がたくさんあることに突然気がついたときのことを、クリスティーナはそう表現する。彼女はある革新政党から、衣料品労働者のための運動を行なってみないかとの打診を受けた。二〇一七年、クリスティーナは独立した団体「グラセン・テクスティレク協会」の設立を決意した。協会の名称は、「やかましい繊維労働者」という意味だ。

シュティップにあるグラセン・テクスティレク協会の小さな事務所には、赤いポスターがずらりと貼られ、くもりガラスのドアは交通量の多いロータリーに面している。小さなトイレが一つあり、机の上にはコーヒーポットをのせたガスコンロが置かれている。常に資金集めに苦労しながら、二〇人でもこなし切れないほどの仕事を抱えて、クリスティーナはこの東欧の小さな街で、衣料品および靴産業に徹底した改善を施すための戦いを率いている。彼女は抗議運動を組織し、正式な工場検査を実施し、最悪の搾取に対する集団での異議申し立ての調整を行なってきた。彼女のもとには、ほかの東欧諸国の労働組合員やドイツの運動家たちからの助言と支援が届いている。

変化を要求するという考え方が今、徐々に浸透しつつある。事務所に現れたのは、二六歳の法律顧問シモナ・マネバ・ジブコバだ。シモナは、工場で働く人たちに無料で法律相談を提供し、また、匿名を守りたい労働者と、工場の監視および法を守らないオーナーへの罰金の権限を持つ政府の労働監督局との間で、パイプ役を務めている。彼女はさらに、ストライキを行なううえで必要なややこしい法的書類の作成においても、労働者を手助けしている。

シモナがやっていることのなかで何よりも重要なのはしかし、労働者がこうした責任に自分で対処できるよう、彼らを訓練していることだ。工場のオーナーにとっては、労働者が法律について何も知らない方がありがたい。しかしシモナはここで、ささやかな労働者法律事務員(パラリーガル)チームを育てているのだ。

これまでのところ、五人の工場労働者が、業界内の極秘の法定代理人になるために頑張っている。シモナを訪ねてきた一人の労働者パラリーガルが、自分たちが勉強しようと決心したきっかけは、自らの権利について学び、同僚を助けたいという思いだったと語る。秘密を守るため、周囲の人たちには、労働者を助けてくれる友人がいるのだと話しているという。

すでに異議申し立てがなされた事案としては、工場が労働者に賃金の一部を現金で返還させている件、工場が最低賃金を大幅に下回る給与で靴型装具(足部の矯正や足への負担を和らげる目的を持つ装具)を製造させている件などがある。クリスティーナとシモナが相手にしなければならないのは、強力な産業界の大物、ヨーロッパ最大級のブランド、そしてほぼ無関心を貫く政治体制だが、彼らの基盤が大きくなるにつれて、成功を収めるチャンスも増えている。

三角形

靴を探れば、グローバリゼーションの特徴が見えてくる。その特徴とはすなわち、グローバルサウスの工場や在宅労働者による生産、横行する消費主義とそれが生み出す廃棄物の山、資本主義によって紡がれる幻想、移民の流れと障壁、生物圏の搾取、法的保護の欠如、そして最先端技術がもたらす未来などだ。靴の生産をたどることが、われわれが今日、なぜこれほどの危機に直面するようになったのかを明らかにしてくれる。

しかし、グローバリゼーションの特徴はもう一つある。抑圧と破壊があるところには、抵抗もあるからだ。人々が権利の侵食に反発し、多国籍企業や抑圧的な工場オーナー、環境破壊、不公正な政府に立ち向かっているという事実を明らかにしないうちは、本書は完成とは言えないだろう。

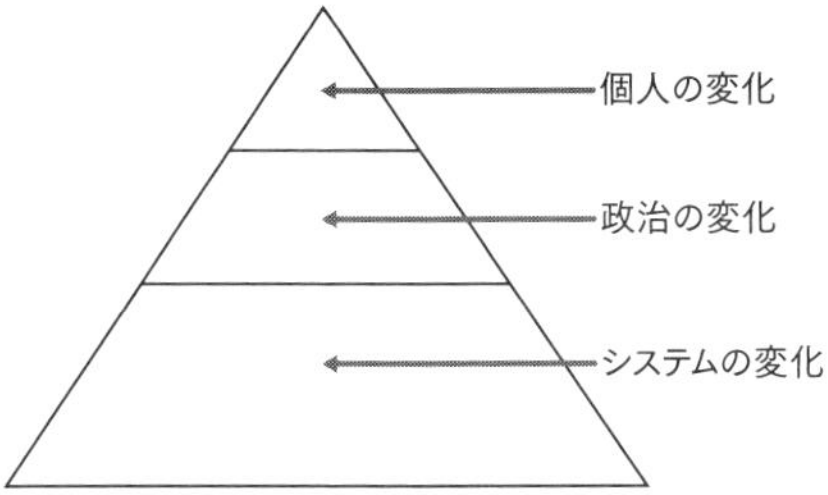

個人の変化
政治の変化
システムの変化

世界を変えるというのは容易なタスクではない。靴産業は透明性、説明責任、基準の面でファッション産業に後れを取っており、行く手には困難な道が続いている。これに取り組むために、この章では、個人、政治、システムの変化という三つの課題を見ていくことにする。上の図は、世界を変革する方法を考えるための手がかりとなる「変化の三角形」だ。この図においては、個人の変化が三角形の最上位に位置している。なぜなら、パワーバランスを変化させることを考え始めた人々は一般に、まずここからスタートするからだ。しかし見ての通り、個人の変化は問題のごく一部にしか影響を与えない。

われわれが問題とする対象、つまり靴は消費財であるため、変化の重点は多くの場合、自分の周囲の世界ではなく、自分自身に置かれることになる。個人の変化は、もっとも内向きかつ単独の解決策と言える。なぜなら、そこで焦点が当てられるのは自分自身と、自分だけが使用するワードローブ、食品棚、化粧ポーチなどであるからだ。個人の変化に価値がないわけではないが、反面、それは罠として機能する場合もある。その罠とは、三角形の頂点が解決されただけですべてが解決されたと考えてしまうことであり、そこにいつまでも留まって、決して先には進まないことだ。

二つ目のレベルは政治の変化であり、ここでいよいよ権力の問題の検討が始まる。このレベルがカバーするのは、規制、立法、結社の自由、税制など、政府や公共機関に対して政治的圧力を行使し、資本主義を規制するよう働きかける要素だ。ここにはまた、権力に関する集団的な活動や議論も含まれる。その性質上、これは集団的なものであり、個人と比べてはるかに数多くの工場や国を対象とする。

第三のレベルであるシステムの変化は、ほかの二つよりも圧倒的に大きく、また多くの場合、だれもがその存在に気づいていながら見て見ぬ振りをしているものでもある。このセクションは文字通り、問題の根幹を成している。資本主義のもっとも根深い諸問題、すなわち女性の制度的な搾取、グローバルサウスの搾取、人種差別の創出と維持、階級と貧困の強制と搾取などは、ここに含まれる。この第三のレベルが意味するのは、資本主義に対峙し、システムの変革へと向かうことだ。

不快感について

本書の目的は、靴産業のありのままの姿を提示し、グローバリゼーションのシステムを明るみに出すことにある。しかし、もしかすると皆さんのなかには、ここまで読んできたことで、自分の靴を見下ろしたときに、あるいは単に窓から外の世界を眺めただけでも、不快感を覚えるという人もいるかもしれない。

その不快感は、経験に値する重要な感覚だ。それはあなただけが感じていることではない。実のところ、この世界はどこかおかしいのではないかという感覚は、以前にも増して広範な人々が感じるようになっている。それはなぜかといえば、一つには、人類が直面している問題が、われわれはどうすれば気候崩壊を止め、資源を再分配し、世界を公平で平和な場所にすることができるのだろうかといった、非常に規模の大きなものであるためだ。

そのあまりの大きさゆえに、人はそれを無視し、自分の家、部屋、ベッドという居心地のいい繭のなかに閉じこもり、現実を無視してしまいたいという気持ちに駆られる。そんなときにこそ、自分が不快感を感じることを許容してほしい。不快感を受け入れることは、目を覚ますことだ。それは、この世界はどこかおかしいということ、また、解決策を見つけるために自分には果たすべき役割があるということを受け入れることだ。不快感を感じるのは、あなたが世界の状況を気にかけているということであり、それが変化を促す第一歩となる。

不快感はまた、あなたには、あなたが気にかけているものとつながる力があることを意味する。それは熱帯雨林かもしれないし、皮なめし工場の労働者、難民、屠殺される牛であるかもしれない。不快感を覚えるということは、あなたが橋をかけ、自分以外の人やものとつながることができることを意味する。だからこそ、その不快感を遠くへ押しやってはならない。新自由主義は、あなたが自分の繭に閉じこもり、自分のことだけを考え、自分の小さな空間を完成させ、自分の個人的な選択に安らぎと誇りを感じることを望んでいる。しかし、それではほかの人たちはどうなるのか。そしていずれは、あなた自身はどうなるのだろうか。

個人の変化

人類という種は、世界の資源を過剰に使用している。消費を持続可能なものにするべきときは、すでに訪れている――持続可能とはすなわち、少ししか持っていない人の分をより多く、多く持ち過ぎている人の分をより少なくすることを意味する。それはだれかの生活を悪化させるということではなく、すべての人にとってよりよいものにするということだ。

消費主義の社会的な重圧に対抗するために、第七章に登場した冷静かつ知的な学者、ケイト・フレッチャー博士は、「クラフト・オブ・ユース（使用の技工）」という概念を考案している。それは、常により多くの物を買うこととは異なる、自身が身に着ける物との新しい付き合い方だ。

資本主義はわれわれが買い物し続けることを必要とするため、われわれは、自分が身に着けるものにまつわる記憶や物語を大切にするどころか、むしろ軽視するよう教え込まれる。「ファストファッション」が消費と廃棄のサイクルを加速させていることにより、その傾向はさらに深刻さを増している。これに抗うためのクラフト・オブ・ユースのアプローチとは、消費を行動に置き換え、今持っているものを維持するために必要なスキルを身につけ、修理やメンテナンスに楽しみを見いだすというものだ。それはより多くの物を買うのではなく、身のまわりの物を大切にすることに基づいた戦略であり、所有することではなく、管理することに根ざしている。

フレッチャー博士は、ある友人が企画したというポップアップショップのことを話してくれた。そこに置いてある服はお金で買うのではなく、自分がすでに着ているものとの交換で手に入れることができる。服を持ち出す際には、その人が店に置いていくアイテムについての情報を、カードに記入しなければならない。それを購入したときの経緯や、なぜそれが気に入っていたのかを詳しく書くのだ。結果として、人々が自分の持ち物の価値を再発見したことにより、実際に服の交換が行なわれる例はほとんどなかったという。

こうした思考の変化を促すには、充足感を覚えることや創造性を発揮することは、自分がすでに持っている物の範囲内でもできるのだと認識することが必要になると、フレッチャー博士は言う。それは、われわれ一人ひとりが地球の生態系の一部であることを認識し、それにともなう責任を明確にするアプローチだ。靴は人の手で作られる物であり、文字通り何万年にもわたる人類の知恵の結晶だ。われわれ一人ひとりが、このプロセス全体とつながっており、そこに関係のない者は存在しない。良かれ悪しかれ、靴を作っている人たちやそのもとになる素材と、われわれはつながっているのだ。

消費主義との関係をリセットしようとすることに価値があるのは確かだが、個人的なアプローチには限界がある。新自由主義のもとでは、われわれの価値は買い物をする能力にあり、われわれが変化をもたらす場所はお金を支払うレジであると信じさせようとする力が働く。この理論においては、もしわれわれが「よりよい」買い物をするならば、資本主義を変革することができるとされる。われわれに買い物を続けさせるだけでなく、この理論は、あらゆる買い物の選択肢はあらゆる人に開かれており、全員が平等にスタートを切れることを前提としている。これを信じるということは、階級の不平等を無視しているに等しい。多くの人が、貯金をするどころか、給料を担保にしたローンで月末までどうにか生活をしているというときに、人々にただ貯金をしてもっと丈夫な靴を買えと言っても何にもならない。真の変革は、人々を排除することのうえには決して成り立たないし、だれにでもできることでなければ効果は上がらない。

買い物を基盤とする解決策のもう一つの問題は、人が自己の可能性に限界を設けるのを助長することだ。映画『ザ・トゥルー・コスト〜ファストファッション 真の代償〜』の監督アンドリュー・モーガンは、自分は「消費者」になど一度も会ったことがないというセリフを好んで口にする。「消費者」よりもはるかに力強いアイデンティティとは、市民、教師、職員、労働組合委員、活動家、そのほかどんな言葉であれ、あなたが主体性を持っていることを示すものだ。呼称を変えることは、普通の人々を非凡かつ力強い存在にする。そこにこそ、真に広範な変革の可能性が存在する。

三角形の頂点にあまり多くの時間をかけ過ぎないこともまた重要だ。なぜなら個人主義は、この制度に内在する悪に対する責任の所在を歪めてしまうからだ。発がん性のある素材を使った靴を所有している人を責めるのではなく、なぜそうした危険な手段で生産された靴が市場に出回っているかの方を問う必要がある。靴の生産は、デザインの段階から始まり、素材や工場の調達へと続いていく。問題は、なぜ人々が難民の手で作られた靴を買うのかではなく（多くの場合、購入者は靴がどこから来るのかを知らず、それを知る手段もない）、なぜブランドや小売店がこのような良心のかけらもないサプライチェーンを所有しているのかということなのだ。

政治の変化——産業の再編成

三角形の二番目のレベルは政治の変化だ。個人主義からの脱却はここから始まる。靴産業にとっての課題は、搾取や破壊を回避しつつ、いかに七七億人の足に靴を履かせるかということだ。これは数万人、いや数百万人が自分の買う靴のブランドを変えたところで解決できる問題ではない。必要なのは、規制が緩く、監視もされていない靴工場のシステムに終止符を打つことだ。

これは何世代にもおよぶ変革という作業であり、市民と選挙で選ばれた代表者とが力を合わせて変化を要求することが必要とされる。そのためには、政府がサプライチェーンのあらゆる段階において企業の活動を規制しなければならない。そのためには、グローバルレベルでの環境と動物の権利に関する規制に法的拘束力を持たせ、地域的・世界的な生活賃金を創出して底辺への競争を終わらせなければならない。そのためには、すべての工場および家庭内労働者全員について、防火や建物の安全性、靴の製造に使用する化学物質や材料の安全性を、しっかりと確保しなければならない。そして最後に、労働組合を結成できるよう、労働者の結社の完全なる自由を保障しなければならない。

これは決して簡単なタスクではなく、また、この世界は政治的なプロセスへの関与から人々を遠ざける仕組みになっているのではないかと感じられることも少なくない。しかし、ここで求められる変化はグローバルなものであり、だからこそすべての人が政治的にアクティブになり、一緒に参加することが不可欠なのだ。

変革の三要素

デボラ・ルケッティは、クリーン・クローズ・キャンペーンのイタリア支部「ラ・カンパーニャ・アビティ・プリティ」のコーディネーターだ。ジェノバに暮らし、靴産業における労働者の権利に関する第一人者として活動している。

デボラは、靴産業の変革に必要な三要素について解説している。一つ目は、ブランドや小売業者において慣習とされている購入方法を変え、世界中のサプライヤーに無茶な低価格を強いるのをやめることだ。サプライチェーンにおいてもっとも大きな影響力を有するブランドと小売業者は、条件に関して最大の責任を負っている。彼らがあり得ないほどの安値にこだわるからこそ、サプライヤーは法律を無視し、賃金を減らし、環境を汚染するのだ。

二つ目としてデボラは、グローバル・バリューチェーン内の構造的な力のバランスを、株主の利益のためではなく、労働者のためになるように改善することを挙げている。現状では、賃金から安全衛生に至るまで、あらゆるものが利益の増加に従属させられている。

三つ目は、靴産業が操業しているすべての国において、基本的人権と労働権の尊重を義務づける、拘束力のある法律を導入することだ。その法律は、国や国際レベルでの起訴や罰則をもって、積極的に執行されなければならない。その法律は、サプライチェーンの透明性確保を義務化し、ジャーナリスト、政治家、市民など、周囲からの監視を可能とするものでなければならない。開示されるデータには、生産施設、雇用統計、工場会計、製品情報について、アクセス可能な公開情報が含まれていなければならない。

ここに挙げた三つの要求は、さほど難しいものではないはずだ。にもかかわらず、靴産業はいまだに規制が緩いままで、監視もされず、不透明な状態が続いている。「靴産業を変えることは可能ですが、これを実現しようという政治的意志がなければ、まるで現実的ではありません」とデボラは言う。「多国籍企業の政治的意志は、世論の圧力があって初めて得られるものです。自分たちが厳しく精査され、法律に違反すれば高い制裁金を支払わなければならないと企業が知っていることが必要です」

世論の圧力のうねりを作り出すことはまた、気候に関する世界的な協議においても不可欠だ。政治家の責任を追及し、自分の公約を実現するよう要求する国民運動が起こらないことには、この緊急時にふさわしい対応はできない。地球の未来が危機に瀕しているというのに、なぜ気候変動会議が開催されている建物は、昼夜を問わず何百万人もの市民に取り囲まれていないのだろうか。

最後に付け加えておきたいのは、靴産業を変えようとしている人たちは皆、労働組合に所属する人数と団体交渉権の劇的な増加なしに改善はあり得ないという点で、意見が一致しているということだ。結社の自由に対する権利も、当然不可欠なものとみなされている。工場システムの末端にいる人々、すなわち労働者自身が直接関与することなしに、真の意味での持続可能な構造変化を作り出すことは不可能だ。そうした人々こそが、問題を発見し、違反を防ぎ、長期的な解決策について助言し、解決策がどのように実施されるかを監視するうえで、もっとも適した立場にいるのだから。

世界最大の靴生産国である中国において、これは依然大きな問題として残されている。中国では労働者に結社の自由はなく、労働者の代表は、国が管理する中華全国総工会であるとされているからだ。

人々の力

▼1 台湾の企業、裕元(ユエユエン)は、世界最大のスポーツシューズの生産者であり、四〇万人以上の従業員を抱えている。同社が製造する有名ブランドには、ナイキ、アディダス、アシックス、ニューバランス、プーマ、コ

ンバース、ティンバーランドなどが含まれ、その工場があるのは中国、インドネシア、ベトナム、米国、メキシコといった国々だ。二〇一四年、裕元は中国南部の東莞で約六万人もの労働者を雇用していた。[2]その場所で、その巨大な施設の一つにおいて、裕元は、中国国内におけるここ数十年間でもっとも深刻な社会不安の発生現場となり、また、工場労働者が抱えきれない不満を声に出すことによってどんなことが達成できるかを示す象徴となった。

裕元の施設で働く労働者たちは、国が定めた義務である社会保険や住宅積立金の企業による納付額が、慢性的に減らされていることに業を煮やした。彼らはまた、賃上げと組織化の権利も求めていた。二〇一四年、四万人という膨大な数の労働者が、職場を出てストライキに突入した。

中国の労働法では、社会保険は強制加入となっている。これは、年金、失業保険、医療費、労働災害、出産費用などの負担を、国家ではなく個々の雇用主に課すという国家による試みから生まれた制度だ。しかし、社会保険の適用範囲は断片的で、多くの労働者が何の恩恵も受けることができずにいる。そうした状況は、老後の生活に大きな不安としてのしかかる――労働者の多くは女性であり、賃金の低さから老後の貯蓄はできず、一人っ子政策のために家族は少なく、三〇年働いても年金ももらえずに終わるということになりかねない。[3]

裕元での騒動は何週間も続き、ネットには、穏やかに行進する人々に対して警察が暴力を振るう映像が投稿された。[4]労働者は諦めることなく粘り続け、最終的には裕元側が折れて、労働者の社会保険と住宅資金を適切に補償することを約束した。そうした労働者の多くは、工場で働き始めたときはまだ幼い少女だったが、今では自らの強さを認識し、簡単には権力に屈することのない大人になった女性たちであった。

裕元はその後、ストライキの結果として、また労働者から手当の支払い分を取り上げることができなくなったことが原因で、二〇一四年上半期の純利益が四八パーセント減の一億一四〇万ドルになったことを公表している。前年同期の純利益は、一億九四五万ドルであった。[5]

わずか数週間という短期間で、裕元の労働者たちは未払いの手当をめぐり、世界有数の大手靴メーカーを相手にその責任を追及した。もし、このストライキがベトナムやメキシコなど、その他の裕元の労働者たちと連携して行なわれたものであったなら、同社は操業停止に追い込まれていた可能性もある。

裕元のストライキは、中国で産業不安や社会的不満が高まっていた時期の象徴だ。同様のストライキは翌二〇一五年三月、ステラ・インターナショナル・ホールディングスが所有する東莞の工場でも行なわれ、五〇〇〇～六〇〇〇人の労働者が参加した。彼らはナインウエスト、ナイキ、ケネスコールなどの靴を製造しており、裕元の場合と同じく、社会保険や住宅手当が適正に支給されないことに不満を募らせていた。ストライキは激しく弾圧され、警察犬に噛まれたとの報告が多くの労働者から上がった。

労働争議が発生した場合の傾向として、各国政府は、外国投資を保護するために工場オーナーの側につくことが多い。中国政府はストライキの増加に対応するにあたり、労働者の権利団体を厳しく取り締まることによって社会不安が広がるのを防ごうとした。逮捕者、失踪者が出て、裁判が行なわれた。二〇一六年一一月、番禺（パンユウ）労働者センターの労働者権利活動家であるメン・ハンが、「公共の秩序を乱すために群衆を集めた」として二年近い懲役を言い渡された。[6] メンはかつて、利得工場での争議に加わった靴職人たちを支援して、一億二〇〇〇万元（約二三億円）の補償金を勝ち取った人物であった。労働者を支援する勢力としてはまた、同じく当局による逮捕や処罰に直面してきた、新世代のマルクス主義者の大学生たちもいる。[7]

怒りをエネルギーとして、国営の中華全国総工会が信用を集められないなかで行なわれてきた近年のストライキは、その多くが自発的かつ苛烈なものであった。もし労働者の権利団体が組織的な体制を整えなければ、自然発生的なストライキは暴力へと発展する可能性があり、また、産業再編や工場移転といった構造的な問題は、市民社会を抑圧することでは解決には向かわないとの主張もある。[8]

反体制派

ハン・ドンファンは北京に生まれ、農村地域で成長し、電気技師となって中国の鉄道網で仕事を得た。政治に興味を持つようになった彼は、一九八〇年代後半の民主化運動に参加したのち、天安門事件での活動が原因で裁判を受けることなく二年間投獄された。獄中で大病を患った末、米国で治療を受け、その後中国から追放された。一九九四年、ドンファンは、香港で労働者支援団体「中国労工通訊」を設立した。

国家統制を緩和する道は当面はないとの判断から、中国労工通訊は、職場における団体交渉権を得るための協議に重点を置いている。完全な結社の自由は政府から危険すぎるとみなされているため、別のアプローチをとっているのだと、ハン・ドンファンは説明する。「われわれが求めるのは、よりよい給料、よりよい労働条件、適度な休暇や労働時間をめぐって雇用主と交渉する権利です。それは政府を『害する』ことにはなりませんし、また、労働者はよりよい福利厚生の権利が得られ、雇用主をよりよく取り締まることができるようになります」とドンファンは言う。

中国の抑圧的な態度、また、変化は一つの国のなかだけでは起こり得ないとの信念から、ドンファンらは、自分たちと同じく工場の変革を目指しているインドの労働組合と協力関係を結んできた。団体交渉の重要性は極めて大きいと彼は考えており、これは「グローバリゼーションの終わりの始まり、グローバリゼーションの見直し」であると述べている。

ドンファンがゲームチェンジャーになると考えているのは、最前線で働く、その多くは女性からなる労働者たちだ。肉体的、経済的、心理的な代償を払っている彼らは、その一方で変化を生み出す最高のチャンスを手にしている。「グローバリゼーションについての対話において、変化はどこから起こるのかと問われれば、現場の労働者たちだとわたしは答えます。これは何も、大学での研究、ジャーナリストから寄せられる関心、ブランドのCSRプログラム、グローバルな労働組合が重要でないと言っているわけではありません。しかしすべての努力は、可能な限りそうした労働者たち、とりわけ女性たちが、［犠牲者ではなく］闘士になるのを助けることに集中すべきなのです」

生まれ故郷よりもインドからはるかに多くのインスピレーションを得ているドンファンだが、中国にも希望はあると考えている。なぜなら、労働者はただ待ってはいないからだ。ストライキはその後も、靴部門に限らず、あらゆる産業で起こり続けている。ドンファンは言う。四〇年間にわたる経済改革の末、「一部の人たちは裕福になりましたが、大多数の人は貧しく、どうにか生き延びているといった状態のままです。重要なのは、一〇年前、二〇年前にも人々は同じように貧しかったわけですが、なぜ貧しいのか、彼らにはその原因がよくわかっていなかったことです」

新たな要素の登場により、人々は今、自分たちが貧しさから逃れられない理由を探ることができるようになった。ソーシャルメディアのおかげで、人々は自分が今置かれている状況は、国中のほかの人々の経験と重なっているのだと知ることができる。ストライキが成功したという情報や画像が拡散されると、人々は、自分だって同じようにできるのではないのかと考えるようになる。

ドンファンは、中国のインターネット統制に関して国際評論家が書く記事を一笑に付す。そうした文章では、中国は完全なる統制国家であり、人々は世界のニュースを知ることができないとされている。しかしそれは真実ではないと、ドンファンは主張する。ワシントンやロンドンからのニュースなど、職場の安全、社会保険費、賃金水準と比べれば、人々にとっての重要性は高くない。自らの事例や成功の物語を進んでソーシャルメディアでシェアし、写真や動画を全国に向けて発信する人々がいること、また、WeiboやWeChatなどの手軽に使えるアプリが、当局に先んじようとする人々の共通のツールとなっていることを、ドンファンは説明する。公正さを求めてあがき、戦うという思考は、今や一般の人々の意識のなかにある。

「中国という国のことを、結社の自由を認めない、政治的に複雑で、すべてをコントロールし、労働組合組織を独占しているブラックホールであると形容することもできるでしょう。それはネガティブな側面です」とドンファンは言う。「しかし、ポジティブな側面として、労働者のストライキが二〇〇〇年代前半には始まっていたことが挙げられます。すでにそこから二〇年近くがたち、ソーシャルメディアによってそうした思考や画像が全国に届けられています。それが国を変えるでしょう。靴産業、電子産業、その他あらゆる産業は、これを無視することはできません」

国際的なブランドや投資家にとっては、これは起こり得るリスクを並べた要注意リストのなかに、賃金の上昇とともに、ストライキの可能性が付け加えられたことを意味する。こうした情勢を踏まえ、一部投資家がアジアやアフリカの別の地域に代替の投資機会を求めるという動きも起こっている。労働者による産業活動もまた、これを真に成功させるには、労働条件の決定権を持つ多国籍ブランドがそうしているのと同じように、世界とつながり、グローバルになることが必要なのだ。

学生と労働者の団結

政治的な変革はしかし、靴工場で働く人々だけのものではない。市民社会が一丸となって靴ブランドに対抗した好例として、「搾取工場に反対する学生連合（ＵＳＡＳ）」とナイキのケースがある。

二〇一五年一〇月、ナイキは、今後は米国の労働権団体「労働者人権協会（ＷＲＣ）」が自社の下請け工場に監査に入ることを認めないと発表した。これを受け、ナイキの決定はサプライチェーンの透明性確保への大きな打撃であるとして怒りを表明したのが、大勢のアメリカ人学生であった。彼らは従前から、自分たちの大学のロゴが入った服が搾取的な環境下で作られることがないよう、長期的な活動を続けていた。

ナイキの過去の行ないを知っている学生たちは、自社のサプライチェーンを独自に監視するという同社の言葉は信用に値しないと考えた。

彼らは、ナイキのサプライヤーであるハンセ・ベトナムにおける事例を指摘した。この工場では、WRCの調査によって、適法外の高い室温による集団失神や、妊娠を理由に解雇された女性などの重大な違反が判明していた。こうした問題をめぐってストライキが起こっていたにもかかわらず、ナイキ独自の監査では、これらはどれも「気づかれる」ことさえなかった。

ナイキによって「工場の透明性における時計の針が戻される」ことを阻止しようと開始されたのが、「Just Cut It（今すぐやめろ）」運動であった（ナイキのスローガン「Just Do It（今すぐやれ）」に対抗したもの）。二五の大学の学生たちが、二年間にわたってナイキを相手に戦い、同社がWRCを自社工場に入れることを再び許容するまで、キャンパス内からナイキ製品を追放しろと訴えた。六〇〇人以上の大学教職員がナイキへの公開書簡に署名し、米国を訪れたカンボジアやタイの組合指導者とともに全国をめぐる講演が開催され、ナイキの店舗や工場の前でデモが行なわれた。ラトガーズ大学とカリフォルニア大学バークレー校はナイキとの数百万ドルのスポンサー契約を解消し、その他の大学も、ナイキに与えていた大学のロゴ入りウェアの製造ライセンスを取り消した。

プレッシャーにさらされたナイキは、最終的に屈服し、二〇一七年八月、WRCが自社のサプライチェーンの工場に入る権利を復活させることを発表した。[9] 声明においてナイキは、独自の監視に引き続き取り組むと付け加えると同時に、WRCについてこう述べている。「われわれは『労働者人権協会』の労働者の権利に対するコミットメントを尊重する一方で、WRCは『搾取工場に反対する学生連合』と共同で設立されたものであり、同運動組織は、価値ある長期的な変化をもたらすとわれわれが考えるところの、多様なステークホルダーの関心を考慮に入れたアプローチを代表するものではないと認識している」[10]

構造的な変化

政治的な変化をもたらすために必要とされるすべての辛苦や闘争は、靴産業の過ちの一部を正す力となる。それは賃金をわずかに引き上げ、条件を改善し、汚染行為を非合法化し、社会の変化を引き起こすきっかけとなるだろう。しかし、そうした進歩は常に脅威にさらされている。どこかにゴールがあり、そこまで行けば苦労して勝ち得た権利が当たり前のものになるというわけではない。なぜなら歴史は、進歩に向かって直線的に進むものではなく、搾取される者と搾取から利益を得る者との間の綱引きであるからだ。

デボラ・ルケッティも、その他大勢の人たちも、われわれがそのなかで暮らしている現在の制度は非常に不道徳的であり、禁じられるべきであると主張している。われわれの目の前で繰り広げられているのは、ひと握りの億万長者の欲を満たすために、人的資源や天然資源が抽出され、消耗させられる光景だ。ワーキングプアを構成する何百万人もの人たちが、基本的な権利や暮らしていくための賃金を得ることができない一方で、ＣＥＯ、経営者、デザイナー、セレブリティ、株主たちは、かつてないほどの富を手にしている。

このばかげた状況は、競争と利益に基づいた協定の結果だ。それは膨大な過剰生産と過剰消費を助長する取り決めであり、その間にも何十億もの人々が貧困にあえいでいる。

システムが崩壊していることを示す証拠が至るところに存在し、ささやかな日用品がこれほどまでの大混乱を引き起こしている今、必要とされているのは、この経済モデルによってもたらされた結果だけでなく、モデルそのものを疑うことだ。最後にもう一つ必要なのは、資本主義に対する構造的批判を行なうことであり、また、現在のシステムにセロハンテープを貼って済ませるのではなく、それを置き換えるような社会の組織方法を目指すことだ。

シアトルの戦い

世界平和、「第三世界」の債務帳消し、土地の権利の保護、フェアトレード、環境正義、反企業主義、搾取工場は、一九九〇年代から二〇〇〇年代初頭にかけての反グローバリズム運動を構成した無数の課題のごく一部に過ぎない。農民は社会主義者、無政府主義者、教会団体と合流した。環境保護活動家は、消費者保護団体や労働者権利団体と手を結んだ。平和運動家は、学生、動物権利活動家、そして先住民や農民のコミュニティリーダーたちとともに行進した。

この時期における象徴的なできごととなったのが、一九九九年にシアトルで開催された世界貿易機関（WTO）会議において、世界の指導者たちの会合を妨害することに成功した、「シアトルの戦い」と呼ばれる一連の抗議行動だ。このときは代表団がホテルから出ることも叶わなかったため、開会式さえも中止になった。

シアトルの戦いののち、世界的な協調の必要を訴える声に応えるために、二〇〇一年、市民社会の会合である「世界社会フォーラム」が立ち上げられた。毎年ダボスで開催される「世界経済フォーラム」に対抗する存在として設立されたものだ。第一回の世界社会フォーラムはブラジルのポルトアレグレで開催され、ラテンアメリカをはじめ世界中から、活動家、運動家、市民社会グループが集まった。

それは、ナイキのスニーカー、スターバックスのコーヒー、マクドナルドのハンバーガーに内包される悪が、核兵器の脅威と同列に話し合われた国際主義の時代であった。農薬や土地の権利が、フェミニズムやＨＩＶ感染症とともに議論されたその場所では、すべての大陸が連帯と行動の絆で結ばれていた。[11]

このグローバル正義の運動が声高に訴えたのは、世界は何百万人もの人々を置き去りにしていること、また、進歩と富の約束の影に、地球を犠牲にしてグローバルサウスをどこまでも搾取するという、グローバルノースによって作り上げられたシステムが隠されていることへの理解であった。

ごくまれに、シアトルのときのように、世界の指導者たちが耳を傾けざるを得ない状況を作ることができた例もあったものの、ほとんどの場合、反グローバリズム運動は批判され、退けられた。世界の舞台は企業や金融機関のものなのだから、ただの農民や田舎の漁民が、世界がどのように運営されるべきかについて何を語ろうというのか。お金が入ってきている限り、自然保護論者や先住民が地球に迫る嵐を警告したとして、なぜ耳を傾ける必要があるのか。

「グローバリゼーション」は一九八〇年代に流行語としてもてはやされ、その後一九九〇年代の終わりには、「反グローバリゼーション」が世界的な影響力を持つ言葉として同等の認知度を得たことによって、この概念は多くの人たちを結束させながら、さらに大きく成長していくのではないかとの期待が膨らんだ。

しかし、これは現実とはならなかった。重大な転機が訪れたのは、二〇〇一年九月一一日のことだった。九・一一のテロ攻撃は、ブッシュとブレアによる「テロとの戦い」を促し、最初はアフガニスタン、続いてイラクでまたたく間に戦争が始まった。反グローバリゼーション運動の各所で活動していた何百万人もの人々が、そのエネルギーを反戦運動に向けざるを得なくなった。

「テロとの戦い」はまた、国際協調主義や連帯の原則に対する直接的な挑戦でもあった。世界の指導者、地元の政治家、主要メディアが、世界を「われわれ」と「彼ら」に切り分けて語り始めた。安全保障への不安、テロ、戦争、イスラム教徒の悪魔化、ナショナリズムの台頭が、反グローバリズム運動の世界的な結束を蝕んだ。ポルトアレグレで開催された世界社会フォーラムに出席し、のちに反戦運動に身を投じたアサド・リーマンはこう述べている。「九・一一以降、『われわれ』について語ることは、はるかに難しくなった」

結束の消失を招いたもう一つの要因は、二〇〇八年の世界金融危機だった。この危機により、一方では銀行が救済され、もう一方では、何千もの家の差し押さえ、緊縮財政の強制、フードバンクの急増、ギリシャの債務危機が発生した。当時は、孤立主義がさらに深まった時期であった。グローバルノースの進歩主義者たちは、不況の衝撃から立ち直ったのち、地域での運動に専念していた。人々が自国内の戦場に向き合うなか、世界的なつながりは徐々に薄れていった。

その隙間に今、いびつな反グローバリゼーション運動というリスクが入り込んでいる。グローバリゼーションに対する近年最大の反発は、進歩的な左派からではなく、右派からもたらされた。トランプ元大統領やブレグジットへの支持の増大は、一つには、「他者」との間にかかっていた跳ね橋を上げ、一人でうまくやっていこうという考えから来ている。そこにあるのは、壁やフェンスを築くことを基本とした考え方や、どんな犠牲を払ってでも競争に勝たなければならないという発想だ。この反グローバリゼーションが標榜するのは、もはやグローバルサウスとの連帯ではなく、他者への憎悪と、グローバルノースの繁栄を失うことへの恐れだ。

運動を構築する

では、いったいどうすればこの地盤を取り戻し、国際協調主義を核とした運動を構築できるのだろうか。その鍵となる可能性を秘めているのも、やはり気候かもしれない。

気候崩壊の物語とは資本主義の物語であり、また、野放しの企業権力、規制・法律・民主主義の軽視、神格化されて生活のあらゆる側面に植え付けられた利益と成長の物語だ。資本主義によって切り開かれた道をたどって進行する気候崩壊は、人種差別、性差による搾取、紛争、はなはだしい富の不平等といった不公正のさらなる悪化を招く。

一方で、資本主義と気候崩壊は密接に絡み合った関係にあるため、気候崩壊に対する解決策とはすなわち、より公正な世界に対する解決策にもなる。たとえばエネルギーだ。この世界にはもう、石油やガスといった採掘可能で炭素集約的な化石燃料をエネルギー供給の基盤にするだけの余裕はない。むしろ今、一般的なコンセンサスとなっているのは、一〇〇パーセント再生可能エネルギーに移行する必要があるという考え方だ。エネルギー貧困（今も二七億人が影響を受ける喫緊の課題。彼らは清潔な調理器具を使うことができず、汚染を撒き散らす直火や非効率なコンロで調理することを余儀なくされている[12]）などの問題に正面から取り組むためには、その再生エネルギーは、地域で生産され、地元社会によって民主的に所有されるものとしなければならない。

そうしたエネルギーシステムは、地球と人々のニーズを中心に据えたものとなるが、BP、シェル、エクソンモービルの役員室では、あまり賛同は得られないだろう。このように、どんな課題を取り上げようとも、そこに気候崩壊という差し迫った問題を当てはめれば、われわれが今その下で生きている経済モデルに対する疑問に突き当たる。われわれはこれが最善のやり方なのだと言われてきたが、このシステムはほんとうはだれのために動いているのだろうか。このシステムは果たして、生物圏と調和しながら、人々の生活に食べものと、保護と、豊かさを与えるよう設計されているのだろうか、それとも、何か別のもののために設計されているのだろうか。

資本主義については大きな疑問がいくつもあるが、ほんとうに重要なのは、たとえば以下のような、そのなかでもとりわけシンプルなものだ。熱帯雨林を破壊してまで、スニーカーを作る価値はあるのだろうか。工場が年間二四二億足もの靴を生産している一方で、富が不平等に分配され、何十万人もの子供たちが裸足で学校へ通うせいで病気になるのは、正しいことなのだろうか。皮をなめす人々の寿命が五〇歳であるのは仕方のないことなのだろうか。もし、心のなかでこれらの答えが「ノー」であるとわかっているなら、われわれは自分自身にこう問いかけなければならない。その答えが「イエス」であるこのシステムのなかで、自分はいったい何をしているのだろうかと。

今の経済は、すべての人が尊厳のある生活を送ることよりも、利益追求型の過剰生産と過剰消費を優先するよう設計されている。その優先事項を変えるために経済を設計し直すことができたなら、資本主義の最悪の慣行はすぐさま排除されるだろう。優先されるものが変われば、結果も変わってくる。これはとうてい網羅的なリストとは言えないが、尊厳ある持続可能な靴のシステムがどのようなものかを想像してみてほしい。

靴は植物ベースの素材に移行され、動物は集約的な農業や靴のサプライチェーンによる苦しみや死から解放される。素材はリサイクルしやすいもので、金属のように極めてリサイクルが困難なものは排除されている。すべての接着剤と染料は最上級の環境基準を満たし、毒は含まれていない。

デジタルスキャンによって、すべての靴がオーダーメイドとなり、足に負担をかけるのではなく、体を補強するものとして作られる。生産は地元で行なわれ、自動化されており、安全な工房で働く従業員は、社会でさまざまな仕事を交代で経験することによって、技能と、作られた物を大切にする習慣を広めることが可能になる。サプライチェーンのすべてのパートが、集団的かつ地域的に所有される資源となっている。工房が開く時間は、民主的に決定される。

生産基準は厳格に定められ、靴はできる限り長持ちするよう設計されている。デザインはモジュール式で、修理は無料かつ容易にできるようになっている。デザインは民主化されており、すべての人が自分の靴を作る能力にアクセスできることで、創造性が発揮される。

靴の貸し出し施設がすべてのコミュニティに存在し、人々は必ずしもそれを所有することなくさまざまな靴を利用することができる。すべての人が靴を履けること、また、リサイクル時期が来たときの交換を保証される。靴へのアクセスは平等で、靴は人々のニーズに応じて、無料で作られる。

地面のなかを覗き込む

これまでにも、永遠で変わることなどあり得ないと感じられるシステムは存在した。封建制と奴隷制は、どちらもごく少数の人々が富と人口を支配するための手段であった。そうしたシステムは、やがて社会にそれを耐えがたいと思う人の数が十分に増えたことにより、打倒されるに至った。今再び必要とされているのは、十分な数の人々が、反逆を起こすのに足る集団的パワーを蓄積することだ。気候崩壊が原因で、失うものはもう何もないという事態にまでなればあるいは、そうした状況が生まれるかもしれない。しかし、地球が生物が住むことのできない場所になる前にそうなる方が望ましいのは明らかだ。

奴隷制や封建制のもとでは、移行がどのように成されるのか、いったい何に移行しようとしているのかといった青写真が人々に共有されることはなかった。明確にわかっていたことといえば、資源や人がだれかの所有物になっている状態を変え、それを終わらせるということだけだった。今明確にわかっているのは、多くの人の犠牲のもとに少数の人間が利益を得るような破壊的な道を、このまま歩み続けることはできないということだ。

この世界にあるすべての富の根源に、人間の労働力と天然資源があるという真実は変わらない。[13] そこには常に、これら二つのものが搾取のために歪められ、奪われてきたという悲しみがつきまとう。しかし同時に、これら二つを取り戻すことができたなら、われわれは公平で持続可能な、すべての人に十分なものを提供できる社会を作る手段を手に入れることになるだろう。気候変動と同様、解決策はわれわれの手のなかにある。エネルギーシステム、食料システム、住宅システム、土地の権利、国家資源の所有権などを、徹底的に見直さなければならない。これは地球を救うために必要なことであり、そして同時に、公正な世界の基礎となるものだ。

そしてわたしは自分の靴を思い出す、
それを履くときにはどんなふうにするのかを、
ひもを結ぶためにどんなふうに腰をかがめて
地面のなかを覗き込むのかを。

本書の冒頭に書いたセルビア系アメリカ人の詩人、チャールズ・シミックの詩にはそうある。大きな変化によってもたらされるのは、常に大きな挑戦だ。われわれの靴は、四万年前からわれわれとともにあった。靴は、時代を超えてわれわれの旅を目撃し、それを促し、最高のときも最低のときも、人類を見つめ続けてきた。もしかすると、靴こそがわれわれをより明るく、より公平な未来へと導いてくれる物なのかもしれない。もしそうでないとするならば、靴は思い起こさせてくれるものであるべきだ。われわれはそのなかに、世界を入れて運んでいるのだということを。

あとがき　フットノート――世界を変えるためのガイド

本書に記されている問題の多くは、極めて緊急性が高いものだ。われわれが今直面しているいくつもの環境的、社会的、倫理的問題は、力を結集して取り組むことを必要とする。完全とまではいかないが、ここに皆さんに役立ててもらえるリストを挙げておきたい。これは皆さんのワードローブだけでなく、世界を変えるためのガイドとなるだろう。

- 自分から学んでみよう。近所の図書館に登録して、人権、労働者の権利、環境、資本主義についての本を読み漁ろう。講演会に参加し、ポッドキャストやラジオ番組を聴き、ドキュメンタリーを観て、ソーシャルメディアで多くの情報を持っているソースをフォローしよう。
- ほかの人たちと協力しよう。進歩的な変化を推し進めたり、デモを行なったりしている組織とつながろう。皆さんが参加できる組織的な運動は、すでに存在する。クリーン・クローズ・キャンペーン、レイバー・ビハインド・ザ・レーベル、ＴＲＡＩＤ、貧困との戦い、搾取工場に反対する学生連合、グリーンピース、エクスティンクション・レベリオン、そのほかにもたくさんある。こうした団体は、皆さんの参加を待っている。また、皆さんの職場に労働組合があったなら必ず参加し、ない場合は協力が得られそうな同僚に相談して、労働組合の立ち上げを検討してみよう。

●TCF業界に特化したNGO以外にも、資本主義そのものを批判し、これに意義を唱える人々の組織的な団体が、どこの国にも存在する。そうしたネットワークは皆さんに、さまざまな問題を互いに結びつけ、体系的な変化を推し進めるチャンスを与えてくれる。社会の変化は決して偶然に起こるものではなく、われわれが組織化したときにのみ起こることを忘れないでほしい。

●そうした運動と連携し、より大きな力を育てよう。心がけてほしいのは、決定、デモ、運動、行動は、さまざまな属性が重なり合うときに起こる差別や抑圧に対する配慮があるものとすること、またグローバルサウスとの連携に根ざしたものにすることだ。

●集団としてまとまることで、企業に対して直接影響力を行使しよう。ソーシャルメディアのアカウントを活用して、サプライチェーン、賃金、労働者の権利について質問をすることによって、ブランドと直接対話をしよう。ブランドが恐れていることの一つが、自社のイメージの崩壊だ。オンラインでの活動を増やすほど、ブランドはイメージの崩壊に対して脆弱になる。自分の靴に関する情報が見つからなければ、関連のデータを請求しよう。ブランドの振る舞いがよくないと思えば、それを伝えよう。グリーンウォッシュを許してはいけない。

●グローバルノースの人たちは、オフラインの世界において、グローバルサウスの多くの労働者がぜひとも訪れたいと願っている場所、すなわち、ブランドや小売業者の本社や店舗にアクセスすることができる。政治的圧力やメディアの報道は、そうした場所での抗議行動や市民による妨害をきっかけとして生じる場合もある。抗議行動はあなたの権利だ。それを行使しよう。

●組織的な運動を通じて政治家に働きかけ、労働者の権利、動物の権利、環境基準を守るための法の改正を行なうこと、それによって業界に立ち向かうことを要求しよう。靴、そしてより広範な衣料品業界における自主規制や自発的な取り組みは、すでに失敗に終わっている。必要なのは実効性のある法律だ。そのためにできることとしては、選挙の際、そうした運動を支持し、企業の責任を追及するために懸命に戦ってくれる人を探して投票するという手もある。あるいは、自ら公職に立候補するのが向いている人もいるだろう。

●政治的変化の最前線にいる人たちを積極的に支援しよう。具体的には、靴のサプライチェーンのあらゆる地点で命がけで活動している運動家、活動家、法律家、民主的労働組合員たちだ。彼らは労働者を組織化し、工場を調査し、訴訟のための情報をまとめあげ、土地の権利を守っている。持続可能な靴工場を要求することのなかには、国際的な連帯も含まれる。連帯を示す行動としては、何が必要なのかに耳を傾け、資金を集め、ニュース記事を共有し、請願書に署名し、政治家や警察署の責任者に手紙を書き、ほかの人々が抗議をする権利のために街頭で激しく抗議することなどが挙げられる。

●自分が今所有している服や靴のことだけでなく、次に靴を買う必要が出てきたときのことも考えよう。

その決断は、靴の購入にどれだけのお金をかけられるかに依るところが大きいが、あなたには革、環境破壊、労働搾取工場に代わるものを提供している小規模な靴ブランドの主張を調べ、試してみるという選択肢がある。そうした小規模ブランドの多くは、靴が死と破壊のプロセスを経ることなく作られる未来とはどんな世界なのかについて、それぞれのビジョンを発信している。そうした店を贔屓にしたいと感じたなら、ぜひそれを実行に移してほしい。

●あるいは、今持っている靴をすべて修理に出したり、一年間ショッピングはしないという誓いを立てたり、アップサイクリングの世界に飛び込んでみたりするのもいいだろう。または、中古品を買うと決めて、マーケット、チャリティショップ、オンラインのコミュニティなどで、かつてだれかに愛された靴を探すという選択肢もある。

●このほかにできることとしては、スウォップマーケット（参加者が持ち寄ったアイテムをお互いに交換するオルタナティブなイベント）やフリーショップ（寄付で集められた全品無料のアイテムを、必要に応じて持ち帰ることができるポップアップショップ）を企画する、友人同士で貸し借りをするなどがある。そうした活動は、消費主義による圧力を意識したり、人生に対する考え方をリセットしたりするきっかけとなる。必ずしもお金が必要な活動ではないものの、リソース、時間、物理的な空間がどの程度使えるかに依存するため、だれもができる活動というわけではない。

●世界を変えるためには、人々が結びつくことも必要となる。自分と同じ問題に関心を持っている人たちを見つけるには、あなたが所属する学校、大学、職場、礼拝所、コミュニティセンターなどで、映画の上映会や読書会、オープンマイクナイト〔来場者がだれでもマイクの前で話したり、パフォーマンスを披露したりすることができるイベント〕、文化イベントなどを開催するのがおすすめだ。

●最後にお伝えしたいのは、創造的なスキルを身につけようということだ。そしてそのスキルを生かして、危機や新自由主義に代わる選択肢の方が、今われわれが陥っている、企業によってもたらされた混乱よりもはるかにすぐれていることを示してほしい。アート作品を作り、映画を撮影し、記事を投稿し、ブログを更新し、本を書き、写真を撮り、音楽を作ろう。どうか幸運を。勇気を持ち、そしてわれわれが力を合わせれば、今よりもっとうまくやれるということを忘れないでほしい。

謝辞

まずは、貴重な時間を割いてわたしに話を聞かせてくださった、この本に登場するすべての方々に心からの感謝を捧げたい。皆さんのすばらしい厚意と熱意のおかげで、本書の執筆中はまるで皆で協力しながら、深遠な体験をしているという感覚を覚えることも少なくなかった。この機会に個人的な物語を明かしてくださった方もいれば、話をすることだけで重大な結果を招く危険を冒してくださった方もいる。そうした方々がいなければ本書は存在し得なかったし、彼らの勇気に、わたしは恩義を感じている。

さらなる親切と手助けを頂いた、クリスティーナ・アンペバ、ホセ・バラドロン、シエダ・ハサン、スコット・フレデリック、クレア・モーズリー、ベッティーナ・ムジオレク、アントン・ピーパー、シャヒン・ラヒミファード教授、アサド・リーマン、ジュリエット・ショア博士、レベッカ・ショークロス、そして「セーブ・ムーブメント」の活動家の皆さんに特に感謝を捧げる。また、マイケル・ウィーデマンとデニス・アンペヴにも心からの謝辞を述べたい。本書の一部は、ラホール労働教育財団のカーリッド・メフムード、ジャルバト・アリ、そしてホームネット・ネパールのオム・タパリヤが時間を割き、協力してくださって初めて書くことができた——心からの感謝を捧げる。

また、ウスマン・アリ、エレイン・ルー、ディナ・ミトロビク、トゥーバ・テケレク、そして匿名を希望されたイタリア人ジャーナリストによるすばらしい通訳、調整、ジャーナリストとしての助力なしには、本書をまとめることは叶わなかった。さらには、エリー・バドコックにも、何時間にもおよぶ文字起こしに対するお礼を言いたい。本書の執筆を手助けしてくれたスウェタ・タパン・チャウダリー、リー・マカリア、サム・マー、ガス・アルストンにも謝意を表する。

執筆のための基本的なリサーチ以外の面では、ヤニス・ヴァルーファキスがイズリントンのユニオンチャペルで講演を行なった際、近所のパブでの偶然の出会いが、わたしの人生におけるもっとも重要かつ刺激的な仕事仲間へと導いてくれた。ありがとう、デビッド・ハイアム・アソシエーツのアンドリュー・ゴードン。あなたはわたしを信じ、このプロジェクトを信じ続けてくれた。あなたの知見、信頼、励ましは決して欠くことのできない力となった。また、たゆまぬ努力と支援をしてくれたＤＨＡチーム全員にも心からお礼を言いたい。

本書はまた、編集者のホリー・ハーレイがさまざまな形で支持してくれなければ存在しなかっただろう——あなたの励ましと熱意にたくさんの感謝を。ワイデンフェルド・アンド・ニコルソン社のジェニー・ロードにも心からの謝意を伝えたい。彼女からはいつも多くのことを学んでいる。優秀な編集者たちの知性によって、一冊の本がどれほどの力を得、変化していくかを目の当たりにするのは大いなる喜びだった。出版に先立ち、このプロジェクトをまとめ、管理してくれたジョー・ウィットフォード、綿密な法的考察を提供してくれたフェリシティ・プライス、すばらしいアートディレクションをしてくれたルールー・クラーク、見事な校正をしてくれたサイモン・フォックスにも謝辞を述べたい。そして、このプロジェクトに時宜を得た支援をしてくれたアシェット社のマディー・モグフォードにも変わらぬ感謝を捧げる。

インクで美しい文章を書くうえでの指導者として、わたしの心のなかには常にアン・エイラーがいる。作家かつ教師であるアンからは、これからもぜひ学び続けたい。執筆に苦労した部分を整えてくれたことは、とりわけありがたく思っている。二〇一八年一一月に、インスピレーションにあふれた執筆のための宿泊会（リトリート）を開催してくれたアン、ジャン・ウルフと友人たちに感謝を。本書に書いた多くのストーリーについては、この場所で初めて冷静な分析をすることができた。また、ちょうどいいタイミングで登場し、長編ジャーナリズムに関するさまざまな疑問に答えてくれたマーク・クレイマーにもお礼を言いたい。

さらには、ナタリー・フェイ、デリラ・ジャーリー、そしてITNの社内最高のチームにも心からの感謝を。皆さんから学ぶことができたのは光栄であり、わたしは皆さんの助言や理論をしょっちゅう頭のなかで反芻している。

仕事以外の部分では、わたしをいつも笑顔にしてくれる友人たちに大きな恩がある。ジェニファー・アルクヴィスト、エマ・バレット、ジェニファー・ブラウンリッヒ（煉瓦（ブリック）にならないでいてくれることに）、エミリー・イングリッシュ、リサ・フォックス（いつも冷静でいてくれることに）、ローラ・ハーベイ（これまでの二〇年間に）、サミール・ジェラジ、フセイン・キシ、そしてトニー・リースに感謝を。本書が終わりに近づいた時期に、また別のパブに姿を見せたトム・サンダーソン――ほんとうにいろいろとありがとう。ばかばかしい靴のダジャレには特に感謝している。心からの感謝をアンジェラにも送りたい。あなたの知恵と洞察力はこれからもずっとわたしの心に響いているだろう。最後に、大切な友人のロビン・ベステ、どうかやすらかに眠ってほしい。今もあなたに会いたくてたまらない。

両親のケイとガレス、二人の愛と励ましにお礼を言いたい。おかげでどれほど力強かったかわからない。それから兄弟のブリン、執筆中、難しい章に取り組んでいるときにそばにいてくれたこと、そしてあなたの強い信念に感謝を。おかげでわたしは、世界のなかでのわれわれの立ち位置を違った角度から見ることができた。

何ヵ月にもわたる孤独な作業になることもある執筆の最中、かけがえのない応援、助言、ランチ、紅茶、プリンターのインク、政治分析、励ましでわたしを支えてくれたサンズ・フィルム・スタジオのチームに心からの感謝を捧げる。もしそばにいてくれなければ今頃自分がどうなっていたかわからないわたしの仲間たち、オリビエ、クリスティン、アナベル、ケイ、グレアム、ケイ、バーバラ、ニールに、真心を込めたお礼を伝えたい。特にリチャード・グッドウィンには最上級の感謝を捧げる。絶え間ない励ましを与え、「空の上の偉大なプロダクションマネージャー」の策略の舵取りをするのを助けてくれてありがとう。

そして最後に、繊維・衣料・フットウェア産業を変えるために戦っている世界中の人々の献身、創造性、情熱に敬意を表する。本書のインスピレーションとなってくれたのは、大使館前でのシュプレヒコール、衣料品店にビラを貼り、厳しく監視する活動家たち、武装した警察部隊にひるむことなくストライキや道路封鎖を行なう工場労働者たち、ブログやブイログ、ツイッターで訴える人たち、決して手を緩めることのないジャーナリストたち、屠殺場の前で夜を徹して抗議する団体、イベントやパネルディスカッションの主催者、変化を切望する学者、教師、ファッションを学ぶ学生たち、困難に直面しながらも前進し、変化をもたらす労働組合員、そして正義のためにすべてを懸ける人たちだ。皆さんはファッション産業の良心であり、この産業が必要とする未来だ。

richard-d-wolff-capitalisms-deepe-rproblem/ [2019年3月にアクセス].

15 P. Newell, *Globalisation and the Environment*, Polity, 2012, pp. 10–11.

16 https://www.theguardian.com/commentisfree/2018/sep/26/donald-trump-globalisation-nation-state [2019年3月にアクセス].

17 P. Newell, *Globalization and the Environment*, Polity, 2012, pp. 10–11.

18 同上, p. 4.

19 https://www.theguardian.com/commentisfree/2018/sep/26/donald-trump-globalisation-nation-state [2019年12月にアクセス].

20 P. Newell, *Globalisation and the Environment*. Polity, 2012, pp. 4–5.

21 D. K. Vajpeyi and R. Oberoi, *Globalization Reappraised – False Oracle or a Talisman*, Lexington Books, 2018, p. 31.

22 同上, p. xviii.

23 https://www.theguardian.com/business/2019/jan/21/world-26-richest-people-own-as-much-as-poorest-50-per-cent-oxfam-report [2019年3月にアクセス].

24 R. Wolff, https://truthout.org/articles/richard-d-wolff-capitalisms-deeper-problem/ [2019年3月にアクセス].

25 J. Stiglitz, *Globalization and Its Discontents*, W. W. Norton & Company, 2002, pp. 5, 10. 〔『世界を不幸にしたグローバリズムの正体』、鈴木主税訳、徳間書店、2002年〕

26 https://www.theguardian.com/commentisfree/2018/sep/26/donald-trump-globalisation-nation-state [2019年3月にアクセス].

27 https://www.marxists.org/archive/marx/works/subject/quotes/index.htm [2019年3月にアクセス].

第一章　スニーカーマニアの熱狂

1 G. Riello, *A Foot In The Past*, Oxford University Press, 2006, p. 19.

2 J. H. Thornton (ed.), *Textbook of Footwear Manufacture*, The National Trade Press, 1953.

3 http://www.mirror.co.uk/news/uk-news/revealed-actual-number-shoes-british-9660645 [2019年3月にアクセス].

4 *World Footwear Year Book 2016*, https://www.worldfootwear.com/publications/?documento=14081877/37615558&fonte=ISSUU [2019年3月にアクセス].

5 https://www.worldfootwear.com/tag/world-footwear-yearbook/184.html [2019年3月にアクセス]. *The World Footwear Yearbook* はAPICCAPS (the Portuguese Footwear, Components, Leather Goods Manufacturers' Association) が立ち上げた取り組みの一環。https://www.apiccaps.pt/

6 http://www.who.int/lymphatic_filariasis/epidemiology/podoconiosis/en/ [2019年3月にアクセス].

7 https://twitter.com/AFP/status/1045135025673396225 [2019年3月にアクセス].

8 記事：Zygmunt Bauman, 'The Self In Consumer Society', *The Hedgehog Review: Critical Reflections on Contemporary Culture*, 1(1), Fall 1999.

9 https://www.youtube.com/channel/UCh7ttG6-bf3XMsv1CkZLI6Q [2019年3月にアクセス].

10 https://www.npr.org/2017/05/10/527429299/dont-be-fooled-generation-wealth-is-more-about-wanting-than-having [2019年3月にアクセス].

11 P. Bourdieu, *Distinction, A Social Critique of the Judgement of Taste*, Routledge, 1979.

〔『ディスタンクシオン——社会的判断力批判［普及版］』I・II、石井洋二郎訳、藤原書店、2020年〕

12 J. H. Thornton (ed.), *Textbook of Footwear Manufacture*, The National Trade Press, 1953.

13 http://inspiredeconomist.com/2012/09/20/the-greatest-invention-planned-obsolescence/［2019年3月にアクセス］.

14 工業デザイナー、ブルックス・スティーブンスの言葉。男性誌 *True, the Man's Magazine* 1958年4月号に掲載されたJ. ウォールとのインタビューより。*Streamliner: Raymond Loewy and Image-making in the Age of American Industrial Design*, JHU Press, 2018.

15 https://akongmemorialfoundation.org/about/［2019年3月にアクセス］.

16 http://someone-else.us/stories/joanne-eicher-fashion-studies/?fbclid=IwAR2FOlrumTtXUCy159zeQaVhHnYm2z1diMcloWo03IHsgX6MIj29-23UYKY［2019年3月にアクセス］.

17 T. Hoskins, *Stitched Up – The Anti-Capitalist Book of Fashion*, Pluto Press, 2014, p. 58.

18 Z. Bauman, *Work, Consumerism, & The New Poor*, Open University Press, 2005, p. 30.〔『新しい貧困——労働、消費主義、ニュープア』、伊藤茂訳、青土社、2008年〕

19 同上, p. 25.

20 同上.

21 J. Schor, *Plenitude: The New Economics of True Wealth*, Penguin Press, 2010, p. 41.〔『プレニテュード——新しい〈豊かさ〉の経済学』、森岡孝二監訳、岩波書店、2011年〕

22 展示ガイドブック：A. Veldmeijer, *Stepping through Time: Footwear in Ancient Egypt*, BLKVLD Uitgevers/Publishers, 2017, https://issuu.com/blkvlduitgeverspublishers/docs/fw_1lo［2019年12月にアクセス］.

23 Jacob Nacht, 'The Symbolism of the Shoe with Special Reference to Jewish Sources', *The Jewish Quarterly Review*, vol. 6, no. 1, 1915, pp. 1–22, JSTOR, www.jstor.org/stable/1451461［2019年12月にアクセス］.

24 A. Sherlock, https://www.sheffi eld.ac.uk/polopoly_fs/1.102578!/file/TranscendingTheMindBodyDualismInFashionTheory.pdf［2019年3月にアクセス］.

25 E. Semmelhack, *Shoes: The Meaning of Style*, Reaktion Books, 2017, pp. 10–11.

26 同上, Conclusion.

27 H. Koda (Introduction by Sarah Jessica Parker), *100 Shoes: The Costume Institute / The Metropolitan Museum of Art*, The Metropolitan Museum of Art, 2011.

28 E. Semmelhack, *Shoes: The Meaning of Style*, Reaktion Books, 2017, p. 216.

29 https://www.newyorker.com/magazine/2011/03/28/sole-mate［2019年3月にアクセス］.

30 Elizabeth Semmelhack, 著者による電話取材, November 2017.

31 E. Semmelhack, *Shoes: The Meaning of Style*, Reaktion Books, 2017, p. 161.

32 同上, p. 169.

33 C. McDowell, *Shoes: Fashion & Fantasy*, Thames and Hudson, 1989, p. 9.

34 D. Ging, 'Well-heeled women?', http://webpages.dcu.ie/~gingd/articleslectures.html［2019年3月にアクセス］.

35 同上.

36 https://www.theguardian.com/commentisfree/2009/sep/17/why-i-threw-shoe-bush［2019年3月にアクセス］.

37 https://brooklynrail.org/2018/10/artseen/Ivy-Haldeman-The-Interesting-Type［2019年3月にアクセス］.

38 https://believermag.com/an-interview-with-dian-hanson/［2019年3月にアクセス］.

39 S. Freud, 'Fetishism', 1927, https:// cpb-us-w2.wpmucdn.com/portfolio.newschool.edu/dist/9/3921/files/2015/03/Freud-Fetishism-1927-2b52v1u.pdf［2019年3月にアクセス］.

〔「フェティシズム」、石田雄一訳(『フロイト全集』19巻、岩波書店、2010年所収)〕

40 B. Barber, 'Shrunken Sovereign Consumerism, Globalization, and American Emptiness', *World Affairs*, 170(4), Spring 2008, pp. 73–82.

41 Z. Bauman, *Work, Consumerism, & The New Poor*, Open University Press, 2005, p. 30. 〔『新しい貧困——労働、消費主義、ニュープア』、伊藤茂訳、青土社、2008年〕

42 J. Schor, *The Overspent American*, HarperCollins, 1999, Introduction. 〔『浪費するアメリカ人——なぜ要らないものまで欲しがるか』、森岡孝二監訳、岩波書店、2000年〕

43 B. Barber, 'Shrunken Sovereign Consumerism, Globalization, and American Emptiness', *World Affairs*, 170(4), Spring 2008, pp. 73–82.

44 以下に引用されたMuhammad al-Maghoutによる詩の一節. Quoted in M. Hisham and M. Crabapple, *Brothers of the Gun*, One World, 2018.

第二章　工場の門

1 https://www.hyllanderiksen.net/blog/2018/12/13/whats-wrong-with-the-global-north-and-the-global-south?rq=global%20south［2019年3月にアクセス］.

2 同上.

3 *World Footwear Yearbook 2018*, https://www.worldfootwear.com/news/the-world-footwear-2018-yearbook/3292.html［2020年1月にアクセス］.

4 *World Footwear Yearbook 2016*, https://www.worldfootwear.com/yearbook/the-world-footwear-2016-Yearbook/103.html［2019年3月にアクセス］.

5 http://www.panarub.co.id/profile/company-profile［2019年9月にアクセス］.

6 https://cleanclothes.org/news/2018/03/14/clean-clothes-campaign-files-complaint-against-adidas-for-breaching-oecd-guidelines-in-indonesia［2019年3月にアクセス］.

7 https://www.adidas-group.com/en/media/news-archive/press-releases/2005/update-actions-taken-pt-panarub-worker-rights-consortium/［2019年12月にアクセス］.

8 https://cleanclothes.org/news/2018/03/14/clean-clothes-campaign-files-complaint-against-adidas-for-breaching-oecd-guidelines-in-indonesia［2019年3月にアクセス］.

9 https://fashionunited.uk/news/business/adidas-faces-compliant-for-breaching-oecd-guidelines-in-indonesia/2018031428643［2019年12月にアクセス］.

10 https://www.adidas-group.com/media/filer_public/69/1d/691d6520-d1f9-4549-8a94-744dc49ab6ca/adidas_response_to_clean_clothes_campaign_open_letter_on_panarub_dwikarya.pdf［2019年12月にアクセス］.

11 https://www.fairwear.org/wp-content/uploads/2016/12/CountryplanVietnam2016.pdf［2019年3月にアクセス］.

12 https://www.theguardian.com/business/2017/jun/25/female-cambodian-garment-workers-mass-fainting［2019年3月にアクセス］.

13 https://www.phnompenhpost.com/national/mass-fainting-kampong-cham; https://www.khmertimeskh.com/542730/dozens-of-workers-faint-at-shoe-factory-2/ と https://www.khmertimeskh.com/514897/more-workers-faint-in-kampong-cham-factory/［2019年11月にアクセス］.

14 https://www.sciencedirect.com/science/article/pii/S2590113319300082#bb0010［2019年11月にアクセス］.

15 *World Footwear Yearbook 2019*, https://www.worldfootwear.com/yearbook/the-world-footwear-2019-Yearbook/213.html［2019年11月にアクセス］.

16 http://www.independent.co.uk/news/business/news/ivanka-trump-shoe-factory-china-workers-physical-beating-verbal-abuse-ganzhou-huajian-international-a7812671.html

[2019年3月にアクセス].

17 https://www.washingtonpost.com/graphics/2017/politics/ivanka-trump-overseas/?noredirect=on&utm_term=.d74355c40107 [2019年9月にアクセス].

18 SACOMによる報告書：*2016 Garment Campaign. Reality Behind Brands' CSR Hypocrisy: An Investigative Report on China Suppliers of ZARA, H&M, and GAP*, http://sacom.hk/2016/06/20/investigative-report-reality-behind-brands-csr-hypocrisy-an-investigative-report-on-china-suppliers-of-zara-hm-and-gap/ [2020年1月にアクセス] [現在リンク切れ].

19 同上.

20 http://www.chinadaily.com.cn/china/2015-07/05/content_21185707.htm [2019年3月にアクセス].

21 同上.

22 *World Footwear Yearbook 2017*, https://www.worldfootwear.com/yearbook/the-world-footwear-2017-Yearbook/209.html [2020年1月にアクセス].
生産と輸出は異なるものであることに注意。

23 http://labourbehindthelabel.org/the-realities-of-working-in-europes-shoe-manufacturing-peripheries/ [2019年3月にアクセス].

24 同上.

25 http://www.industriall-union.org/towards-living-wages-in-north-macedonia データ出典：Trade Union of Workers in Textile, Leather and Shoe Making Industry (STKC) 2018年第2四半期のもの。[2019年12月にアクセス].

26 https://www.esiweb.org/enlargement/wp-content/uploads/2009/02/swf/index.php?lang=en&id=156&document_ID=86 [2019年3月にアクセス].

27 同上.

28 https://www.falcotto.com/en_gb/about-us [2019年11月にアクセス].

29 http://www.restorankajgino.mk/for_us.htm [2019年3月にアクセス].

30 https://twitter.com/carloromeo70/status/796771979017777152 [2019年11月にアクセス].

31 J. Murray, *Murray's Handbook for Travellers*, J. Murray, 1878.

32 J. Swann, *Shoemaking*, Shire Publications Ltd, 2003, p. 11.

33 BBC: 'Mechanisation and Northampton's shoemakers', http://www.bbc.co.uk/legacies/work/england/northants/article_4.shtml [2019年3月にアクセス].

34 同上.

35 J. Swann, *Shoemaking*, Shire Publications Ltd, 2003, p. 9.

36 http://www.northamptonshirebootandshoe.org.uk/wp-content/uploads/2013/07/Boot-and-Shoe-Industry.pdf [2019年3月にアクセス].

37 J. Swann, *Shoemaking*, Shire Publications Ltd, 2003, p. 19.

38 J. Waterer, *Leather and the Warrior*, Museum of Leathercraft, 1982, p. 146.

39 BBC Look East, 'Northampton Factories Made Millions of WW1 Boots'. https://www.bbc.co.uk/news/av/uk-england-northamptonshire-26353846/northampton-factories-made-millions-of-ww1-boots.

40 J. Waterer, *Leather and the Warrior*, Museum of Leathercraft, 1982, p. 138.

41 P. Russell, *100 Military Inventions that Changed the World*, Hachette, 2013, chapter: 'Let The Sweat Pour Out (The Jungle Boot)'.

42 Richard Goodwin, 2018年5月、著者による取材。

43 https://www.yadvashem.org/articles/general/shoes-on-the-danube-promenade.html [2019年3月にアクセス].

44 http://www.ilo.org/global/about-the-ilo/newsroom/news/WCMS_008075/lang--en/index.htm#n2 [2019年3月にアクセス].

45 同上.

46 T. B. Kazi, 'Superbrands, Globalization, and Neoliberalism: Exploring Causes and Consequences of the Nike Superbrand',

Inquiries Journal/Student Pulse, 3(12), 2011, http://www.inquiriesjournal.com/a?id=604［2019年12月にアクセス］.

47 https://cleanclothes.org/resources/publications/asia-wage-report［2019年3月にアクセス］.

48 https://cleanclothes.org/resources/publications/follow-the-thread-the-need-for-supply-chain-transparency-in-the-garment-and-footwear-industry［2019年3月にアクセス］.

49 http://www.nyu.edu/pubs/counterblast/issue1_nov01/media_art_review/collins.html#_ednref3［2019年3月にアクセス］.

50 https://www.counterpunch.org/2008/06/28/nike-s-bad-air/［2019年3月にアクセス］.

51 https://www.oregonlive.com/playbooks-profits/2014/06/post_40.html［2019年3月にアクセス］.

52 https://ipc.mit.edu/sites/default/files/2019-01/02-007.pdf［2019年3月にアクセス］.

53 https://www.nytimes.com/1997/11/08/business/nike-shoe-plant-in-vietnam-is-called-unsafe-for-workers.html［2019年12月にアクセス］.

54 https://www.nytimes.com/1998/05/13/business/international-business-nike-pledges-to-end-child-labor-and-apply-us-rules-abroad.html［2019年3月にアクセス］.

55 Forbes real-time calculator: https://www.forbes.com/profile/phil-knight/#433a3d9f1dcb［2019年3月にアクセス］.

56 https://purpose.nike.com/human-rights［2019年12月にアクセス］.

57 2017年の *Ethical Fashion Report* でのナイキの評価は「C」。クリーン・クローズ・キャンペーンによる報告書 *2018 Foul Play* では、ナイキの工場の賃金が依然として低いままであることが判明。ファッション・レボリューションによる透明性指数におけるナイキのスコアは100点中36点。GoodOnYou.ecoでのナイキの評価は「不十分」。グリーンピースは2016年、ナイキの「デトックスへの取り組み」について「信憑性に欠ける」と表現。一方で、ナイキを高く評価する報告書も存在する。たとえば2015年、モルガン・スタンレーはナイキのことを、労働実績を含む環境および社会的パフォーマンスにおいて北米でもっともサステナブルなアパレルおよびフットウェア企業に選んでいる。

58 ILO/IFC Better Work Programme2018–2022, http://um.dk/~/media/UM/English-site/Documents/Danida/About-Danida/Danida%20 transparency/DocumentsU%2037/2018/ILO%20Better%20Work.pdf?la=en［pdf, 2019年3月にアクセス］.〔リンク切れ、以下で閲覧可能 https://um.dk/en/-/media/websites/umen/danida/about-danida/danida-transparency/council-for-development-policy/ilo-better-work.ashx〕

59 同上.

60 ILO Research Paper: P. Huynh, *Developing Asia's garment and footwear industry: Recent employment and wage trends*, October 2017.

61 同上.

62 Dominique Muller, 著者による電話取材。2018年5月。

63 *World Footwear Yearbook 2019*, https://www.worldfootwear.com/yearbook/the-world-footwear-2019-Yearbook/213.html［2019年3月にアクセス］.

64 エチオピアの皮革産業開発協会, http://business.financialpost.com/pmn/business-pmn/amazing-china-documentary-more-fiction-than-fact［2019年3月にアクセス］.

65 https://www.ilo.org/wcmsp5/groups/public/---africa/---ro-addis_ababa/---sro-addis_ababa/documents/genericdocument/wcms_573550.pdf［2019年3月にアクセス］.〔リンク切れ、以下で閲覧可能 https://www.ilo.org/wcmsp5/groups/public/---africa/---ro-abidjan/---sro-addis_ababa/documents/genericdocument/wcms_573550.pdf〕

66 https://issuu.com/nyusterncenterforbusinessandhumanri/docs/nyu_ethiopia_final_

online?e=31640827/69644612
［2019年10月にアクセス］.

67 http://africachinareporting.co.za/2017/01/inside-the-chinese-factory-in-ethiopia-where-ivanka-trump-places-her-shoe-orders/ ［2019年3月にアクセス］. 〔リンク切れ、以下で閲覧可能 https://africachinareporting.com/inside-the-chinese-factory-in-ethiopia-where-ivanka-trump-places-her-shoe-orders/〕

68 同上.

第三章　靴と貧困

1 報告書：A. Pieper, P. Putri, *No Excuses For Homework – Working Conditions in the Indonesian Leather and Footwear Sector*, Südwind-Institut, March 2017.

2 http://www2.unwomen.org/-/media/field%20office%20eseasia/docs/publications/2016/05/pk-wee-status-report-lowres.pdf?vs=5731 ［2019年3月にアクセス］.

3 http://www.ilo.org/wcmsp5/groups/public/@asia/@ro-bangkok/@ilo-islamabad/documents/publication/wcms_122320.pdf［2019年3月にアクセス］.

4 https://paycheck.pk/main/salary/minimum-wages［2019年12月にアクセス］.

5 報告書：F. Gesualdi and D. Lucchetti, *The Real Cost of our Shoes*, CNMS and FAIR, April 2017.

6 マーサ・チェン博士への取材より。

7 報告書：C. Mather, *We Are Workers Too! Organizing Home-based Workers in the Global Economy*, WIEGO, August 2010.

8 http://www.wiego.org/sites/wiego.org/files/publications/fi les/GEC_Study_Executive_Summary.pdf［2019年3月にアクセス］.

9 http://www.wiego.org/sites/wiego.org/files/publications/files/GEC%20_Study_II_Executive_Summary.pdf ［2019年3月にアクセス］.

10 http://www.wiego.org/sites/default/files/resources/files/WIEGO-Myths-Facts-Informal-Economy.pdf ［2019年3月にアクセス］.

11 http://www.ilo.org/wcmsp5/groups/public/@asia/@ro-bangkok/@ilo-islamabad/documents/publication/wcms_122320.pdf ［2019年3月にアクセス］.

12 http://www.wiego.org/sites/default/files/publications/files/Sinha-Home-Based-Workers-SEWA-India-WIEGO-PB13.pdf ［2019年3月にアクセス］.

13 https://www.ilo.org/public/libdoc/ilo/2005/105B09_326_engl.pdf ［2019年3月にアクセス］.

14 http://www.wiego.org/sites/default/files/publications/files/Sinha-Home-Based-Workers-SEWA-India-WIEGO-PB13.pdf ［2019年3月にアクセス］.

15 http://www.wiego.org/sites/default/files/resources/files/WIEGO-Myths-Facts-Informal-Economy.pdf［2019年3月にアクセス］.

16 P. Markkanen, *Shoes, Glues and Homework: Dangerous Work in the Global Footwear Industry*, Routledge, 2017, Chapter 2.

17 同上, p. 89.

18 報告書：*Homeworkers in South India's leather footwear industry*, Homeworkers World Wide, December 2014, http://www.homeworkersww.org.uk/assets/uploads/files/leather-footwear-briefingcomp.pdf.

19 http://www.wiego.org/sites/default/files/publications/files/Sinha-Home-Based-Workers-SEWA-India-WIEGO-PB13.pdf ［2019年3月にアクセス］.

20 P. Markkanen, *Shoes, Glues and Homework: Dangerous Work in the Global Footwear Industry*, Routledge, 2017, Chapter 3.

21 https://www.news-medical.net/health/What-is-Neurotoxicity.aspx ［2019年3月にアクセス］.

22 https://www.cdc.gov/niosh/topics/organsolv/default.html

[2019年3月にアクセス].
23 同上.
24 https://www.cancer.org/cancer/cancer-causes/general-info/known-and-probable-human-carcinogens.html [2019年3月にアクセス].
25 P. Markkanen, *Shoes, Glues and Homework: Dangerous Work in the Global Footwear Industry*, Routledge, 2017, p. 24.
26 https://www.theguardian.com/books/2008/jan/29/fiction.stuartjeffries [2019年3月にアクセス].
27 https://www.gov.uk/government/uploads/system/uploads/attachment_data/file/318348/hpa_Methyl_ethyl_ketone_General_Information_v1.pdf [2019年3月にアクセス].
28 https://www.ncbi.nlm.nih.gov/pmc/articles/PMC4153221/ [2019年3月にアクセス].
29 https://www.gov.uk/government/uploads/system/uploads/attachment_data/file/561046/benzene_general_information.pdf [2019年3月にアクセス].
30 同上.
31 https://www.gov.uk/government/uploads/system/uploads/attachment_data/file/659914/Toluene_general_information.pdf [2019年3月にアクセス].
32 https://www.ncbi.nlm.nih.gov/pmc/articles/PMC3084482/ [2019年3月にアクセス].
33 Bangladesh Rehabilitation and Assistance Center for Addicts (BARACA).
34 http://saspublisher.com/wp-content/uploads/2014/07/SJAMS-24A1186-1189.pdf [2019年3月にアクセス].
35 同上.
36 https://www.iol.co.za/news/south-africa/glue-loses-high-to-save-street-kid-addicts-53018 と http://thestandard.com.ph/news/-main-stories/207451/street-kids-shift-sniff-from-rugby-to-vulcaseal.html [2019年3月にアクセス].
37 http://www.wiego.org/sites/default/files/publications/files/Sinha-Home-Based-Workers-SEWA-India-WIEGO-PB13.pdf [2019年3月にアクセス].
38 同上.
39 https://www.thenews.com.pk/print/420315-11-YEAR-STRUGGLE-FOR-HOME-BASED-WORKERS-RIGHTS-SET-TO-BEAR-FRUIT-THIS-YEAR [2019年3月にアクセス].
40 http://www.ilo.org/wcmsp5/groups/public/@asia/@ro-bangkok/@ilo-islamabad/documents/publication/wcms_122320.pdf [2019年3月にアクセス].
41 労働組合会議経済社会局の雇用権利担当上級職員ハナ・リードへの取材。
42 *World Shoe Report – World Footwear Production* (2010–2017), Chapter 1.
43 A. Pieper and P. Putri, *No Excuses for Homework*, Südwind-Institut, March 2017.
44 同上.
45 WIEGO Organizing Brief No. 7, August 2013.

第四章　ブランド

1 https://www.oldbaileyonline.org/browse.jsp?id=t17690906-63&div=t17690906-63&terms=shoemaker#highlight [2019年3月にアクセス].
2 https://www.oldbaileyonline.org/browse.jsp?id=t17600416-3&div=t17600416-3&terms=shoemaker#highlight [2019年3月にアクセス].
3 https://www.oldbaileyonline.org/browse.jsp?id=t17660903-23&div=t17660903-23&terms=shoemaker#highlight [2019年12月にアクセス].
4 https://www.oldbaileyonline.org/static/London-lifelate18th.jsp [2019年12月にアクセス].
5 レベッカ・ショークロスへの取材より。
6 https://hbr.org/1992/07/high-performance-marketing-an-interview-with-nikes-phil-knight

[2019年3月にアクセス].

7 http://www.iass-ais.org/proceedings2014/view_lesson.php?id=33 [2019年3月にアクセス].

8 https://www.emarketer.com/content/emarketer-total-media-ad-spending-worldwide-will-rise-7-4-in-2018 [2019年3月にアクセス].

9 Article: J. Schor, 'The New Politics of Consumption', *Boston Review*, Summer 1999, http://bostonreview.net/archives/BR24.3/schor.html [2019年3月にアクセス].

10 https://news.nike.com/news/nike-inc-reports-fiscal-2018-fourth-quarter-and-full-year-results とForbes real-time calculator: https://www.forbes.com/profile/philknight/#2c3c67231dcb [2019年3月にアクセス].

11 http://www.consume.bbk.ac.uk/researchfindings/newconsumers.pdf [2019年3月にアクセス].

12 J. Schor, *Plenitude: The New Economics of True Wealth*, Penguin Press, 2010, p. 40. 〔『プレニテュード――新しい〈豊かさ〉の経済学』、森岡孝二監訳、岩波書店、2011年〕

13 同上, p. 41.

14 https://www.businessoffashion.com/articles/opinion/op-ed-logomania-blame-the-hipsters [2019年3月にアクセス].

15 https://www.forbes.com/sites/kurtbadenhausen/2016/03/30/the-highest-paid-retired-athletes-2016/#684ba6431b56 [2019年3月にアクセス].

16 https://www.forbes.com/sites/kurtbadenhausen/2016/03/30/how-michael-jordan-will-make-more-than-any-other-athlete-in-the-world-this-year/#29ab01973865 [2019年3月にアクセス].

17 https://cleanclothes.org/resources/national-cccs/foul-play-ii-sponsors-leave-workers-still-on-the-sidelines [2019年12月にアクセス].

18 http://www.latimes.com/business/la-fi-repsneakers-20170905-htmlstory.html [2019年3月にアクセス].

19 同上.

20 同上とhttp://www.nytimes.com/2010/08/22/magazine/22fake-t.html [2019年3月にアクセス].

21 報告書：Europol and the European Union Intellectual Property Office: *2017 Situation Report on Counterfeiting and Piracy in the European Union.*

22 同上.

23 http://ficpi.org.uk/wp-content/uploads/2014/01/Counterfeit-Dont-buy-into-Organised-Crime.pdf [2019年3月にアクセス].

24 https://www.unodc.org/documents/counterfeit/FocusSheet/Counterfeit_focussheet_EN_HIRES.pdf [2019年3月にアクセス].

25 ウォラストン遺産協会のジェーン・ボディントンへの電子メールでの取材より。

26 M. Roach, *Dr. Martens – The Story of an Icon*, Chrysalis, 2003.

27 同上, p.24.

28 https://www.theguardian.com/business/2002/oct/26/manufacturing?INTCMP=SRCH [2019年3月にアクセス].

29 http://www.telegraph.co.uk/news/uknews/1401952/Dr-Martens-gives-Britain-the-boot.html [2019年3月にアクセス].

30 同上.

31 https://www.theguardian.com/business/2002/oct/26/manufacturing?INTCMP=SRCH [2019年3月にアクセス].

32 http://news.bbc.co.uk/1/hi/england/2896307.stm [2019年3月にアクセス].

33 https://www.designcouncil.org.uk/news-opinion/power-branding [2019年3月にアクセス].

34 https://www.retail-week.com/fashion/dr-martens-owner-sets-sights-on-1bn-sale/7033632.article?authent=1 [2019年12月にアクセス].

35 https://www.highsnobiety.com/2016/07/22/dr-martens-factory-tour-cobbs-lane/ [2019年3月にアクセス].

36 https://www.permira.com/news-views/news/dr-martens-excellent-results-delivering-on-our-strategy/［2019年3月にアクセス］.
37 https://beta.companieshouse.gov.uk/company/05678953/filing-history［2019年3月にアクセス］.
38 Ze Frank, https://heidicohen.com/30-branding-defi nitions/ に引用されている［2019年3月にアクセス］.
39 https://www.designcouncil.org.uk/news-opinion/power-branding［2019年3月にアクセス］.
40 http://www.legislation.gov.uk/uksi/1995/2489/contents/made［2019年12月にアクセス］.
41 報告書：F. Gesualdi & D. Lucchetti, *The Real Cost of our Shoes*, CNMS and FAIR, April 2017.
42 同上.
43 同上.
44 同上.
45 https://cleanclothes.org/livingwage/europe/europes-sweatshops［2019年12月にアクセス］.
46 同上.
47 ベッティーナ・ムジオレクへの取材より。
48 シェイマス・カーンによるサスキア・サッセンへのインタビューより。http://publicculture.dukejournals.org/content/28/3_80/541.abstract［2019年3月にアクセス］.

第五章　難民と靴

1 Teffi, *Memories: From Moscow to the Black Sea*, Pushkin Press, 2016.
2 http://www.un.org/en/development/desa/population/migration/publications/migrationreport/docs/MigrationReport2017_Highlights.pdf［2019年3月にアクセス］.
3 同上, p. 11.
4 https://genographic.nationalgeographic.com/human-journey/［2019年12月にアクセス］.
5 http://footwearnews.com/2017/fashion/designers/ferragamo-family-interview-exclusive-371525/［2019年3月にアクセス］.
6 http://stationmuseum.com/?page_id=3211［2019年3月にアクセス］.
7 http://www.cbc.ca/radio/thesundayedition/the-sunday-edition-december-24-2017-1.4451296/why-nothing-will-stop-people-from-migrating-1.4451437［2019年3月にアクセス］.
8 https://www.wsj.com/articles/eritreans-flee-conscription-and-poverty-adding-to-the-migrant-crisis-in-europe-1445391364［2019年3月にアクセス］.
9 https://www.cfr.org/backgrounder/authoritarianism-eritrea-and-migrant-crisis［2019年3月にアクセス］.
10 同上.
11 https://eu.usatoday.com/story/news/world/2018/05/24/border-walls-berlin-wall-donald-trump-wall/553250002/［2019年3月にアクセス］.
12 SATRAテクノロジーのコミュニケーション部門責任者、ジェイク・ロックへの電子メールでの取材より。
13 https://thomashyllanderiksen.net/blog/2018/12/12/overheating-the-tedx-version［2020年1月にアクセス］.
14 https://www.thenational.ae/world/peshawar-shoe-makers-amused-by-paul-smith-s-designer-chappals-1.563165?videoId=5606881154001［2019年3月にアクセス］.
15 https://blogs.wsj.com/indiarealtime/2014/03/11/how-paul-smith-sandals-peeved-pakistan/［2019年3月にアクセス］.
16 https://www.theguardian.com/law/2017/feb/22/supreme-court-backs-minimum-income-rule-for-non-european-spouses［2019年3月にアクセス］.
17 http://www.unhcr.org/3b66c2aa10［2019年3月にアクセス］.
18 https://reliefweb.int/report/turkey/unhcr-turkey-factsheet-october-2017［2019年3月にアクセス］.
19 http://www.reuters.com/investigates/special-

report/europe-migrants-turkey-children/
［2019年3月にアクセス］.

20 エルジュメント・アクデニズへの取材より。

21 http://www.reuters.com/investigates/special-report/europe-migrants-turkey-children/
［2019年3月にアクセス］.

22 https://ec.europa.eu/echo/where/middle-east/syria_en［2020年1月にアクセス］.

23 https://ahvalnews.com/child-labour/there-are-2-million-child-workers-turkey-union-says［2019年3月にアクセス］.

24 http://www.hurriyetdailynews.com/turkish-textile-sector-eyes-bangladeshi-workers--73131［2019年3月にアクセス］.

25 https://cleanclothes.org/resources/publications/made-by-women.pdf
［2019年3月にアクセス］.

26 https://foreignpolicy.com/2019/01/28/investing-in-low-wage-jobs-is-the-wrong-way-to-reduce-migration/［2019年3月にアクセス］.

27 https://www.academia.edu/2069138/Sexual_Predators_and_Serial_Rapists_Run_Wild_at_Wal-Mart_Supplier_in_Jordan_Young_women_workers_raped_tortured_and_beaten_at_the_Classic_Factory
［2019年11月にアクセス］.

28 https://www.arabnews.com/node/390209
［2019年11月にアクセス］.

29 https://www.ilo.org/wcmsp5/groups/public/---arabstates/---ro-beirut/documents/genericdocument/wcms_237612.pdf［2019年11月にアクセス］;
http://www.jordantimes.com/news/local/minister-orders-factory-closure-after-alleged-abuse-guest-workers［2019年11月にアクセス］;
https://www.ilo.org/wcmsp5/groups/public/---arabstates/---ro-beirut/documents/publication/wcms_556931.pdf
［2019年11月にアクセス］.

30 https://foreignpolicy.com/2019/01/28/investing-in-low-wage-jobs-is-the-wrong-way-to-reduce-migration/

31 https://www.theguardian.com/commentisfree/2018/feb/02/refugee-crisis-human-flow-ai-weiwei-china
［2019年3月にアクセス］.

32 http://www.xinhuanet.com/english/2018-01/31/c_136939276.htm
［2019年3月にアクセス］.

33 https://www.theguardian.com/cities/2018/feb/16/dongguan-spotlight-china-factory-world-hi-tech［2019年3月にアクセス］.

34 同上.

35 http://www.china-briefing.com/news/2013/02/27/dongguan-the-worlds-factory-in-transition-part-i.html［2019年3月にアクセス］.

36 http://www.gsshoe.com/about.html と
http://www.china-briefing.com/news/2013/02/27/dongguan-the-worlds-factory-in-transition-part-i.html［2019年3月にアクセス］.

37 https://www.businessoffashion.com/articles/opinion/op-ed-chinas-missing-factory-inspectors-have-nothing-to-do-with-ivanka-trump［2019年3月にアクセス］.

38 https://thediplomat.com/2016/06/chinas-new-generation-of-urban-migrants/
［2019年3月にアクセス］.

39 http://siteresources.worldbank.org/INTEAECOPRO/Resources/3087694-1206446474145/Chapter_3_China_Urbanizes.pdf［2019年3月にアクセス］.

40 同上.

41 英訳：Eleanor Goodman, http://www.clb.org.hk/en/content/obituary-peanut-creatively-cynical-world-worker-poet-xu-lizhi
［2019年3月にアクセス］.

42 https://thediplomat.com/2016/06/chinas-new-generation-of-urban-migrants/
［2019年3月にアクセス］.

43 http://siteresources.worldbank.org/INTEAECOPRO/Resources/3087694-1206446474145/Chapter_3_China_Urbanizes.pdf［2019年3月にアクセス］.

44 https://www.rfa.org/english/news/china/man-self-immolates-in-beijing-after-failing-to-find-school-for-daughter-05232016103429.

html［2019年3月にアクセス］.
45 https://www.nytimes.com/2017/12/24/world/asia/china-schools-migrants.html［2019年3月にアクセス］.
46 同上.
47 https://thediplomat.com/2016/06/chinas-new-generation-of-urban-migrants/［2019年3月にアクセス］.
48 同上.
49 https://edition.cnn.com/2018/02/04/health/china-left-behind-kids-photography-intl/index.html［2019年3月にアクセス］.
50 同上.

第六章　革の問題

1 https://www.hsa.org.uk/faqs/general#n7［2019年3月にアクセス］.
2 https://www.vegansociety.com/whats-new/blog/answering-common-questions-about-veganism［2019年3月にアクセス］.
3 https://www.wired.com/2014/06/the-emotional-lives-of-dairy-cows/［2019年3月にアクセス］.
4 https://www.theguardian.com/environment/2014/dec/03/eating-less-meat-curb-climate-change［2019年3月にアクセス］.
5 https://leathercouncil.org/introduction-to-leather/what-is-leather/［2019年3月にアクセス］.
6 https://leathercouncil.org/information/statistics-sources-of-information/［2019年3月にアクセス］.
7 M. Joy, *Toward Rational, Authentic Food Choices*, TEDxMünchen, https://www.youtube.com/watch?v=o0VrZPBskpg&vl=en［2019年3月にアクセス］.
8 https://www.theguardian.com/environment/2018/feb/02/almost-four-environmental-defenders-a-week-killed-in-2017［2019年3月にアクセス］.
9 https://theintercept.com/2018/10/28/jair-bolsonaro-elected-president-brazil/［2019年3月にアクセス］.
10 http://cicb.org.br/storage/files/repositories/phpJ5Lpan-total-exp-dec18-eng.pdf［2019年3月にアクセス］.
11 https://conseilnationalducuir.org/en/press/releases/2018-01-24［2019年3月にアクセス］.
12 http://cicb.org.br/storage/files/repositories/phpyK3Pmm-total-exp-oct-eng.pdf［2019年3月にアクセス］.
13 https://e360.yale.edu/features/why-brazils-new-president-poses-an-unprecedented-threat-to-the-amazon［2019年3月にアクセス］.
14 https://www.iwgia.org/images/publications/0617_ENGELSK-AISLADOS_opt.pdf［2019年3月にアクセス］.
15 https://www.facebook.com/aty.guasu/photos/a.603723143096222/1382401831895012/?type=3&theater［2019年3月にアクセス］.
16 http://wwf.panda.org/knowledge_hub/where_we_work/amazon/about_the_amazon/［2019年3月にアクセス］.
17 http://wwf.panda.org/knowledge_hub/where_we_work/amazon/about_the_amazon/why_amazon_important/［2019年3月にアクセス］.
18 http://wwf.panda.org/knowledge_hub/where_we_work/amazon/about_the_amazon/［2019年3月にアクセス］.
19 https://e360.yale.edu/features/why-brazils-new-president-poses-an-unprecedented-threat-to-the-amazon［2019年3月にアクセス］.
20 Natural England Research Report NERR043: *Carbon storage by habitat: Review of the evidence of the impacts of management decisions and condition of carbon stores and sources*, 2012.
21 https://jbs.com.br/en/imprensa/releases/jbs-couros-apresenta-tendencias-para-o-mercado-de-couros-na-china-leather-exhibition-2017/［2019年3月にアクセス］.
22 https://reporterbrasil.org.br/2016/09/

electroshocks-punching-and-beatings-the-life-of-cows-turned-into-meat-at-jbs/ [2019年3月にアクセス].

23 同上.

24 http://www.leathermag.com/features/featurefour-tannery-workers-killed-at-marfrig-plant/ [2019年3月にアクセス].

25 https://portal.minervafoods.com/en/about-us-minerva [2019年3月にアクセス].

26 https://www.reuters.com/article/us-cattle-shipment-santos/brazil-defends-live-cattle-export-after-injunction-temporarily-lifted-idUSKBN1FP2L9 [2019年3月にアクセス].

27 https://www.motherjones.com/politics/2015/10/ship-carrying-5000-cows-sank-brazil/ [2019年3月にアクセス].

28 https://www.reuters.com/article/brazil-slavery/more-than-300-brazilian-companies-busted-for-modern-day-slavery-campaigners-idUSL8N15U3CD [2019年3月にアクセス].

29 https://downloads.globalslaveryindex.org/ephemeral/GSI-2018_FNL_190828_CO_DIGITAL_P-1573046361.pdf [2019年11月にアクセス].

30 https://www.greenpeace.org/archive-international/Global/international/briefings/forests/2017/Greenpeace-Brazil-Amazon-Cattle-Agreement.pdf [2019年3月にアクセス].

31 https://www.maharam.com/stories/barbe_the-history-of-leather-tanning [2019年3月にアクセス].

32 https://newsmaven.io/indiancountrytoday/opinion/native-american-and-vegan-yes-it-s-possible-i-ve-done-it-for-18-years-JoTkBY5SeEqFxHJgTg6p6g/ [2019年3月にアクセス].

33 https://leatherpanel.org/sites/default/files/publications-attachments/future_trends_in_the_world_leather_and_leather_products_industry_and_trade.pdf [2019年3月にアクセス].

34 https://leathercouncil.org/information/statistics-sources-of-information/ [2019年3月にアクセス].

35 B. Thomson, DeGrowth Canada, http://www.web.net/~bthomson/fairtrade/fair6612.html [2019年3月にアクセス].

36 https://www.publiceye.ch/fileadmin/doc/_migration/CCC/ToughSTORYof_LEATHER_april_2016.pdf [2019年3月にアクセス].

37 http://www.fitreach.eu/sites/default/files/editor/Images/publiacations/Case%20story_Chromium_III.pdf [2019年3月にアクセス].

38 Switzerland Green Cross, *World's Top Ten Toxic Threats in 2013*, https://www.greencross.ch/wpontent/uploads/uploads/media/media_2013_11_05_top_ten_wwpp_en.pdf [2019年3月にアクセス].

39 https://www.theguardian.com/global-development/2012/dec/13/bangladesh-toxic-tanneries-intolerable-human-price と http://www.scielosp.org/scielo.php?pid=S0042-96862001000100018&script=sci_arttext [2019年3月にアクセス].

40 https://www.theguardian.com/world/2017/mar/21/plight-of-child-workers-facing-cocktail-of-toxic-chemicals-exposed-by-report-bangladesh-tanneries [2019年3月にアクセス].

41 https://www.hrw.org/sites/default/files/reports/bangladesh1012webwcover.pdf [2019年3月にアクセス].

42 https://www.thedailystar.net/business/savar-leather-estate-project-delayed-again-1487905 [2019年6月にアクセス]. https://www.thedailystar.net/city/news/pm-opens-savar-tannery-city-two-industrial-parks-1657234 [2019年6月にアクセス].

43 2017年3月6日付、バングラデシュ最高裁判所の請願書。

44 2017年1月10日から2019年7月4日までのバングラデシュ最高裁判所文書。

45 https://bdnews24.com/media-en/2018/08/28/harindhara-another-hazaribagh

［2019年3月にアクセス］.

46 http://www.thedailystar.net/business/leather-sectors-exports-cross-1b-second-year-127465［2019年3月にアクセス］.

47 https://thefinancialexpress.com.bd/editorial/making-the-most-of-leather-tech-expo-1542903681［2019年3月にアクセス］.

48 https://www.hrw.org/sites/default/files/reports/bangladesh1012webwcover.pdf［2019年3月にアクセス］.

49 https://business.financialpost.com/pmn/business-pmn/toxic-tanneries-polluting-again-at-new-bangladesh-site［2019年3月にアクセス］.

50 危険な非食品製品についてのEUの緊急警報システム, *Weekly Overview Report* No. 40, https://ec.europa.eu/consumers/consumers_safety/safety_products/rapex/alerts/［2019年3月にアクセス］.

51 http://www.indianet.nl/pdf/DoLeatherWorkersMatter.pdf［2019年3月にアクセス］.

52 同上.

53 http://ncdhr.org.in/front/dalits_untouchability［2019年3月にアクセス］.

54 同上.

55 http://www.indianet.nl/pdf/DoLeatherWorkersMatter.pdf［2019年3月にアクセス］.

56 https://www.aljazeera.com/indepth/features/2016/08/india-dalit-cattle-skinners-share-stories-abuse-160816122203107.html［2019年3月にアクセス］.

57 https://blogs.wsj.com/indiarealtime/2015/08/06/where-you-can-and-cant-eat-beef-in-india/［2019年12月にアクセス］.

58 https://www.hrw.org/news/2019/02/18/interview-killing-name-cows［2019年12月にアクセス］.

59 https://www.reuters.com/article/us-india-cattle-bangladesh-feature/indias-push-to-save-its-cows-starves-bangladesh-of-beef-idUSKCN0PC2OW20150702［2019年12月にアクセス］.

60 http://www.indianet.nl/pdf/DoLeatherWorkersMatter.pdf［2019年3月にアクセス］.

61 https://www.thehindu.com/todays-paper/10-workers-killed-in-ranipet-tannery/article6843775.ece［2019年3月にアクセス］.

62 http://cividep.org/wp-content/uploads/2017/04/Ranipet-Tanneries-CETP-Mishap-Report-compressed.pdf［2019年10月にアクセス］.

63 http://www.aplf.com/en-US/leather-fashion-news-and-blog/news/38290/italy-overview-of-tanning-industry-2017［2019年3月にアクセス］.

64 報告書：*Did You Know There's A Cow In Your Shoes?*, Centro Nuovo Modello di Sviluppo, November 2016.

65 https://www.publiceye.ch/fileadmin/doc/Mode/2016_CYS_A_tough_story_of_leather_Report.pdf［2020年1月にアクセス］. 事故の原因についての主張の出典は地元の労働組合であることに注意。

66 報告書：*Did You Know There's A Cow In Your Shoes?*, Centro Nuovo Modello di Sviluppo, November 2016.

67 MuSkinはイタリアの企業がキノコのかさの部分を利用して開発中。

68 Piñatexはアナナス・アナム社が開発。

69 https://deborahbirdrose.com/144-2/［2019年3月にアクセス］.

70 http://deborahbirdrose.com/2018/11/23/flying-foxes-on-my-mind/［2019年3月にアクセス］.

第七章　廃棄される靴

1 http://www.textile-recycling.org.uk/love-your-clothes/［2019年3月にアクセス］.

2 https://www.nation.co.ke/lifestyle/saturday/Making-a-living-off-mitumba/1216-3342796-kgxre6/index.html［2019年3月にアクセス］.

3 http://www.cuts-geneva.org/pdf/

PACT2-STUDY-The_Impact_of_Second_Hand_Clothes_and_Shoes_in_East_Africa.pdf p.11［2019年3月にアクセス］.

4 https://www.primeugandasafaris.com/day-trips-in-uganda/kampala-tour.html［2019年3月にアクセス］.

5 https://africanbusinessmagazine.com/sectors/commodities/rwandas-export-drive-reaps-success/［2019年3月にアクセス］; https://www.reuters.com/article/us-usa-trade-rwanda/trump-suspends-duty-free-status-for-clothes-imports-from-rwanda-idUSKBN1KK2JN［2019年12月にアクセス］.

6 https://www.bbc.co.uk/news/world-africa-44252655［2019年3月にアクセス］.

7 https://publications.parliament.uk/pa/cm201719/cmselect/cmenvaud/1952/report-files/195207.htm［2019年3月にアクセス］.

8 https://soex.uk/innovations/［2019年3月にアクセス］.

9 https://www.theguardian.com/environment/2009/aug/23/repair-trainers-ethical-living［2019年3月にアクセス］.

10 https://www.ibisworld.com/global/market-size/global-footwea-rmanufacturing/［2020年1月にアクセス］.

11 http://www.ehs.org.uk/dotAsset/8634b481-29ac-458f-b640-07871cd46bb4.pdf［2019年3月にアクセス］.

12 同上.

13 同上.

14 http://www.pnas.org/content/early/2018/07/31/1810141115［2019年3月にアクセス］.

第八章　ロボットがやってくる

1 S. Jones, *Against Technology From the Luddites to Neo-Luddism*, Routledge, 2006; http://www.luddites200.org.uk/theLuddites.html［2019年3月にアクセス］. https://www.smithsonianmag.com/history/what-the-luddites-really-fought-against-264412/［2019年3月にアクセス］.

2 https://www.grammarphobia.com/blog/2010/09/sabotage.html［2019年3月にアクセス］; https://www.etymonline.com/word/sabotage［2019年3月にアクセス］.

3 https://www.trtworld.com/magazine/will-robots-completely-replace-humans-from-textile-factory-floors--14930［2019年3月にアクセス］.

4 https://www.thersa.org/globalassets/pdfs/reports/rsa_the-age-of-automation-report.pdf［2019年3月にアクセス］.

5 同上.

6 同上.

7 https://medium.com/@daveevansap/8-ways-automation-has-infiltrated-our-lives-and-you-didnt-even-know-it-2f2fdc36b618［2019年3月にアクセス］.

8 https://medium.com/@thersa/what-is-the-difference-between-airobotics-d93715b4ba7f［2019年3月にアクセス］.

9 http://www.sewbo.com/press/［2019年3月にアクセス］.

10 https://www.youtube.com/watch?v=MkYczy6xub0［2019年3月にアクセス］.

11 https://www.assemblymag.com/articles/93672-shoe-manufacturer-automates-production-in-unique-way［2019年3月にアクセス］.

12 チャン・ジェイヒーへの取材より。

13 https://www.ft.com/content/585866fca841-11e7-ab55-27219df83c97［2019年3月にアクセス］.

14 https://www.worldfootwear.com/news/nike-flex-partnership-ends/3573.html［2019年6月にアクセス］.

15 http://manufacturingmap.nikeinc.com/［2019年3月にアクセス］.

16 https://uk.reuters.com/article/uk-adidas-manufacturing-idUKKCN0YF1YE［2019年3月にアクセス］.

17 http://www.ilo.org/wcmsp5/groups/public/---ed_dialogue/---act_emp/documents/publication/wcms_579560.pdf

[2019年3月にアクセス].

18 https://qz.com/966882/robots-cant-lace-shoes-so-sneaker-production-cant-be-fully-automated-just-yet/ [2019年3月にアクセス].

19 アディダス広報担当、カティア・シュライバーへの2016年の取材より。

20 https://uk.reuters.com/article/us-adidas-manufacturing-idUKKBN1XL16U [2019年11月にアクセス].

21 https://techcrunch.com/2019/11/11/adidas-backpedals-on-robotic-factories/ [2019年11月にアクセス].

22 https://qz.com/966882/robots-cant-lace-shoes-so-sneaker-production-cant-be-fully-automated-just-yet/ [2019年3月にアクセス].

23 アディダス広報担当、カティア・シュライバーへの2016年の取材より。

24 https://www.ilo.org/wcmsp5/groups/public/---ed_dialogue/---act_emp/documents/publication/wcms_579553.pdf [2019年3月にアクセス].

25 https://www.thedailystar.net/round-tables/"target-us50-billion-we-need-your-support-reach-it"-659905 [2019年3月にアクセス]. カンボジアも同様：2014年の製造品輸出総額の87%以上をTCFが占めた：http://www.ilo.org/wcmsp5/groups/public/---ed_dialogue/---act_emp/documents/publication/wcms_579560.pdf [2019年3月にアクセス].

26 https://www.theguardian.com/global-development-professionals-network/2017/apr/06/kate-raworth-doughnut-economics-new-economics [2019年3月にアクセス].

27 https://www.project-syndicate.org/commentary/innovation-impact-on-productivity-by-dani-rodrik-2016-06 [2019年3月にアクセス].

28 http://www.ilo.org/wcmsp5/groups/public/---ed_dialogue/---act_emp/documents/publication/wcms_579560.pdf [2019年3月にアクセス].

29 https://medium.com/conversations-with-tyler/a-conversation-with-dani-rodrik-e02cf8784b9d [2019年3月にアクセス].

30 同上.

31 http://drodrik.scholar.harvard.edu/files/dani-rodrik/files/premature-deindustrialization.pdf?m=1435002429 [2019年3月にアクセス].

32 https://www.project-syndicate.org/commentary/innovation-impact-on-productivity-by-dani-rodrik-2016-06 [2019年3月にアクセス]. http://drodrik.scholar.harvard.edu/fi les/dani-rodrik/files/premature-deindustrialization.pdf?m=1435002429 [2019年3月にアクセス].

33 https://www.youtube.com/watch?v=Mkg2XMTWV4g [2019年3月にアクセス].

34 https://foreignpolicy.com/2018/09/12/why-growth-cant-be-green/amp/ [2019年3月にアクセス].

35 *The Value of Everything* の著者M・マッツカートのオンライン記事。https://www.penguin.co.uk/books/280466/the-value-of-everything/9780241188811.html [2019年12月にアクセス].

36 http://time.com/4504004/men-without-work/ [2019年3月にアクセス].

37 https://www.iseapublish.com/index.php/2017/06/26/automation-expected-to-disproportionately-affect-the-less-educated/ [2019年3月にアクセス].

38 C. B. Frey, T. Berger, and C. Chen, 'Political machinery: did robots swing the 2016 US presidential election?', *Oxford Review of Economic Policy*, vol. 34, no. 3, 2018, pp. 418–42.

39 https://time.com/5723787/chile-climate-change-cop25/ [2019年11月にアクセス].

40 https://www.cnbc.com/2016/07/13/amazon-prime-day-is-biggest-day-for-online-retailer-ever.html [2019年3月にアクセス].

41 https://www.ft.com/content/ed6a985c-70bd-11e2-85d0-00144feab49a [2019年12月にアクセス].

42 https://www.nytimes.com/2015/08/16/technology/inside-amazon-wrestling-big-ideas-in-a-bruising-workplace.html [2019年11月にアクセス].

43 https://www.theguardian.com/technology/2019/jan/01/amazon-fulfillment-center-warehouse-employees-union-new-york-minnesota [2019年11月にアクセス].

44 https://www.newyorker.com/books/under-review/the-deliberate-awfulness-of-social-media [2019年3月にアクセス].

45 https://www.etui.org/content/download/35667/354684/file/working-in-a-modern-day-amazon-fulfilment-centres-in-the-uk.pdf [2020年1月にアクセス].

46 https://www.theguardian.com/business/2018/may/31/amazon-accused-of-treating-uk-warehouse-staff-like-robots [2019年10月にアクセス].

47 https://www.tandfonline.com/doi/abs/10.1080/19424280.2013.799543 [2019年3月にアクセス].

48 https://www.economist.com/science-and-technology/2018/05/24/shoemakers-bring-bespoke-footwear-to-the-high-street [2019年3月にアクセス].

49 https://www.nytimes.com/2017/07/18/us/frances-gabe-dead-inventor-of-self-cleaning-house.html [2019年3月にアクセス].

50 http://lilybenson.com/news/ [2019年3月にアクセス].

51 https://www.theverge.com/2019/3/10/18258134/alexandria-ocasio-cortez-automation-sxsw-2019 [2019年3月にアクセス].

52 https://www.independent.co.uk/news/business/news/finland-universal-basic-income-lower-stress-better-motivation-work-wages-salary-a7800741.html [2019年3月にアクセス].

第九章　靴と法律

1 https://www.businessinsider.com/25-giant-companies-that-earn-more-than-entire-countries-2018-7?r=US&IR=T#nikes-profits-in-2017-were-greater-than-cameroons-gdp-16 [2019年3月にアクセス].

2 ゲイリー・ヤングによるベンジャミン・バーバーの言葉の引用。 https://www.theguardian.com/commentisfree/2014/jun/02/control-nation-states-corporations-autonomy-neoliberalism [2019年3月にアクセス].

3 https://www.rdwolff.com/capitalism_is_not_the_market_system [2019年3月にアクセス].

4 J. Stiglitz, *Globalization and Its Discontents*, W. W. Norton & Company, 2002, pp. 5, 21.〔『世界を不幸にしたグローバリズムの正体』、鈴木主税訳、徳間書店、2002年〕

5 http://eradicatingecocide.com/our-earth/earth-justice/ [2019年12月にアクセス].

6 https://theconversation.com/why-the-international-criminal-court-is-right-to-focus-on-the-environment-65920 [2019年3月にアクセス].

7 https://www.climateliabilitynews.org/2018/12/26/legal-strategy-climate-lawsuits/ [2019年3月にアクセス].

8 論文：G. Brown, 'The corporate social responsibility mirage', *Industrial Safety and Hygiene News*, May 2017.

9 論文：B. Rosenberg, *Working Conditions in Footwear Factories in China; a Brand Attempts Improvements through Corporate Responsibility*, Dept. of Public Health and Family Medicine, Tufts University School of Medicine.

10 同上.

11 学部講義録：B. Rosenberg, *CSR: What Is It Good For?*, Dept. of Public Health and Family Medicine, Tufts University School of Medicine, October 2010.

12 https://foreignpolicy.com/2017/02/21/saving-the-world-one-meaningless-buzzword-at-a-time-human-rights/ [2019年3月にアクセス].

13 https://edition.cnn.com/2012/05/02/

business/eco-business-sustainabilitygrade/index.html [2020年1月にアクセス]; http://www.eiris.org/files/research%20publications/EIRISGlobalSustainbailityReport2012.pdf [2020年1月にアクセス]; https://about.puma.com/en/newsroom/corporate-news/2012/05-07-12-eiris [2020年1月にアクセス].

14 https://www.reuters.com/article/puma-cambodia-idUSL5E8DN8S820120223 [2020年1月にアクセス].

15 https://foreignpolicy.com/2017/02/21/saving-the-world-one-meaningless-buzzword-at-a-time-human-rights/ [2019年3月にアクセス].

16 プライマークが契約していたラナプラザの工場は、8階建てのビルの2階にあった「ニューウェーブ・ボトムズ」。https://www.primark.com/en/our-ethics/timeline-of-support [2019年12月にアクセス]; https://www.primark.com/en/our-ethics/building-inspection-programmes [2019年12月にアクセス]. プライマークは賠償金として600万ポンドを支払った。親会社であるABFの総売上高は年間75億ポンド。https://www.retailgazette.co.uk/blog/2019/04/primark-half-year-profits-surge/ [2019年12月にアクセス].

17 研究論文：M. Cowgill and P. Huynh, *Weak minimum wage compliance in Asia's garment industry*, ILO, August 2016, https://www.ilo.org/wcmsp5/groups/public/---ed_protect/---protrav/---travail/documents/publication/wcms_509532. pdf [2020年1月にアクセス].

18 当時、退社したナイキ幹部11人はメディアからのコメント要請を拒否。ダニエル・タウィアは *The Oregonian/OregonLive* に、自身に対する告発は虚偽であると述べている。「わたしはいじめを行ったことは一度もない――直接的にも間接的にも、相手が男性でも女性でもだ」https://www.nytimes.com/2018/04/28/business/nike-women.html [2019年3月にアクセス].

19 http://blogs.lse.ac.uk/management/2018/03/09/taking-metoo-into-global-supply-chains/ [2019年3月にアクセス].

20 http://www.brac.net/latest-news/item/1142-94-women-victims-of-sexual-harassment-in-public-transport [2019年3月にアクセス].

21 http://blogs.lse.ac.uk/management/2018/03/09/taking-metoo-into-global-supply-chains/ [2019年3月にアクセス].

22 https://www.ilo.org/wcmsp5/groups/public/---asia/---ro-bangkok/documents/presentation/wcms_546534.pdf [2019年3月にアクセス].

23 http://www.coha.org/worker-rightsand-wrongs-fair-trade-zones-and-labor-in-the-americas/#_ednref11 [2019年3月にアクセス].

24 https://www.ilo.org/wcmsp5/groups/public/---asia/---ro-bangkok/documents/presentation/wcms_546534.pdf [2019年3月にアクセス].

25 https://www.theguardian.com/environment/ng-interactive/2018/feb/27/the-defenders-recording-the-deaths-of-environmental-defenders-around-the-world [2019年3月にアクセス].

26 https://www.oxfam.org/en/pressroom/pressreleases/2015-12-02/worlds-richest-10-produce-half-carbon-emissions-while-poorest-35 [2019年3月にアクセス].

第一〇章　反撃

1 2014に40万人：https://uk.reuters.com/article/yue-yuen-ind-results/chinas-yue-yuenh1-profit-falls-48-pct-on-staff-benefits-idUKL4N0QI2YN20140814 [2019年3月にアクセス].

2 https://uk.reuters.com/article/yue-yuen-ind-workers/chinese-shoe-maker-yue-yuen-in-talks-to-resolve-worker-dispute-idUKL3N0N02FX20140408 [2019年3月にアクセス].

3 https://clb.org.hk/content/china%E2%80%99s-social-security-system [2019年3月にアクセス].

4 https://www.youtube.com/watch?v=6Ca-

hoozEGE&feature=youtu.be
[2019年3月にアクセス].

5 https://uk.reuters.com/article/yue-yuen-ind-results/chinas-yue-yuen-h1-profit-falls-48-pct-on-staff-benefits-idUKL4N0QI2YN20140814
[2019年3月にアクセス].

6 https://www.hongkongfp.com/2016/11/03/guangdong-labour-activist-meng-han-sentenced-1-year-9-months/
[2019年3月にアクセス].

7 https://www.theguardian.com/world/2018/nov/12/ten-student-activists-detained-in-china-for-supporting-workers-rights
[2019年12月にアクセス].

8 https://qz.com/827623/throwing-labor-activists-like-meng-han-in-jail-wont-solve-chinas-structural-problems/
[2019年3月にアクセス].

9 http://usas.org/tag/nike/
[2019年3月にアクセス].

10 https://qz.com/1042298/nike-is-facing-a-new-wave-of-anti-sweatshop-protests/
[2019年10月にアクセス].

11 https://www.nytimes.com/1998/05/13/business/international-business-nike-pledges-to-end-child-labor-and-apply-us-rules-abroad.html?mtrref=www.google.com&gwh=A713FDE2B3A78461A9264AAD3250606D&gwt=pay [2019年10月にアクセス]; https://www.business-humanrights.org/en/uk-ethical-consumer-report-puts-starbucks-at-bottom-of-ethical-rating-of-coffee-chains-citing-workers-rights-concerns [2019年10月にアクセス]; https://www.peta.org/blog/mcdonalds-finally-agrees-to-use-less-cruel-slaughter-method-in-2024/
[2019年10月にアクセス].

12 https://www.iea.org/energyaccess/
[2019年3月にアクセス].

13 https://www.marxists.org/archive/marx/works/subject/quotes/index.htm
[2019年3月にアクセス].

注

ペーパーバック版まえがき

1 https://www.mckinsey.com/industries/retail/our-insights/state-of-fashion

2 https://www.worldfootwear.com/news/rowthiproductioaccumulatedoveradecadewipedawayi2020/6879.html

3 https://asia.floorwage.org/wp-content/uploads/2021/07/Money-Heist_Book_Final-compressed.pdf

4 https://www.theguardian.com/global-development/2020/dec/10/i-thought-about-killing-my-children-the-desperate-bangladesh-garment-workers-fighting-for-pay

5 https://www.ituc-csi.org/violations-workers-rights-seven-year-high

6 https://www.opendemocracy.net/en/oureconomy/report-says-soldiers-shot-three-dead-myanmar-factory-making-us-cowboy-boots/

7 https://www.mckinsey.com/industries/retail/our-insights/state-of-fashion

8 https://www.theguardian.com/business/2020/oct/07/covid-19-crisis-boosts-the-fortunes-of-worlds-billionaires

9 https://www.workersrights.org/wp-content/uploads/2020/11/Hunger-in-the-Apparel-Supply-Chain.pdf

10 https://www.worldfootwear.com/news/growthiproductioaccumulatedoveradecadewipedawayi2020/6879.html

序文　靴とグローバリゼーション

1 https://classical-inquiries.chs.harvard.edu/herodotus-and-a-courtesan-from-naucratis/［2019年3月にアクセス］; https://www.ancient.eu/article/1038/the-egyptian-cinderella-story-debunked/［2019年3月にアクセス］.

2 https://web.archive.org/web/20110903190535/http://www.endicott-studio.com:80/rdrm/forashs.html［2019年3月にアクセス］.

3 https://www.nytimes.com/interactive/projects/cp/obituaries/archives/hans-christian-andersen［2019年3月にアクセス］.

4 https://www.theguardian.com/environment/2018/oct/08/global-warming-must-not-exceed-15c-warns-landmark-un-report［2019年3月にアクセス］.

5 論文：Trinkaus, Erik and Shang, Hong, 2008, 'Anatomical evidence for the antiquity of human footwear: Tianyuan and Sunghir', *Journal of Archaeological Science*, 35(7), 1928–33, 10.1016/j.jas.2007.12.002.

6 同上.

7 http://staffscc.net/shoes1/?p=228［2019年3月にアクセス］.

8 http://www.bbc.co.uk/history/british/abolition/africa_article_01.shtml［2019年3月にアクセス］.

9 M. B. Steger (ed.), *Globalization: The Greatest Hits*, Paradigm Publishers, 2010, p. 1とhttps://www.nytimes.com/2006/07/06/business/06levitt.html［2019年3月にアクセス］.

10 D. K. Vajpeyi and R. Oberoi, *Globalization Reappraised – False Oracle or a Talisman*, Lexington Books, 2018, Introduction.

11 同上, p. 31.

12 E. Cazdyn and I. Szeman, *After Globalization*, John Wiley & Sons, 2011, p. 1.

13 Alexis de Tocqueville, *Journeys to England and Ireland*, first published 1835: http://www.pitt.edu/~syd/toq.html［2019年3月にアクセス］.

14 R. Wolff, https://truthout.org/articles/

参考文献

(〔　〕内は邦訳を示す)

Z. Bauman, *Work, Consumerism, & The New Poor* (Open University Press, 2005)〔ジグムント・バウマン『新しい貧困――労働、消費主義、ニュープア』、伊藤茂訳、青土社、2008年〕.

E. Cazdyn and I. Szeman, *After Globalisation* (John Wiley & Sons, 2011).

W. Ellwood, *The No-Nonsense Guide to Globalization* (New Internationalist Publications Ltd, 2010)〔ウェイン・エルウッド『グローバリゼーションとはなにか』、渡辺雅男・姉歯暁訳、こぶし書房、2003年〕.

F. Grew and M. de Neergaard, *Shoes and Pattens – Medieval Finds from Excavations in London: 2* (Museum of London, 1988).

T. Hoskins, *Stitched Up – The Anti-Capitalist Book of Fashion* (Pluto Press, 2014).

S. Jones, *Against Technology from the Luddites to Neo-Luddism* (Routledge, 2006).

C. McDowell, *Shoes: Fashion & Fantasy* (Thames and Hudson, 1989).

P. Markkanen, *Shoes, Glues and Homework: Dangerous Work in the Global Footwear Industry* (Routledge, 2017).

P. Newell, *Globalisation and the Environment* (Polity, 2012).

G. Riello, *A Foot in the Past* (Oxford University Press, 2006).

M. Roach, *Dr. Martens – The Story of an Icon* (Chrysalis, 2003).

J. Schor, *Plenitude: The New Economics of True Wealth* (Penguin Press, 2010)〔ジュリエット・B・ショア『プレニテュード――新しい〈豊かさ〉の経済学』、森岡孝二監訳、岩波書店、2011年〕.

――*The Overspent American* (HarperCollins, 1999)〔『浪費するアメリカ人――なぜ要らないものまで欲しがるか』、森岡孝二監訳、岩波書店、2000年〕.

E. Semmelhack, *Shoes: The Meaning of Style* (Reaktion Books, 2017).

M. B. Steger (ed.), *Globalisation – The Greatest Hits* (Paradigm Publishers, 2010).

J. Stiglitz, *Globalisation and Its Discontents* (W. W. Norton & Company, 2002)〔ジョセフ・E・スティグリッツ『世界を不幸にしたグローバリズムの正体』、鈴木主税訳、徳間書店、2002年〕.

J. Swann, *Shoemaking* (Shire Publications Ltd, 2003).

J. H. Thornton (ed.), *Textbook of Footwear Manufacture* (The National Trade Press, 1953).

D. K. Vajpeyi and R. Oberoi, *Globalization Reappraised – False Oracle or a Talisman* (Lexington Books, 2018).

A. Veldmeijer, *Stepping through Time: Footwear in Ancient Egypt* (exhibition guidebook, BLKVLD Uitgevers/Publishers 2017).

J. Waterer, *Leather and the Warrior* (Museum of Leathercraft, 1982).

訳者あとがき

本書『フット・ワーク――靴が教えるグローバリゼーションの真実』は、Tansy E. Hoskins による著書 *Foot Work: What Your Shoes Are Doing to the World*（Weidenfeld & Nicolson, 2020）［およびペーパーバック版 *Foot Work : What Your Shoes Tell You about Globalisation*（Weidenfeld & Nicolson, 2022）］の全訳である。

靴は不思議なアイテムだ。それは衣料品の一種であり、基本的には足にかかる負担を軽減し、社会的な体裁を整えるために使用される。そうした必要を満たすためだけに履いているという人たちがいる一方で、靴に対して強烈な憧れを抱いたり、これを投資の対象、あるいは個人のアイデンティティを支えるものとみなしたりしている人たちもいる。

そして靴にまつわるもっとも意外な事実といえば、この日用品が、地球とそこに住む人々に対して極めて深刻な害を及ぼしているということだろう。靴をめぐる問題には、グローバリゼーション、貧困、消費主義、環境搾取、適切な法律の欠如など、今の世界を蝕んでいる重要なテーマの数々が複雑に絡み合っている。

最初の家内工業からロボットの使用まで、スニーカーマニアからシリア難民まで、屠殺場からアジアの在宅労働者まで、『フット・ワーク』は靴産業のあらゆる側面に切り込んでいる。一方で本書は、靴の生産をグローバル化、資本主義、消費主義という広い文脈の中に位置づけることによって、それ以上に多くのことを成し遂げている

英誌『New Internationalist』でこう評されている通り、筆者は二八カ国にものぼる国々を対象とした広範な取材をもとに、普段だれもが何気なく購入し、履いている靴というありふれたアイテムが、格差や環境の問題を抱えるこの世界の成り立ちといかに深くつながっているかを丁寧に解き明かしていく。

本書においてもう一つ印象的なのは、筆者がグローバルサウスの人々を中心とした、この世界で虐げられている存在に対して向ける視線だ。「あなたの靴のラベルには、どの国の名前がプリントされているだろうか」と筆者は問いかける。「……本来であれば、その国名と一緒に、街の名前、工場の名前、そしてあなたの靴を作った人物の名前も並んでいてしかるべきだ。しかし、そうした極めて重要な情報は、われわれが知ることを許されないものとして、ひっそりと消去されてきた」

わたしの家のシューズボックスには今、どんな靴がどれだけ入っているのだろうか。この本を読んでいる最中、ふと気になって席を立ち、ホコリを被った靴を取り出してみた。ラベルはどこにあるかと探す。国名だけがあっさりと書かれているものが多く、またなかには長年の使用で文字が薄れ、ほとんど読めなくなっているものもあった。それを履いている間、わたしは気にもとめていなかったが、ラベルはたしかにそこにあり、消費者が知り得るわずかな情報をこちらに伝えていたのだ。この靴が東アジアの片隅にあるこの国にたどり着くまでには、どのような経緯があったのだろうかと、わたしは考えた。

年間二四二億足もの数が生産されている靴がもたらす問題はあまりに多く、解決どころか、その全体像

を把握するだけでもとうてい不可能に思われる。それでも筆者はわれわれに、「グローバリゼーションのなかで忘れ去られ、取り残された辺縁の地を自分の足で歩いてみよう」と誘っている。そのメッセージが多くの人に届き、筆者の旅の賛同者が増えることを、わたしも願ってやまない。

北村京子

【わ行】

【ま行】

【や行】

【ら行】

【な行】

【は行】

【た行】

【さ行】

索　引

【欧文】

【あ行】

Photo © Sarah Van Looy

【著者略歴】

タンジー・E・ホスキンズ（Tansy E. Hoskins）

ロンドンを拠点に活動する作家、ジャーナリスト。『ガーディアン』紙、『アルジャジーラ』、『i-D』誌、『i』紙などに、繊維、医療、靴産業についての記事を執筆しているほか、TVドキュメンタリーの制作も手掛ける。本書のために、ホスキンズはバングラデシュ、ケニア、マケドニアの各国、また英ソリハルにある「トップショップ（英大手ファストファッション）」の倉庫での取材を敢行。著者の前作で、受賞歴のある『Stitched Up: The Anti-Capitalist Book Of Fashion（スティッチドアップ――反資本主義的なファッションの本）』は、エマ・ワトソンによる「究極のブックリスト」にも選ばれた。

【訳者略歴】

北村京子（きたむら・きょうこ）

ロンドン留学後、会社員を経て翻訳者に。訳書にジュディ・コックス『女たちのレボリューション――ロシア革命1905～1917』、ジョゼフ・E・ユージンスキ『陰謀論入門――誰が、なぜ信じるのか？』（以上、作品社）など。

フット・ワーク
——靴が教えるグローバリゼーションの真実

2023年11月20日　初版第1刷印刷
2023年11月30日　初版第1刷発行

著　者　タンジー・E・ホスキンズ
訳　者　北村京子

発行者　福田隆雄
発行所　株式会社 作品社
〒102-0072 東京都千代田区飯田橋 2-7-4
電　話　03-3262-9753
ＦＡＸ　03-3262-9757
振　替　00160-3-27183
ウエブサイト　https://www.sakuhinsha.com

装　　丁　加藤愛子（オフィスキントン）
本文組版　米山雄基
印刷・製本　シナノ印刷株式会社

Printed in Japan
ISBN 978-4-86793-002-1　C0030